数字化服装设计

纸衣服

姬益波·著

中国纺织出版社有限公司

内 容 提 要

笔者整理了其近十年的实验性设计课程的相关作品和教学文件，并挑选出其中具有代表性的主题、教案及案例，对其进行分析、整理，从课题的研究概况、设计理念与设计方法、专题实验、跨界实验、主题性延伸实验五个部分进行逐一讲解。另外，书中案例丰富，各主题案例均有详尽的过程介绍，可供读者逐一学习实践。

本书可供服装设计专业师生学习参考，也可供相关从业人员参考借鉴。

图书在版编目（CIP）数据

数字化服装设计：纸衣服 / 姬益波著 . -- 北京：中国纺织出版社有限公司，2021.11

ISBN 978-7-5180-8964-2

Ⅰ. ①数… Ⅱ. ①姬… Ⅲ. ①数字技术—应用—服装设计 Ⅳ. ①TS941.26

中国版本图书馆 CIP 数据核字（2021）第 203547 号

SHUZIHUA FUZHUANG SHEJI ZHIYIFU

责任编辑：孙成成　　责任校对：江思飞　　责任印制：王艳丽

中国纺织出版社有限公司出版发行
地址：北京市朝阳区百子湾东里 A407 号楼　邮政编码：100124
销售电话：010—67004422　传真：010—87155801
http://www.c-textilep.com
中国纺织出版社天猫旗舰店
官方微博 http://weibo.com/2119887771
北京华联印刷有限公司印刷　各地新华书店经销
2021 年 11 月第 1 版第 1 次印刷
开本：889 × 1194　1/16　印张：15.5
字数：318 千字　定价：128.00 元

前言

PREFACE

近十年来，南京艺术学院服装设计专业进行了一系列的课程改革，实验性设计课程就是其中之一，数字化纸衣服即为该课程的作业形式。数字化纸衣服立足于国际上前沿的新技术、新理念，详细介绍了用以数字化（参数化）造物逻辑进行服装设计创新研发的方法和技巧。本书是在众多课题设计和大量教学实践成果的基础上总结出来的。书中系统地介绍了设计师的创作步骤、实践过程以及最终作品呈现等，另外还有详细的教案、课前教师的备课资料、学生的创作构思等，非常有参考价值。这里要说明的是，数字化纸衣服的概念其实非常宽泛，本书侧重对参数化技术的研究以及参数化概念的拓展，笔者整理近十年的实验性设计课程的相关作品和教学文件，并挑选出其中具有代表性的主题、教案及案例，对其进行分析、整理，从课题的背景研究、数字化设计的理念与方法、专题实验、跨界实验、主题性延伸实验五部分进行逐一讲解。本书大量的主题案例均有详尽的过程介绍，是本书的一大特点，方便老师们、同学们参考使用。本书能够理论联系实践，且具有系统性和可操作性的特点，在此领域暂未发现类似书籍，可以说从某种程度上填补了数字化（参数化）服装设计的空白。

本书《数字化服装设计——纸衣服》是江苏省高等学校优秀科技创新团队项目“参数化技术创新设计研究”（项目编号：DGZHPCS17）的研究成果之一，该项目依托江苏省重点实验室“艺术设计材料与工艺实验室”、江苏省重点实验室“文化创意与综合设计实验室”以及设计学江苏省优势学科和江苏高校文化创意协同创新中心四大平台，整合校内外人才和资源优势，重点开展参数化设计的理论研究、参数化设计的技术创新和参数化设计的集成应用研究三个方向，形成标志成果，并将科研成果转化到设计学的社会服务应用、课程建设、教材建设和人才培养中。数字化服装设计的重点也是要着眼于参数化技术的创新设计应用研究，在原有参数化技术基础上，研究适合服装设计专业发展的新思路、新形态、新方法，注重对参数化设计的理念、方法的研究。本书作为实验性研究成果，一定存在不成熟或者不稳妥的地方，恳请各位专家、读者不吝赐教，以便日后修缮。但作为方法、理念的学习，笔者认为把研究成果拿出来分享，能够给老师们、同学们带来一定的创意启发，也是有价值的。

本书在撰写过程中由于案例比较多，涉及大量的研究过程和图片整理，在对各位同学作品的研究过程中如存在整理上的疏忽，在此深表歉意。

2021 年 5 月

目录
CONTENTS

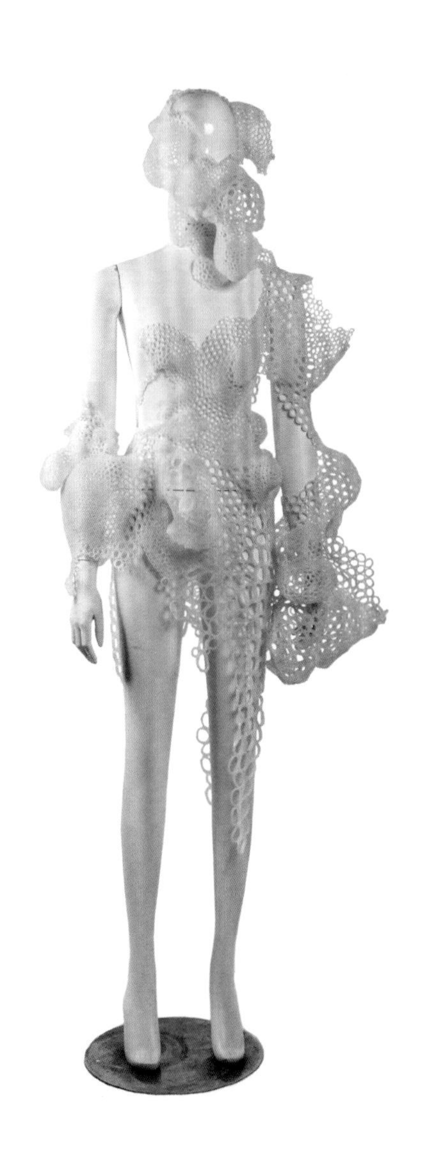

第一章

研究概况

《数字化服装设计——纸衣服》是在跨界融合的理念指引下，探寻服装设计教学方法的创新，具有实验性、探索性，是对服装设计方法的补充。当然，新方法的出现一定会有很多不成熟的地方，笔者在今后的教学中还会继续努力完善。本书作为数字化纸衣服教学方法研究的阶段性成果，所有教学实践案例均来源于南京艺术学院设计学院服装与服饰设计系的“实验性设计”课程。

第一节

研究背景

自改革开放以来，我国纺织服装业凭借生产成本及劳动力方面的优势，迅速成长为纺织服装业的大国，但非强国。在全球服装产业链分工中，长期处于低端制造的层次，其产品附加值未能有效体现。其主要原因在于，缺乏有关流行趋势的研判、高品质材料的研发以及品牌运作、先进制造、跨国营销等专业的中高端产业人才。[1]随着科技的发展，互联网、数字化、人工智能等一系列新的、高效的技术将融入现代加工领域。智能化将成为纺织服装行业的主要特征，若要在这一轮行业洗牌中处于不败的地位，其企业必须进行转型升级，由加工制造型转向自主创新型。因此，企业对服装人才的需求，也随之发生变化，从而促使我国服装院校的人才培养目标进行适时调整。

南京艺术学院（简称“南艺”）是一所百年老校，具有丰富的办学经验，著名艺术教育家刘海粟先生提出了“不息变动”的治校理念，他认为：“学校的教学应该随着时代的发展而改进，决不可因循守旧。”其理念指引了“南艺”百年的办学过程。时至今日，“南艺”的学科建设仍然是在这样的理念下，探索新的发展之路。

自艺术学升格为我国高等教育学科中的第13个门类以后，与这一变动同步的是，长期以来曾以工艺美术、设计艺术等为名的设计学科被正式确定为设计学，并与美术学、音乐与舞蹈学、戏剧与影视学、艺术学理论同时升格为艺术学门类之下独立设置的一级学科。[2]设计学科专业目录的调整，体现了艺术设计交叉性与跨学科的典型学科特征。与此同时，“南艺”进行了课程改革，在服装设计专业的课程中，增设了“实验性设计”课程，其课程的主要特征与艺术设计的交叉性及跨界性的典型学科特征相一致。

---

❶ 徐平华，邹奉元，杜磊．服装大规模个性化定制需求下的人才培养模式探析［J］．毛纺科技，纺织服装教育，2019（6）：205-209.

❷ 许平．设计、教育和创造未来的知识前景——关于新时期设计学科“知识统一性”的思考［J］．艺术教育，2017.

第二节

数字化纸衣服的概念与属性

一、数字化纸衣服的相关概念

（一）纸衣服的历史

20世纪60年代中期至20世纪70年代初期，国际上曾经有一个纸衣服发展的黄金时代，其研究目的是用纸代替面料。因为，纸有很多优点：纸具有环保性能、纸材料造价便宜、有些纸还具备透气性等特质，于是就有人研制出各式各样的纸衣服，如纸裤子、纸内衣、纸童装、纸上衣、纸裙等。特别是用纸制作的婚纱、礼服也深受年轻人的喜欢。因为，纸婚纱容易造型，可以做出复杂的层次，且效果惊艳，受到女性朋友的青睐。纸内衣的质地柔软、透气性好，得到不少消费者的认可，因为，这类纸衣服最大的好处是一次性使用，无须反复清洗，为消费者节省了时间。另外还有纸童装，它主要用于孩子们夏天穿着，一般戴遮阳帽的全套纸T恤和短裤，穿坏了就直接扔掉，对于外出度假的学生特别适用。除此之外，还有男士们的纸上衣，领口直挺、色泽雅致，而且物美价廉、干净卫生。纸衣服的不足之处是不耐用，还有一个心理上的障碍，有不少人觉得穿纸衣服的习惯有点“怪”。

纸衣服兴起于20世纪40年代，是由美国加州一家医院的手术室里的大夫们创造发明的，由此引起了社会的轰动，人们把此当作一件新闻津津乐道。其实，最初出现的纸衣服比较简单，有单层纸和双层纸，主要是考虑医院病菌的传染问题。手术前医生把纸衣服套在自己衣服的外边，手术后脱掉纸衣服并烧毁它，免得消毒不合格引起麻烦。这种纸衣服仅限于室内活动，不宜穿着上街。当时许多制药厂、食品厂纷纷效仿用纸衣服作为操作服。

我国是一个拥有上下五千年历史的文明古国，造纸术是我国的四大发明之一。自古以来纸在传统文化中就独具特色，它是一个具有多元物性的造型材料，从功能、用途到艺术表现，甚至文化散播的提升，使其成为艺术表达的良好媒介物。故纸便成为造物的一种简便材料，它可以通过剪、刻、卷、折、撕等单一或复合加工的手法，创造出丰富的艺术形式。例如，我国民间传统的剪纸、窗花等，都是耳熟能详的民间艺术形式。

（二）“实验性设计”课程中的纸衣服

“纸衣服”也非规范的学术词汇，纸是“实验性设计”课程作业的主要材料，也是本课程作品的主要特色。这里要说明一点，本书中的纸衣服，其实并非全部是纸质材料，只不过是近几年的“实验性设计”课程对所用材料的基本规范，即要求用各种白色材料制作成型。另外，纸衣服作品在展示时，会呈现出“白花花”的一片，不仔细看，的确感觉都是用纸做的。因此，所谓的“纸衣服”其实是不准确的表述，但这并无大碍。其实，从“实验性设计”课程的“实验性”来讲，并不强求学生都用纸来制作衣服。之所以会用纸质材料也是有原因的，起初只是要求用白色材料，但为了从经济的角度考量，毕竟是学生自己的经费，所以也没太刻意要求，只建议用白色材料即可。或许因为纸的成本低，随手可得，逐渐成为备受关注的材料。简言之，纸衣服是实验性设计的一种作业呈现形式，纸衣服课程是训练学生创新思维的一个有效途径。

二、数字化与数字化设计

“数字化”一词是英文单词“Digital”的翻译，这个词源自美国麻省理工学院教授尼古拉斯·尼葛洛庞帝（Nicholas Negroponte）的《数字化生存》（*Being Digital*）一书。数字化是人类进入信息时代的产物，它是以数字化信息技术为基础，利用计算机参与设计和制作的系统。百度百科对数字化的解释有两种，解释一：数字化就是将许多复杂多变的信息转变为可以度量的数字、数据，再以这些数字、数据建立起适当的数字化模型，把它们转变为一系列二进制代码，引入计算机内部，进行统一处理，这就是数字化的基本过程；解释二：数字化将任何连续变化的输入如图画的线条或声音信号转化为一串分离的单元，在计算机中用“0”和“1”表示。[1]通常用模数转换器执行这个转换，不难看出数字化是现代信息社会研究的基础，数字化催生了计算机图像、语言、MP3、MP4，数字化给人类带来前所未有的视听享受，数字化正在深入人类生产生活的每个细节，无纸化办公、电子货币等，各行各业的工作思路、工作内容、工作方式等都因时代的特征发生了变化，互联网大数据更是将各行各业进行了重新洗牌，无不体现出与时俱进的时代要求。

那么，说到数字化设计，起初是从科技领域开始的。约翰·莫库林和普雷斯帕·埃加托在1946年2月，研制出了世界上第一台电子计算机ENIAC（图1-1）。

图1-1　莫库林和埃加托研制的第一台电子计算机ENIAC

三、数字化设计的应用领域

数字化技术在各行各业的应用非常广泛，而且用法也各不相同，当然最早还是用于军事、科技领域。现在，数字化技术非常普及，基本涉及我们日常工作、生活、学习的每一个环节，我们手里拿的手机、汽车里的导航、家里的电视机，以及MP3、MP4、数位手绘板等，无不是与数字化技术密切关联着的（图1-2～图1-4）。另外，设计领域也同样都依赖于数字化技术为基础，由于数字化技术的发展和应用，使得很多看似与科技无关的行业也发生了新的变革。例如，平面设计、环境设计、服装设计、动画设计等。下面将会用具体案例来说明数字化的广泛运用。

图1-2　手机

---

❶ 引自百度百科。

（一）数字化技术在平面设计中的应用

数字化技术已经被广泛应用于平面设计领域，数字化技术比起传统的手绘表现方法，有快、精、准、便捷等特点。但计算机的应用并不能代表手绘设计的结束，只是多了一种表现方式，两者相互依存。数字化技术增强了设计师对平面图形的处理能力，特别是对精细、繁杂图形的处理，对重复性较强的图形更是信手拈来，只要拷贝、粘贴，很快就可以完成手绘无法达到的效果。数字化技术可以省去一些绘画工具，对现有的图形可以方便地进行任意修改，它有数十万种色彩及特效，可以瞬间改变画面的色调和氛围，这也是手绘无法做到的，从而大幅提高了设计效率，增强了表现力。

图1-3　导航地图

图1-4　数位手绘板

（二）数字化技术在影像数字化设计中的应用

影像数字化设计是指用数字化技术表现影像的一种手段。摄影就是记录光与影的艺术，传统摄影是用模拟的方式表现光与影，数字摄影则是把光与影数字化——变成一长串二进制数码，而数字化了的影像可以输入计算机进行处理，然后用多种方式输出。例如，动画设计是中国传统国画艺术中的一种“跃然纸上”的动态处理，采用图像处理、模型制作和动画制作的流程，创作一段角色行走的剪纸片小动画，利用Photoshop软件，按剪纸动画的要求将图片处理成角色、道具、背景几个部分，考虑到剪纸片动画的二维特性，在3ds Max中采用可编辑多边形平面作为模型基础。以图片相同高宽比创建三个一样大小的可编辑多边形，得到的背景、角色和道具的贴图，并按照前后关系放置，链接完毕，利用足迹工具驱动Biped骨架行走，根据画面人物的姿势，调节好足迹的参数，再将骨架隐藏，就可以渲染出身体各多边形平面随着骨架而运动的动画了。

（三）数字化技术在室内设计中的应用

数字化设计应用于室内软装可以帮助设计师轻易地对设计主题、客户要求以及材料进行分析整合，准确地设计出效果图、结构图和施工图等。数字化技术可以在图案的表现内容和形式上创作出不同的风格，屏幕代替传统的纸张作为新的载体，为设计开辟了新的领域。

（四）数字化技术在服装设计中的应用

数字化在服装设计中的应用主要是指服装款式设计、服装效果图、服装结构设计、服装工艺设计的整个过程，是利用服装CAD（计算机辅助设计）和服装VR（虚拟现实技术）进行的服装款式样板与虚拟试穿效果等数字化设计的表现形式。它包括采用数字化服装量身定制、三维虚拟试衣技术、服装CAD中实现二维纸样到三维样衣，以及织物质感和动感的虚拟仿真表现等，都是数字化技术手段下服装专业课程改革与实践的新表现。另外，借助数字化技术打造出的造型设计，具有数字化精确的特点，极具时代科技感，可以大胆地结合现代艺术中的抽象、夸张、变形等艺术表现形式。通过对最近时尚服装的数字化造型进行解读，得出这

图1-5 都市阳伞（西班牙）

图1-6 Matthias Pliessnig“漂移”雕塑作品

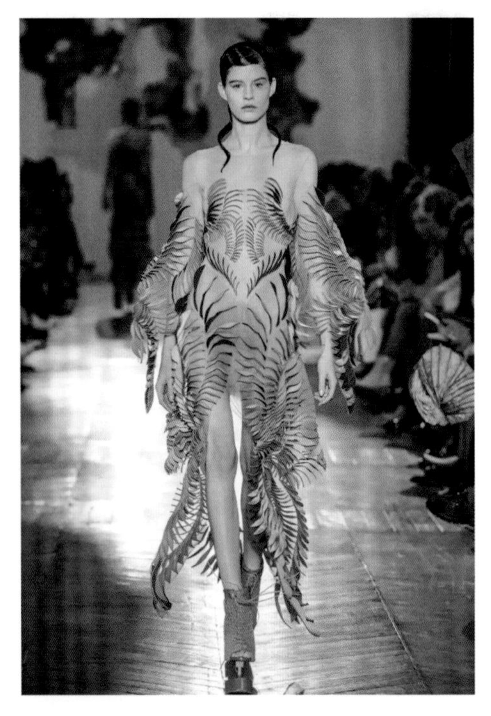

图1-7 艾里斯·范·荷本参数化服装设计作品

类作品往往具备共同的构成特点。例如，具有简洁的点、线、面、体的构成元素，以及一般的构思来源于有机形式的结构，可源自多面建筑、晶体结构、自然界生物、折纸艺术等。进一步分析数字化造型特点的作品，往往还呈现出如下特点，如精准的线形、硬朗的造型、整齐的面感、有机组合感以及建筑构筑感等。近几年，数字快速成型技术日渐成熟，使得受自然界生物启发，应用数字化形式语言打造，形成精美结构形态的日常服装即将成为一种可能，最终能够实现手工无法实现的造型。

四、参数化与参数化设计

“参数化”的英文单词是“Parametric”，“参数化”强调的是输入与输出的对应，参数既可以是静态数值，也可以是动态数据，可以通过改变和修正参数得到结果的多元可能。其最初出现在工业设计领域中。

“参数化”与“参数”密切相关，参数是对指定应用而言，它可以是赋予的常数值，在泛指时，可以是一种变量，用来控制随其变化而变化的其他的量。那么，所谓参数化设计其实是一种全新的设计方式，是技术革命的成果。目前，在建筑学领域对于这种设计方法的系统研究为数尚少，还处于一种边研究、边深化的状态，要对参数化建筑设计有一个相对全面的认识和理解，我们可以梳理和归纳相关的知识构成，使其基础理论得到系统呈现。参数化设计需在计算机中设立一定的逻辑和规则，当变量或者参数发生改变时，参数影响结果而不改变原先定义的逻辑和规则，参数化设计重在内部关系的设立而不关注形式本身的追问。

参数化设计是以立足于数字化设计为前提，是数字化设计发展进程中的一个分支或者是演变类型之一，其范畴和影响相对后者要小。参数化设计架构的技术平台类型多样，主要依托数字软硬件发展。参数化设计对传统设计方法具有颠覆性意义，是一种革新、高效的设计思维。参数化设计是一个对几何形体过程化的算法描述。在参数化的设计中，真正具有决定性的是设计中的特定参数而非形体本身。参数化设计不仅在建筑设计领域风起云涌，其辐射效应也波及城市设计、景观设计、室内设计、珠宝设计、服装设计等相关专业（图1-5～图1-7）。通过参数化设计学习，掌握一种设计新手段，让我们可以在更大的认知领域中寻找设计表达的各种可能性。

五、参数化设计的应用领域

参数化设计的理念并不陌生，在很多领域都处于探索阶段，但基本上停留在概念性设计阶段，是一种全新的设计方式。目前在建筑学、环艺、平面、服装等领域都有不少设计师在尝试参数化的概念设计，而且在建筑领域更是有不少优秀的参数化作品被作为地标，甚至成为一座城市的地标性建筑（图1-8～图1-11）。下面对不同专业领域的优秀参数化作品进行简单的介绍（表1-1）。

图1-8 艾里斯·范·荷本服装设计作品1

图1-9 艾里斯·范·荷本服装设计作品2

图1-10 亚伯拉罕之家（英国）

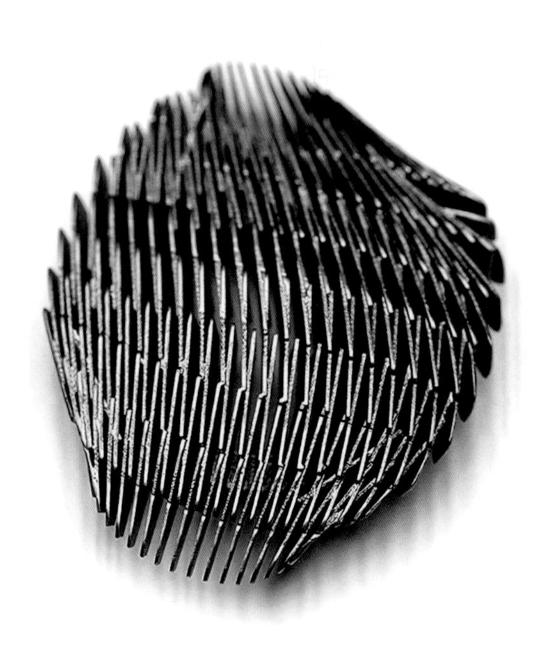

图1-11 斯特凡尼娅·卢凯塔（Stefania Lucchetta）首饰设计作品

表1-1 参数化作品及其设计师

领域	设计师	代表作品	作品简介
建筑设计领域	**扎哈·哈迪德**（Zaha Hadid，英国）	南京青奥中心	南京青奥中心的设计灵感来源于帆船，项目造型复杂，整体建筑呈现流动型曲面的状态。设计师以解构物体的方式，运用现代主义的设计风格，完美地演绎了参数化设计理念在建筑中的体现。建筑外立面的主要特点是透明的屋顶，外部运用了许多镂空的造型。此建筑打破了传统的设计手法，给人们带来新的视觉突破，展现出该建筑的流动性和开放性特征

续表

领域	设计师	代表作品	作品简介
建筑设计领域	**马岩松** （中国）	 上海普陀区189弄购物中心	上海普陀区189弄购物中心运用了基础的几何造型与图案相结合的设计手法，将旧上海的抽象元素与新城市的现代元素相融合，形成了一个具有显著上海风格的购物中心。购物中心运用弧形的空间设计，将几何元素编排成棋盘式的造型运用于建筑的外立面，形成了别具一格的购物体验场所
建筑设计领域	**蓝天组** （由沃尔夫·德·普瑞克斯和海默特·斯维茨斯基在奥地利维也纳设立） **沃尔夫·德·普瑞克斯** （奥地利） **海默特·斯维茨斯基** （波兰）	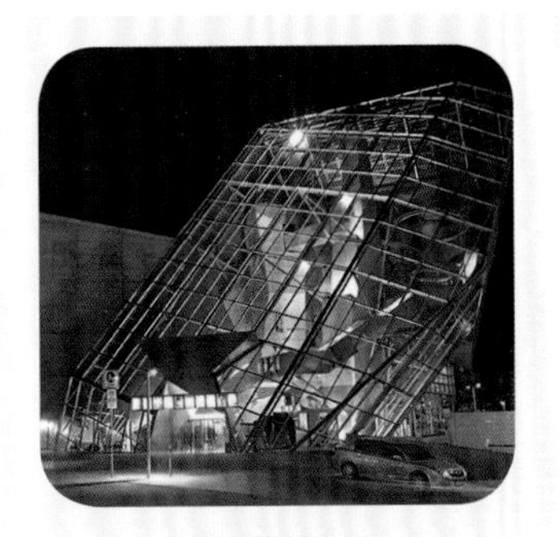 UFA影视中心	UFA影视中心，是蓝天组的成名之作，是一个较为典型的结构主义建筑作品。该影视中心是在一座老建筑的基础上加建而成，造型非常别致。建筑外观以玻璃为主，整体透明的结构能够看清内部的钢筋骨架，完美地呈现了“晶体”的视觉效果。UFA影视中心以非线性的设计理念，完全打破了传统建筑的设计方式，呈现给大众新型的建筑形式
景观设计领域	**于尔根·迈耶－赫尔曼** （J. Mayer H. Architects，德国）	 都市阳伞	本建筑是西班牙塞维利亚的都市阳伞项目，建筑整体是由木结构构成，与其一系列的周边设计形成标志性的景观区域。建筑的空间由具有组织性的构造和波纹状的面板构成，它的“现代感”和该市整体的新古典建筑风格形成鲜明对比，引人注目。“都市阳伞”被认为是新古典主义风格建筑走向现代化新型建筑的标志，也是当代规模最大、最具创新性的木结构建筑之一
景观设计领域	**NEX** （英国）	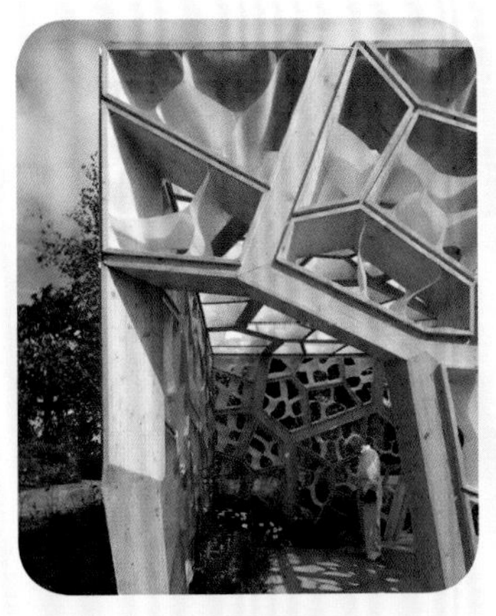 时代发现展馆	英国时代发现展馆的设计目的是通过对植物种类的选择，研究其细胞的变化、生长过程以及该植物对社会的价值，从而让参观者从一个耳目一新的角度去体验建筑给人类带来的价值。在设计的过程中，设计师选择利用可持续的木材作为主体材料，运用计算机计算植物生长过程，生成二维和三维的图案应用在建筑的结构中。可以这么说，时代发现展馆的建造完美地呈现了大自然对于科学以及社会的独特意义

续表

领域	设计师	代表作品	作品简介
景观设计领域	威尔金森·艾尔 （Wilkinson Eyre，英国）	新加坡滨海湾花园	新加坡滨海湾花园，是由“花之穹顶”“云之森林”“擎天大树”三个部分组成，整体的设计理念以可持续发展为中心。其中，“擎天大树”的灵感来源于热带雨林中的优势树种，将植物外形数字化地完美演绎，不仅具备别致的景观外貌，还具备可持续性的生态功能。“花之穹顶”和“云之森林”的建造地点靠近海边，主要结构以钢铁和玻璃为主，运用了最新的可持续性建筑技术。此景观的建造充分地体现了现代科技运用与生态可持续发展的完美结合
室内设计领域	俞挺 （Wutopia Lab，中国）	 西安钟书阁	这是西安钟书阁的内部，书阁整体空间由公共阅读区和重点图书推荐区两个部分组成。设计师为了提供给读者舒适自由的读书环境，特意构建出一种云朵上的读书天堂效果。整个设计因受到消防规范的限制，在书架的材料选择上遇到了问题，最终只能采用5mm厚的钢板来定制曲线书架。经过严谨的计算研究，设计使用了数字化理念和技术来实现这样一个流线型的读书空间，其中每一片钢板都通过参数化软件编程设计进行计算与优化，并由数控机床加工生产得以实现如此震撼的流线型空间
	NUDES （印度）	 印度孟买Regal鞋店	这是印度孟买Regal鞋店，该店面积约为255m^2，包括用于存储和存档的夹层。设计中强调功能性，为了大量货物的库存摆放，设计师引入了一个中央“波状”岛显示器，一部分用来存货，另一部分用来当作座位，这样的设计为店面腾出了很大空间。另外，该店面的设计也运用了许多细胞三角形的元素表现在“表皮”上，通过精密喷水切割技术进行数字化的制作，随着光影的投射，店内呈现出别致的风景线

续表

领域	设计师	代表作品	作品简介
室内设计领域	俞挺 （Wutopia Lab，中国）	 上海古北一号社区的阅读空间	这是上海古北一号社区的阅读空间，该阅读空间的设计团队为了打造一个自由自在且极富空间感的场所，使用了大量的数字化理念和技术，细节考究，精细到每一片曲线的板材。阅读空间的整体是通过参数化软件进行编程设计、建模的。内部空间中大台阶使得上下两层互相融为一体，光线和人流都可以随着大台阶从室外有如瀑布般倾泻而下进入下层，形成一个非常舒服的阅读空间
服装设计领域	克里斯托弗·凯恩 （Christopher Kane，英国）	 参数化服装设计	本系列服装的灵感来源于建筑，设计师把运用于建筑中的参数化设计理念运用到服装中来，使服装整体上焕然一新。“建筑时装”打破了传统服装的设计方式，新型的参数化设计方式给设计师们提供了操作灵活的系统，这样能够产生各式各样的服装设计方案
	艾里斯·范·荷本 （Iris van Herpen，荷兰）	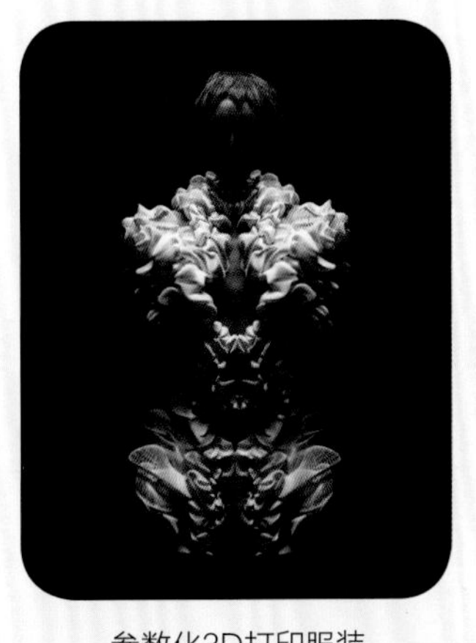 参数化3D打印服装	本系列服装以光敏树脂为原材料，经过一系列设计与制作生成光彩夺目的礼服。此次设计是一次具有重要意义的探索，它开创了服装设计与3D打印技术相结合的先例。设计师在设计的过程中也采用了大量的非线性设计，使服装更加贴合人体，不会显得十分僵硬，充分彰显女性独特的身型与魅力

续表

领域	设计师	代表作品	作品简介
服装设计领域	**徐炯** （中国）	 无器官身体 参数化3D打印服装	本系列是在当今参数化软件发展迅猛的背景下，以“无器官身体”为主题的设计作品。设计过程中，设计师主要通过观察日常生活中人体自身产生的变化以及在某种环境下，人体遇到的应激反应与外界环境所产生的关联。从“身体的衍生”和“身体的受持”两方面研究身体的活动与产生的功能性。通过运用犀牛软件算法的方式去挑战人们对于身体的传统定义，从而在软件中生成模型，从数字化科技的角度去探索人类身体的无限可能性。设计师通过算法的方式生成了各种模型并用3D打印技术、SLA激光快速成型机、光敏树脂材料等直接打印出本系列设计
其他设计领域	**TJR 设计机构** （中国）	 切片灯具	本系列切片灯具设计采用片状亚克力板层层叠置的构造方式，组合成富有线条感的艺术灯具。灯具与普通灯具的设计方式不同之处在于它在设计过程中运用参数化软件算法进行设计，生成各种流线型的灯具样式，灯具的表皮可以呈现出千变万化的艺术造型。灯具通过光影的变化产生各种渐变的光影效果，独具时尚感和舒适感
	张周捷 （中国）	 数字概念家具 （Triangulation Series）	本系列家具设计把现代数字化理念与手工艺相结合。运用参数化软件探究数字化物体的形成，使得虚拟模型为现实物体。将现代化数字科技的技术融入设计生活中，探索客户的喜好，满足现代人对数字化艺术家具的定制需求

续表

领域	设计师	代表作品	作品简介
其他设计领域	**扎哈·哈迪德** （英国）	超级游艇	该游艇是著名建筑师扎哈·哈迪德的设计作品，以跨界的理念设计而成，游艇的外部采用超现实的网状结构，流线型的整体设计更是让人惊叹。目前，造船复合材料的广泛运用也为船体的无缝结构造型和流线型的外观建造带来便捷。游艇的整体设计突破了传统设计的束缚，使内部空间被彻底解放
	斯特凡尼娅·卢凯塔 （Stefania Lucchetta，意大利）	 首饰设计	这是斯特凡尼娅·卢凯塔的参数化首饰设计作品，其设计目的是要克服传统生产的界限，在材料和技术方面进行创新和突破，作品能够体现出传统与现代的高度融合。应用新技术和新材料是在珠宝界产生一种非传统语言的宝贵手段，她的树脂、钛、钨合金作品并非生来就像传统珠宝那样可复制的，把所有的现代技术推向它们的极限，创造一种个人的技术诗歌，为珠宝设计开辟了新的道路
	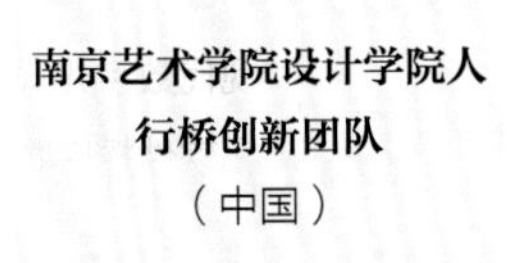 **南京艺术学院设计学院人行桥创新团队** （中国）	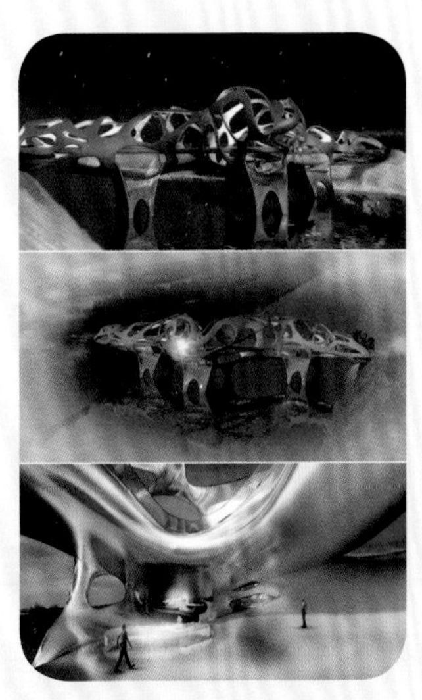 参数化桥系列：冰丝	此系列桥梁设计有感于科幻影像中章鱼海怪那巨大且能灵活游动的触须，高速行驶的汽车尾灯在夜幕中瞬时留下的流动性光影轨迹，以及墨汁滴入水杯后那些弥散和消融开的瞬时动态的捕捉，设计师对此图像形态进行剥离、抽象、简化以及分解之后，再次整合信息以模型构建的方式呈现。设计师通过流线型的交叠、功能空间的构成来展示现代桥梁的机会性和选择性空间。通过流线体抽象化后产生的独特美感，除了能表达功能性桥梁的空间外还赋予桥梁建筑整体的动感。至此，桥不再是传统性和穿越性的，更多的是观赏性和综合性并存的

续表

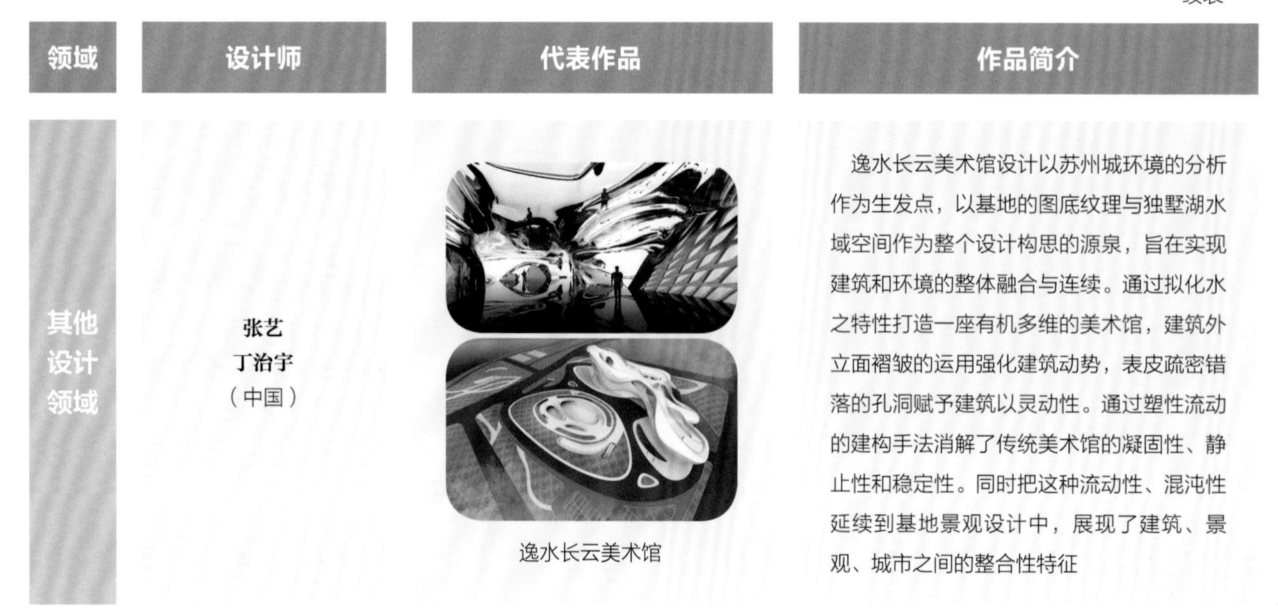

领域	设计师	代表作品	作品简介
其他设计领域	张艺 丁治宇 （中国）	逸水长云美术馆	逸水长云美术馆设计以苏州城环境的分析作为生发点，以基地的图底纹理与独墅湖水域空间作为整个设计构思的源泉，旨在实现建筑和环境的整体融合与连续。通过拟化水之特性打造一座有机多维的美术馆，建筑外立面褶皱的运用强化建筑动势，表皮疏密错落的孔洞赋予建筑以灵动性。通过塑性流动的建构手法消解了传统美术馆的凝固性、静止性和稳定性。同时把这种流动性、混沌性延续到基地景观设计中，展现了建筑、景观、城市之间的整合性特征

第三节

“实验性设计”课程概况

“南艺”服装设计专业的“实验性设计”课程设置在本科课程的第七学期，作为毕业设计的前期课程。其课程时长8周，合计72课时。课程的设置旨在通过教学引导学生在创作过程中勇于跨界，鼓励学生在认知上打破专业壁垒，用“跨界”和“反”传统的理念，指引学生大胆创新，并能在实验过程中探寻设计解题的多样性，掌握设计创作的非“唯一性”特征。最终，通过实验获得创新的形式、材料及工艺。近年来，其课程的作品形式，独具特色，备受业界关注，形成了自己的专业面貌。其作品均为白色系列，远看似白色的着装人物雕塑，近看材质丰富。或许是早期作品中纸质材料所占比重大的缘故，很多人就此定性为“纸衣服”，其实不然。细想并非坏事，如此称号倒是便于记忆和传播。但也值得就此反思，加以改进。课程中规定用白色材料，旨在希望学生能够关注某一种材料的微妙变化，培养学生的细心和对材质的敏锐度。

一、概念阐述

“实验”（Experiment）在《现代汉语词典》中解释为：“为了检验某种科学理论或假设而进行某种操作或从事某种活动。”[1]也指科学研究的一种基本方法，即根据一定目的，运用必要的物质手段，在人为控制的条件下，观察、研究事物本质和规律的一种实践活动。它是科学认识的基础，又是判断理论定律是否具有真

[1] 中国社会科学院语言研究所词典编辑室.现代汉语词典［M］. 7版. 北京：商务印书馆，2016：1180.

理性的标准。[1]胡适在《实验主义》中对“实验”一词的阐述是:“有时候，一种假设的意思不容易证明，因为这种假设的证明所需要的情形平常不容易遇着，必须特地造出这种情形，方才可以试验那种假设的是非。凡科学上的证明，大概都是这一种，我们叫作‘实验’。”美国著名的实验设计家大卫·卡森（David Carson）这样定义“实验”:“实验就是之前从未尝试过的……从未见过或者听过的事物。”大卫·卡森和很多其他设计师指出，实验的本质表现在成果的形式上的新奇。[2]现如今我们熟知的实验性艺术有实验建筑、实验电影、实验音乐、实验舞蹈、实验绘画等。另外，英国艺术史家贡布里希（E.H.Gombrich）将20世纪现代主义的不确定性与古典艺术的经典性相比较，称为实验性艺术。[3]再说“设计”一词，在古代汉语中意指设下计谋，如《三国志·魏志·高贵乡公髦传》中记载:“赂遗吾左右人，令因吾服药，密因酖毒，重相设计”，此处设计的含义仅为计谋。而今在《现代汉语词典》中有另一种解释，是指:“在正式做某项工作之前，根据一定的目的要求，预先制定方法、图样等。”[4]不难看出，表述中并没有强调创新与实验，仅阐述了设计的流程，实验性设计则不然。

其实，实验性设计仍然是设计，无非是对设计属性的定义、用来区别常规的设计行为。同时，也表明了实验性设计其特征属性，即具有探索性、未知性，且结果具有非唯一性的特征。因此，实验性设计是对设计目标或问题的探寻，它具备系统的设计流程和方法，强调过程的管理与体验，却无法凭借经验和规范获得明确的设计方案。其设计结果，必须经过反复的实验、验证，方能得到阶段性的成果。换言之，探索性、实验性、未知性及非唯一性是实验性设计的主要特征。当然，其最终形式也一定具有争议性、话题性。这也如大卫•卡森所讲“如果每个人都喜爱你的作品，那么你的作品就太安全了”，可谓一语道破天机。

二、教学目的

第一，通过理论讲授、案例分析，使学生在设计探索中体验设计的无限可能性。

第二，体验跨设计、“超设计”的内涵意义与表现形态，研究设计的前卫性、未来性、概念性等方式。

第三，在设计过程中感受设计的不确定性，体验设计问题的“可行解”与“唯一解”。[5]

三、教学思路

通过对事物的观察与分析，发现或假设出问题，然后针对此问题展开一系列的研究，最终探寻其解决问题的办法。课程从发现问题开始，大胆设想解决问题的途径与技巧，并反复验证与探索。希望通过验证设想的过程，打破专业壁垒，用跨界的理念与实验的精神，探索设计创意的各种可能性。一方面，使学生在解决问题的过程中接触更多的陌生知识、积累更多的经验；另一方面，使学生懂得设计就是创新，设计不能循规蹈矩，从而使学生真正理解设计即创新的本质含义。

---

[1] 廖盖隆，孙连成，陈有进，等．马克思主义百科要览：下卷［M］．北京：人民日报出版社，1993.

[2] 李德庚，蒋华，罗怡．平面设计死了吗［M］．北京：文化艺术出版社，2011.

[3] 邬烈炎．课程设计：建构实验性教学［J］．苏州工艺美术职业技术学院学报，2015（4）：1-6.

[4] 中国社会科学院语言研究所词典编辑室．现代汉语词典［M］．7版．北京：商务印书馆，2016：1147.

[5] 南京艺术学院本科教学大纲（设计学院分册）．2010：397.

四、教学重点

第一，教学生学，亦如古人所云："授人以鱼不如授人以渔"，即教学生主动探寻解决问题的方法和技巧。

第二，教学过程中关注学生的创作情绪，师生多交流，增加互动环节，并设法鼓励学生学习，正确的引导、鼓励可以激发学生探寻真理的动力和信心。

第三，注重对学生作品形式、材料、工艺的创新意识及能力的培养。

五、课程特点

"实验性设计"是一门具有跨界性、实验性及学科交叉性的专业实践课程，旨在对学生问题意识、创新思维的培养，其实验是基于对传统理论与专业知识的掌握，但又反对简单、直接的应用。教学过程鼓励创新、鼓励有逻辑的批判，在"跨界"和"反"传统的理念指引下，大胆探寻实验的各种可能性，最终能够在实验中获得新形式、新材料、新工艺以及新技术。课程始终是以解决问题作为主线，以假设作为试金石，最终使学生获得综合的创新实验能力。

（一）"反"传统性

"反"传统，并非不要传统，而是立足于传统，敢于对传统提出批判。人类的科技进步推动了社会的发展，人类的知识也是随着科技发展不断完善的，知识更像是特定时期的真理。在《异闻录·师溪旧事》中记载："不破而不立，立则必破。"所谓"不破不立"就是一种"反"的意识，也是对待事物的一种态度，如果人类在认识世界的过程中没有"反"的意识，人类的科技就不可能有突破。灌输性学习与被动接受，会造成一成不变的格局，只有打破常规，才有可能创新。"反"传统并非盲目否定，正如鲁迅先生在《拿来主义》一文中所讲，对待西方文化的态度是要"去其糟粕，取其精华"。那么，对于传统仍然是一样。虽然传统是特定时期的"真理"，但随着时代的变迁、科技的发展，人类需要与时俱进，用"反"传统的理念、以"知识批判"的立场对既有知识与技法体系进行反思。[1]

（二）跨界性

跨界的本质，是要打破学科壁垒，在主体不变的情况下，进行学科的交叉、融合。当然，仅有跨界的理念是不行的，跨界的前提是融合，掌握本专业之外的知识，打破对专业认知上的框架，摆脱思想上的束缚。拥有好奇心、批判意识，要博学、多问，多了解学术前沿的资讯、掌握最新的专业技能。在进行跨界性较强的课题研究时，可以组建团队，取长补短，发挥团队优势。跨界也是对资源的整合和利用，用跨界的理念及能力来探究创新设计之路。

（三）实验性

实验性，是指课程具有探索的属性，也指做研究的态度和精神。因为实验是需要反复尝试和验证的，具有不确定性。因此，需要研究者具有强烈的好奇心和求知欲，也需要实验者的耐心和毅力。实验的基础是对各种专业知识的掌握及灵活运用，实验者要具备综合素养和技能，即具备综合运用知识的能力及实验者本体

---

[1] 邬烈炎．课程设计：建构实验性教学［J］．苏州工艺美术职业技术学院学报，2015（4）：1-6.

的各种能力。另外，实验的可能性也是对实验者的耐心和毅力的考验，也许一百次的实验也不会成功，但实验的过程是非常宝贵的，这需要我们对实验过程有正确的认知。作为学生，实验过程的积累就是经验的积累、知识的积累，也是对学生研究能力、原创能力的培养，这正是“实验性设计”课程的特色。

（四）创新性

创新性，是本课程的重要属性之一。创新是人类创造性的活动，是文化变迁的一种类型。巴内特（H.G.Barnett）在他的《创新：文化变迁的基础》一书中认为，创新是在质的方面所出现的不同于现存形式的任何新思想、行为或事物的总称。他还认为在某种范围内，创新与发明同义。然而，大多数人认为，从严格意义上讲，创新包括了发明与发现两者。前者指人们有意图地为适应环境、改造环境而创造出物质的或非物质的新事物；后者则指对客观存在于自然界中的各种物质和非物质新事物的发现。创新可能引起原有文化形式发生重组、进步、取代、退化、萎缩等现象的出现，导致文化变迁。因而，创新既可能是文化变迁的基础，也可能是文化变迁的一种形式。[1]创新的内容包括概念的创新、外观的创新、功能的创新、形式的创新等研究范畴。服装设计的创新多指研究服装穿着功能及形式的可能性研究，当然在这个过程中也会伴随服装工艺及技术的改良或革新。另外，若从艺术的视角来审视服装设计，其形式的创新也很重要，正如邬烈炎教授在《感受形式的意味》一文中所讲，“为形式而形式”是艺术、建筑、设计存在的根基，尊崇形式是使艺术、建筑与设计从思想到表现、从行为到作品、从语法到技巧，自成体系而作为一门学科呈现的内在理由。因此，我们有理由为“形式主义”正名，而对形式的解读、分析与表现若能达到主义的程度无疑是一个至高的境界。对于一名艺术家、建筑师、设计师或是从事视觉艺术的人而言，如果能被称作是形式主义者，或许也是一种褒奖。[2]

第四节 “实验性设计”课程的教学内容

一、“实验性设计”课程

随着科技的发展，人类的生产、生活方式也随之发生变化。对于高校来讲，到底传授什么样的知识给学生，才不会滞后于时代发展的步伐。正如南京艺术学院的校训“不息变动”，就是讲高校办学也要时刻紧跟时代的发展，掌握先进的科学技术、创意理念、设计方法等。自2011年始，南京艺术学院设计学院的邬烈炎教授就对课程进行了调整，增加了“实验性设计”这门课程。同时，他在《课程设计：建构实验性教学》中对设计教育的改革提出了解决办法和思路，更是对实验性课程在南艺的开展提供了强大的理论支撑。实验性设计教学是培养学生综合能力的重要途径。将实验态度和创新能力的提升当作实验性课程的根本目的，更加重

❶ 陈国强．简明文化人类学词典［M］．杭州：浙江人民出版社，1990.

❷ 邬烈炎．感受形式的意味［J］．南京艺术学院学报（美术与设计版），2011（1）：173-176.

视传授学院外和毕业后难以学到的东西，这些涉及素养、眼界、直觉、思维、趣味、心智等，使学生获得潜在的提升能力。实验性课程的设置不是让学生被动地接受一些设计规则及经验，而是突破惯有的思维模式，掌握创造性的表达方式，培养抽象的、多元的、反思的、实验的设计方式与工作习性。

“实验性设计”课程的特点是把“实验”作为核心要素，其教学目标是培养创新型人才。实验性教学的指导思想已经成为南京艺术学院设计学院发展的重要方向，服装设计的实验性课程也已经在“南艺”开展多年，课程的宗旨在于让学生更好地掌握设计的创新思维，从相反的角度打破传统的设计概念，在学生确定创意主题后进行立体空间的设计训练，让学生改变以往的平面制板方法，从二维转向三维，不同于成衣制作的效果，更加注重过程、强调实验性，使学生在探索中体验设计的无限可能性，体验跨设计、“超设计”的内涵意义与表现形态，研究设计的前卫性、未来性、概念性等方式。通过设计过程，在方案中体现设计的不确定性，体验设计问题的“可行解”与“唯一解”。

“实验性设计”是为了探索某种新的创作理念实现的过程，通过突破传统设计的制约，反复试验，从而达到某种假设的效果，体验设计的无限可能性。这可以是表现一种哲理，一种对文化或设计的感受。实验性设计是一种非市场化、非主流化、非量产的设计行为，是在建立假设的开始，具有对结果的不确定性，在不断的实验尝试中通常会有多样化的结果，所以实验性设计的特征是不确定性、尝试性、特殊性、探索性。求新、求异、求美是实验性设计的本能驱动力。新的创作理念、新的表现材料、新的造型、新的结构等，给实验性设计创作带来新的能量。

二、“实验性设计”课程的教学大纲

教学大纲是每门课程的教学方向、目标及其要求的指导性文件，是以系统和连贯的形式，保持科学体系自身的基本逻辑系统和完整性，是按章节、课题和条目叙述该学科主要内容的教学指导文件。它根据教学计划，规定每个学生必须掌握的理论知识、实际技能和基本技能，也规定了教学进度和教学方法的基本要求，其中包括教学目的、教学要求、教学方法、教学内容、参考书目及作业要求等。教学大纲属于一个“顶层设计”的纲领性文件，其中包括这门课程的教学目的、任务，教学内容的范围、深度和结构，教学进度以及教学方法上的基本要求等。教学大纲是课程的教材、教学计划的编写依据，也是检查和评判学生课程成绩及考核任课教师教学质量的重要依据。“南艺”设计学院“实验性设计”课程的教学大纲，应该有两个版本，第一个版本收录在2010年版的《南京艺术学院本科教学大纲——设计学院分册》中，第二个版本收录在2016年版的《南京艺术学院本科课程教学大纲——设计学院专业课程卷（上）》中。当然，第二个版本是第一个版本的升级版，本书介绍的是正在使用的2016年版的“实验性设计”课程教学大纲，具体内容参见附录一。

三、课前准备（课题设计）

课题设计是开展教学工作的重要环节，也能从侧面反映出教师的综合素养，如知识的积累以及学术敏感度等。好的课题设计，首先要完成教学大纲中设置的基本要求及任务，同时能够通过一个主题融合更多的知识点，并为学生留有一定的自由发挥的空间。课程设计是由任课教师结合学院的教学大纲、教学目标等基本要求来完成的。主题是课程的内核，主题的设定要紧扣时代的步伐，围绕社会、行业的热点话题，包括从文学、绘画、建筑、音乐、舞蹈以及当代艺术等不同专业、学科中获得启发。因此，实验性设计的主题设定，可谓是“不惜的变动”。近些年，“南艺”服装设计专业的课程主题方向涉及歌剧、建筑、参数化技术以及非遗文化的传承与保护等领域。

四、“实验性设计”教学大纲的理论诠释

对教学大纲内容、要求的领会是课程开展的重点，是老师教学工作的主要依据，任课老师应该认真、深入地钻研教学大纲的内涵，同时老师的教学备课文件应该结合行业、学校、学生的实际情况进行编写，围绕教学大纲，但也可以有一定的灵活性。下面就“实验性设计”教学大纲中的理论部分进行简单梳理，重点是名词解释。

（一）实验性设计的概念

关于实验性设计的概念分为经典性、传统性设计与实验性设计，市场化、产品化设计与实验性设计，以及学院派、学理性设计与实验性设计三个基本概念。

首先要求同学能够厘清这三个基本概念。由于归纳概念的立足点不同，并非绝对，因此需要同学能够理解，而非死记硬背。所以，要求在对单个词汇进行解读后加以比较，部分内容如下。

1. 经典性设计

《现代汉语词典》中对“经典”一词是这样解释的：a.指传统的具有权威性的著作；b.泛指各宗教宣传教义的根本性著作；c.著作具有权威性的；d.事物具有典型性而影响较大的。那么，经典性设计是指具有业界范围内权威性的设计，开创先河具有巨大参考价值的一系列设计作品；也泛指那些具有典范性、权威性的设计作品或著作（图1-12~图1-14）。

图1-12　巴博利（Burberry）格子衬衫

图1-13　香奈尔（Chanel）粗花呢外套

图1-14　时钟

2. 传统性设计

传统，指在一个民族的成长过程中经过几百年、上千年的洗礼，绵延流传下来的文化或习俗。任何民族的传统文化都是在历史发展过程中形成和发展起来的，既体现在有形的物质文化中，也体现在无形的精神文化中。如人们的生活方式、风俗习惯、心理特性、审美情趣、价值观念等。那么，传统性设计是指在设计理念、设计方法或者设计语言中保留着历史的痕迹。

3. 实验性设计

实验性设计，指研究者在进行发明、创造、探索之前，根据其目的和要求，对既定的目标，进行有计划的、科学的探究过程，对实验过程及各项活动进行精心安排与规划，并形成周密的研究方案。其目的是突破传统的概念、形式、生活方式而开展的设计活动，是假设某种预想效果而进行的实验活动，是在探索中体验

设计的无限可能性。

实验性设计的设计者一般会以问题为设计起点，尝试控制多种变量关系，探索自变量和因变量之间的关系去验证预期假设的一种研究过程的活动。实验性设计是一种非市场化、非主流化、非量产的设计行为，具有探索性、尝试性、先锋性、独创性和待完善性，通常采用非常规的方法和手段，没有明确的结果，在实验中获得超常规的结果。实验性设计的本能是为了求新、求异、求美，并在此过程中探索新概念、新材料、新款式、新工艺、新结构等应用带来的惊喜、快感、愉悦、震撼。

4. 市场化设计

市场化，顾名思义就是以市场需求为导向，通过各种竞争的手段达到优胜劣汰，从而实现资源充分合理配置、效率最大化等目标。通俗来讲，市场化就是利用价格机能达到供需平衡的一种市场状态。市场化也是指利用市场的规律，解决社会的政治和经济问题。那么，市场化设计则是指设计师利用敏锐的洞察力、新奇的创造力和艺术家的想象力来迎合市场的潜在规则，在市场这个机制下进行的一系列设计，且设计成果能够在市场竞争中脱颖而出，市场化设计因以市场需求为导向，所以市场化设计的目的就是要满足消费者、达到盈利等目的。

5. 产品化设计

产品，指向市场提供的、能满足人们某种需要和利益的物质产品及非物质形态的服务，包括实物、生活服务、场所、思想或主意、计策等。一般产品从被接纳到被放弃要经过不同的阶段，表现为产品的生命周期。首先，消费者知道新产品的存在并寻找有关新产品的资料，然后消费者考虑值不值得尝试新产品并对新产品做少量的尝试，最后消费者决定经常选用该产品。❶产品通常可以分为有形产品和无形产品。无形产品主要包括服务行业、知识产业等一系列。有形产品则是通常批量化生产的产品。那么，所谓产品化设计就是指运用机器设备、技术手段，以满足工业化批量生产为目的的物化过程。

6. 市场化设计与实验性设计的区别

实验性设计与市场化设计是相对立的，市场化设计是以满足目标消费群、帮助目标消费群解决现实问题，从而达到盈利的目的。而实验性设计是具有突破性、探索性的，是以完成实验性构想为目的、前卫的、具有研究性的行为。例如，在威尼斯双年展中所做的建筑等。

7. 学院派设计

“学院派”原指西方的艺术流派（源于《大美百科全书》），如绘画、雕刻的表现风格，尤指19世纪法国艺术学院所认可的艺术形态。法国艺术学院为当时艺术品位的仲裁者，对其他国家极具影响力，尤以英国皇家学院为最。学院派与学院有关，且具有一定的守旧思维。现代对于学院派设计认识通常指的是学院教育下特有的艺术设计思维和模式。其一，具有正规的艺术教学体制；其二，具有系统性的专业素养训练和扎实的基本功；其三，体现一种学院派系的知识人文气息。

8. 学理性设计

学理性，指西方各个时代的思想家、政治家、文学艺术家关于人的观点、理论、学说的总和。理性人学以理性为对象、为标准，以理性的方法探讨和研究人，诉诸人的理性力量改造世界，以求达到人们的目的。❷其基本内容是理论假定的构建与经验证实，任何一个理论都始于一个（或某些）特定前提下的理性假设，结束于对这样一个理论假设的证实或证伪（当然一般是证实）。也就是说，任何一项学术性研究的基本任务都是

---

❶ 刘建明，张明根．应用写作大百科［M］．北京：中央民族大学出版社，1994.

❷ 知网空间。学术百科运用科学原理与法则方面对艺术设计给予分析与解释。

致力于验证研究者所提出的某一个理论假设。学理性的实现手段是概念界定、理性判断和推理过程。[1]那么，学理性设计就是通过理性地运用逻辑推理的手段，验证某一假定的理论构建的实证过程。

（二）实验的启示与参照

实验的启示与参照实则是讲实验的语境和背景，任何实验都要有前提，并非凭空而出，实验的最终目的是要解决问题，不能解决问题的实验并无价值。因此，服装设计纸衣服的实验会围绕热门话题或事件展开，如当代艺术、建筑、电影、文学等相关的领域。

1. 当代艺术与实验性设计

当代艺术是具有现代精神和现代文明的艺术，在时间上指的是今天世界范围内的艺术。艺术家置身于当下的文化、政治、经济环境下，面对当今世界而创造出一系列反映当下时代特征的作品。当代艺术是现在的艺术中的分离意义和功能主义发展至今的状况。当代艺术在艺术语言上以开放、多元并且强调实验性为特征，体现了艺术家对当今社会的思考以及试图探讨某种超越与构建的可能性。

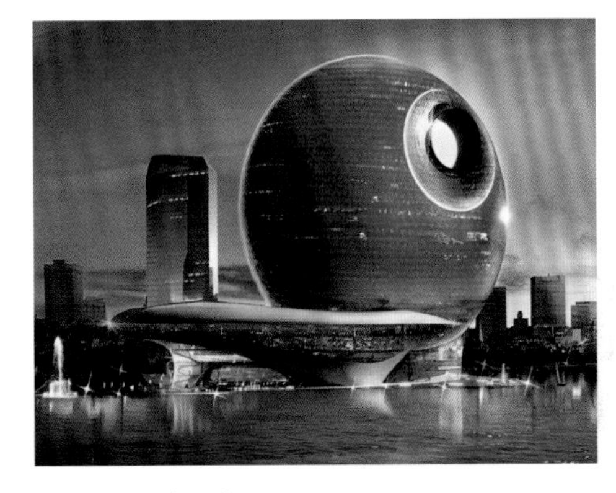

图1-15　月亮酒店

2. 实验性建筑与实验性设计

实验性建筑是一个时期的特有现象，是一种以建筑为载体，根据一定的目的，运用必要的手段，在人为的控制条件下，研究建筑本质和规律的活动。实验作为一种手段，是完成整个建筑成果之前的一个探索环节。实验性兼具探索性和不确定性，是一种超现实的精神，通过实验性可以激发建筑师的想象力和创造力，对现有的建筑艺术产生冲击，实验性建筑也是建筑设计师追求未知、追求理想、探索未来的一种方式，在某种程度上可以成为建筑发展的趋势，是建筑发展的原动力，一般具有先进性、先锋性等特质。如图1-15所示，我们不知道是否可以在月球上建酒店，韩国建筑公司Heerim Architects采用自己的方法，在地球上建造了一座月亮酒店。后现代的时髦酒店看起来像星球大战传奇故事里死星的外形。图1-16中，水下酒店及度假区是一个计划中的酒店，它由罗兰·迪特勒教授设计。它将成为世界上第一个水下豪华度假村。酒店位于水下，在迪拜朱梅拉海滩旁。由钢筋混凝土、树脂玻璃墙和泡沫状的圆顶天花板组成的建筑使客人可以看到鱼类和其他海洋生物。

图1-16　迪拜海底酒店

3. 当代文学、电影、戏剧、音乐、舞蹈与实验性设计

在艺术创作的过程中，要善于把其他领域的特点带入自身设计领域去研究，如将当代文学、电影、戏剧、音乐、舞蹈等艺术领域与当下具有一定研究意义的实验性设计相融合，实现创作中元素与灵感的多元化（图1-17～图1-20）。

图1-17　当代舞蹈《空山思故》

---

[1] 郁庆治．论学位论文的“学术理论性”［J］．学位与研究生教育，2009，3.

图1-18 当代电影《爱山记》(洪嘉宝)

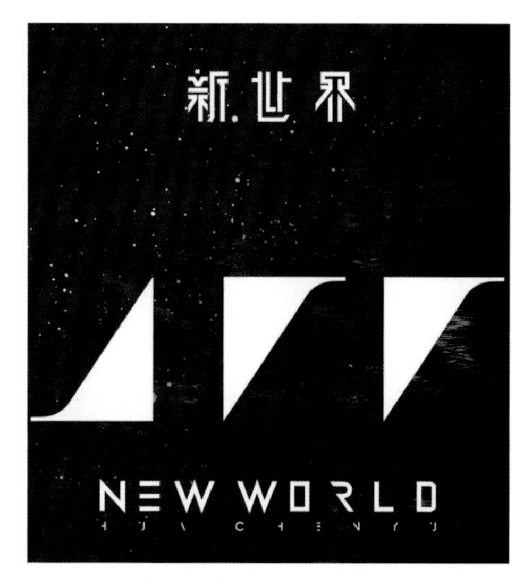

图1-19 当代音乐《新世界》(华晨宇)

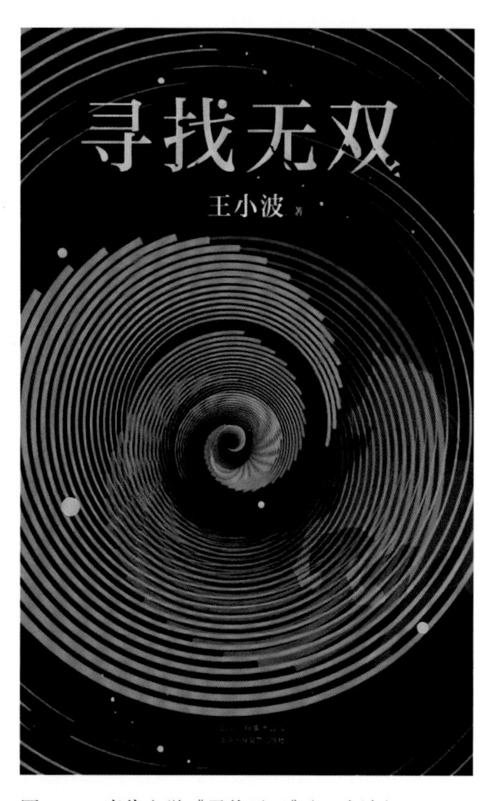

图1-20 当代文学《寻找无双》(王小波)

4. 科学实验与实验的广义性

实验具有广泛性，是为了某种目的而进行的各种可能性的研究，科学实验则是实验的一种形式，是以科学为基础，运用一定的仪器、设备和科学规律等条件，在人工控制下，观察、研究自然现象及其规律性的实践过程。

（三）实验性的范畴与类型

1. 设计的概念与概念性设计

关于设计概念与概念设计，虽然这两个词只是前后调换了一下位置，结果使词意相差甚远。我们通常比较熟知的有：概念汽车、概念建筑、概念飞行器等。但设计概念则很少提到，没有人一见面就聊什么设计的概念，当然专业人士除外。

所谓“设计的概念”，指设计师针对设计所产生的诸多感性思维进行归纳与提炼的思维总结。通常的设计程序就是设计师在设计前期阶段，对将要进行的设计方案做出周密的调查与策划，分析出客户的具体要求，以及整个方案的目的及意图、地域特征、文化内涵等，然后与设计师独有的思维素质产生一连串的设计想法，才能在诸多的想法与构思上，提炼并表达出最准确的“设计的概念”。

所谓“概念性设计”，有两种解释，主要取决于“设计”的词性。“设计”作为名词时，侧重点就是结果，是对作品本身属性的界定，其性质、风格具有概念性；“设计”作为动词时，侧重点就是行为过程，是对设计行为属性的定义。那么，总体来讲“概念性设计”，是利用设计概念并以其为主线贯穿全部设计过程的设计方法，它通过设计概念将设计师繁复的感性和瞬间思维上升到统一的理性思维，从而完成整个设计（图1-21、图1-22）。

2. 先锋设计与前卫设计

先锋设计，表现为反对传统文化、刻意违反约定俗成的创作原则及欣赏习惯，片面追求艺术形式和风格上的新奇。先锋设计坚持艺术超乎一切之上，不承担任何义务，注重发掘内心世界，细腻描绘梦境和神秘抽象的瞬间世界。其技巧上广泛采用暗示、隐喻、象征、联想、意象、通感和知觉化，注重挖掘人物内心奥秘与意识的流动，让不相干的事件组成齐头并进的多层次结构的特点，较难于让众人理解。

前卫设计，指在形式与内容上皆超脱既有形态，强调个人的个性和喜好，注重凸显自我、张扬个性，并带有实验色彩的设计。

3. 未来设计与虚拟设计

未来主义，又称“未来派”，是现代文艺思潮之一，1909年

图1-21　游戏概念性设计插画（Alena Aenami）

图1-22　UNStudio对海牙的愿景是为“未来之城”所做的概念性设计

由意大利马利奈蒂（Marinetti）倡始。未来主义是一种对社会发展进行探索和预测的社会思潮，以“否定一切”为基本特征，表现对未来的渴望与向往。

未来设计，是人们对未来生活无边无际的畅想，以及对宇宙奥秘的探索。未来设计反对传统，歌颂机械、技术、年轻、速度和力量（图1-23～图1-25）。

在服装设计中，未来主义风格是将冰冷的未来机械与时装轮廓融合在一起，形成超现实的摩登主义。例如，银色金属光泽、塑料材质、前卫的裁剪线条加以装饰的时装，锦纶丝裙、皮制金属质感的紧身长裤等。色彩上，着重于金属色，如金色、银色以及透明色等。面料上，喜爱闪亮、富有弹性的材质，用来强调女性的身形，表达女性性感之美。造型上，利用简单的图形符号、现代感的几何图形，或简洁硬朗的设计，塑造出未来和宇宙的想象空间，服装功能性的增强也是未来主义风格的发展趋势。

虚拟设计，是计算机技术发展的产物。虚拟设计的发展需要计算机和虚拟设计技术共同配合发展。其中，

图1-23　奥迪的概念车

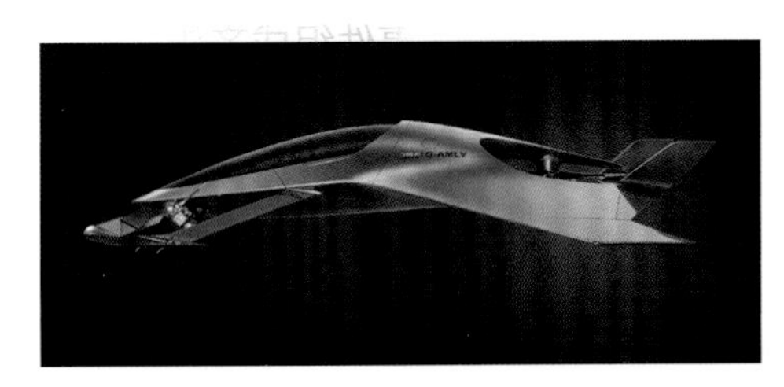

图1-24　飞行器概念

图1-25　未来主义风格

虚拟设计技术是由多学科先进知识形成的综合系统技术，其本质是以计算机支持的仿真技术为前提，在产品设计阶段，实时、并行地模拟出产品开发全过程及其对产品设计的影响，预测产品性能、制造成本、可制造性、可维护性和可拆卸性等，从而提高产品设计的成功率。它也有利于更有效、更经济灵活地组织制造生产，使工厂和车间的设计与布局更合理、更有效，以达到产品的开发周期成本最小化、产品设计质量最优化、生产效率的最高化等设计目的。

虚拟设计技术是由各个“虚拟”的产品开发活动来组成，由“虚拟”的产品开发组织来实施，由“虚拟”的产品开发资源来保证，通过分析“虚拟”的产品信息和产品开发过程信息求得对开发“虚拟产品”的时间、成本、质量和开发风险的评估，从而做出开发“虚拟产品”系统和综合的建议。虚拟设计技术的最终目的是缩短产品开发周期，以及缩短产品开发与用户之间的距离（图1-26）。

图1-26　VR技术运用于教育、游戏、办公、会议、购物等各个领域

4.“反”设计的设计

“反”设计，是一种设计运动，是抗拒主流的设计模式，这种设计运动兴起于20世纪60年代后期的意大利。当时的设计主流模式认为“设计”是一种增加假性需求的工具，并借以增加产品的销售量，如此一来，“设计”已不再是一种改善生产环境条件的工作了。与此同时，一些现代主义的形式主义美学家，从其文化社会中提炼“理论”，并假代主义之名推销给现代主义的建筑师，这是一种强加的、外加的意识形态，一种资本主义与消费主义的意识形态。结果在20世纪60年代，意大利的建筑师与设计师以苏特沙士为首开始发难，他们要重新对“意大利设计”下定义，他们调整设计师在文化与政治上所扮演的角色。他们要改变“所谓好品位”。其特点：a.扭曲尺度；b.扭曲造型；c.大胆运用色彩；d.视觉的押韵（双关语）；e.刻意隐藏产品的机能价值。改变“所谓好品位”这样的做法不可避免地与纯艺术先锋者会走得很近。同时，他们又标榜与意大利的主流消费文化对立，以致许多家具设计（特别是椅子的设计）所提出的“反”设计理念，往往更亲近于产品的美学机能，而不是那些抽象的社会文化的意义。这“反”设计的风潮反而带给意大利现代主义的设计界新生的力量，以20世纪80年代兴起的孟非斯设计公司最为成功。

“反”设计对抗了所谓国际样式，带领了设计界在20世纪60年代的激进化，这对于意大利在这一年代飘摇的经济与社会文化危机，多少有“明灯”般的激励作用。孟非斯的领导者苏特沙士往往着力于未量产的家具原型开发，或者说是从事大众文化的“品位”开发，这也可以称为生产“设计的设计”。这种风气并不仅限于家具界的孟非斯，甚至远在英国都共享着“反”设计的精神，所以“反”设计并不只是在家具设计界活跃，它在20世纪70年代的英国与美国的工艺界也有诸多回响，只是在20世纪80年代遇到了瓶颈效应。[1]

---

[1] 资料源自360百科。

五、“实验性设计”教学的方法

（一）实验性设计的基本特征

1. 原创性的变革生成

原创性，通常被视为作品的内核，其主要内容的生成都是出于作者的独立思考，是作者的首创，非抄袭或转载，具有个人独特特性的物质和精神成果。“变革”是指事物的本质，推翻原有的执行计划而选择另一个新的计划，通常是大范围的，过程都是带有强制性的特征，并且伴随着新生成的东西，从根本上改变以达到目的。那么，原创性的变革生成则是指作者通过个人独立思考，对现有的设计或规则进行大规模的改良，原创性的变革生成的作品具有首创性和强烈的个人特色。

2. 趣味性的游戏姿态

趣味性的游戏姿态，指在艺术创作过程中，如玩家体验游戏般的模样、神情、姿势、气质等。这里是指设计师针对实验性设计的态度。因为，趣味性能够满足受众的情趣和人情味的特质，以真实和引人入胜的内容吸引别人，进而满足受众的心理需求。

3. 前瞻性的预想启示

前瞻性，指对事物宏观、事物发展规律以及事物内部相互联系之后，对事物发展趋势所作出的推理判断。本质上是通过对现状和事物发展规律的洞察，预测未来的能力。那么，前瞻性的预想启示则是指对事物进行宏观的了解后，善于洞察其发展规律，对其发展趋势有所领悟。

4. 思辨性的哲学解读

思辨性，是强调设计过程中的理性主义色彩。因为，思辨是一种思考方式，常常与实践相比较。思辨性也就是说在考虑问题时脱离社会实践，通过抽象的思考、推理、论证得出结论的哲学。一切事物都要经过思辨，才会领会与其他事物之间的不同；用辩证的眼光看待问题，才会发现其本质的区别与联系。那么，思辨性的哲学解读是指在艺术创作中脱离社会实践，更多地从书本知识出发，通过不断地思考、推理、论证，从而得出的富有世界观和方法论的理论体系的过程或是结果。

5. 荒诞性的隐喻反讽

荒诞性，指一种虚伪的、矛盾的形态。荒诞在存在主义中用来形容生命无意义的、矛盾的、失序的状态。反讽，指“说此指彼”，是说话或写作时一种带有讽刺意味的语气或写作技巧，单纯从字面上不是其真正要表达的意图，而事实上正与要表达的意图相反。那么，荒诞性的隐喻反讽是运用一种矛盾的、不可信的形式，巧妙地形容事物或是带有讽刺意味地从反面揭露事物的本质。

6. 纯粹性的形式语言

纯粹性，指不掺杂其他成分，真正体现事物的本质。形式语言，指研究语言内部结构模式的纯粹的语法领域。那么，纯粹性的形式语言是指运用最简单的不掺杂任何其他成分的方式去表达事物。

（二）实验性设计的创意及表现方法

1. 扩散性思维与边缘化构想

扩散性思维，指人体大脑对客观事物本质属性和内在联系的概括与间接反映。扩散性思维又称求异思维、发散性思维，是指一种人体大脑思维视野广阔且呈发散状态的思维模式，是一些心理学家测定创造力的主要标志之一，其基本特征包括流畅性、深刻性、广阔性、灵活性、独特性等。

边缘化，指人或事物的主观变化轨迹向反方向发展的趋势，也就是说人或事物的发展趋势从主流走向非主流。构想，指作家、艺术家在创作作品过程中的思维活动。那么，边缘化构想是指作家、艺术家等人在创作作品过程中向主流趋势指引的反方向发展的思维活动。

2. 超现实联想与浪漫诗学句法

超现实，源于超现实主义一词，是在法国兴起的文艺以及其他领域里对于资本主义传统文化思想的反叛运动。这种流派主张突破合乎逻辑与现实的观念，放弃有序经验记忆为基础的现实形象，从而形成的一种潜意识的意识形态。联想，则是指因某人或某种事物而想起其他相关的人或事物，从而由某一概念引起其他相关的概念。那么，超现实联想是指由突破合乎逻辑的观念而引发与其一系列相关的延伸想象。

中国浪漫诗学，是一种在20世纪初期中国兴起的颇有生机的美学理论。它汇集了当代中国作家自身对于美学的思考。句法，是研究句子的每个部分的组成以及其中它们的排列顺序。浪漫诗学句法是指研究内容融合了西方浪漫主义美学和中国传统文化的历史渊源，研究者善于从主观内心世界出发，运用热情的语言、华丽的想象、夸张的手法来塑造内心想要表达的形象。

3. 逆向性思维与非常态手法

逆向性思维，指为实现或解决某一因常规思维难以解决的问题，而采取与常规思维反方向的解决方法。人类的思维具有方向性，存在着正向与反向的差异，由此产生了正向思维与反向思维两种形式。

非常态手法，指在文艺创作中运用不固定的创作手法或技巧。

4. 无意味的形式与抽象性表现

无意味的形式，指在艺术创作中，拒绝任何唯一性的概念或哲理的图解，具有一种超寓言的审美功能的呈现方式。抽象性表现，指从具体事物中概括出它们的共同特征、属性与关系等，而将个别的、非本质的方面舍弃的思维过程显露出来的行为。

5. “反”的意味与非理性、偶发性呈现

“反”字的定义：a.翻转；b.抵制；c.和预感不同；d.回击；e.类推等。意味，指情调、趣味，也有含蓄的意思。“反”的意味是指在艺术创作中，用思维的逆向或是类推等方法进行思考与研究。

非理性，指那些反对理性哲学的各种用逻辑概念所不能表达的思潮。偶发性，指偶然发生的艺术形式。那么，非理性、偶发性呈现是指通过各种用逻辑概念不能表达的或是偶然发生的形式去展现艺术形态。

6. 不确定性与歧义性猜想

不确定性，指由于艺术偶发性的作用是潜在的，且无法预知艺术形态所呈现的方式和结果，因此艺术创作过程与展现结果均难以准确形容。歧义性，指语言文字有多种表达方式，但意义不明确。那么，不确定性与歧义性猜想是指在艺术创作的过程中表现出的结果难以准确形容或是可以运用多种表达方式的猜测与联想。

（三）实验性设计的作业手法

课题原由：原型、资源、名词、概念、猜想……

切入角度：拼贴、解构、转换、意象、虚拟……

解题路径：移植、变体、演绎、异化、游戏……

作业手段：过程、文本、方案、编辑、展示……

第二章

设计理念与设计方法

第一节 设计理念

“理念”一词源于希腊文“Ideas”，最早为古希腊唯心主义哲学家柏拉图的用语，意同“观念”“概念”。理念，指永恒不变而为现实世界之根源的、独立的、非物质的实体，它是唯一的存在。一切个别事物是其“摹本”或“影子”。通常会把“理念”视为抽象的概念和结论，也指人类用自己的语言形式作为真理、道理来形容的思想、观念、概念与法则。

“设计”是一个外来词，是由英语“Design”一词翻译而来，通常译为设计、图案等，但今天一般照搬原词。它指当试图制作具有一定用途的东西时，构思并制作合乎其用途且具有最美形态的作品。“设计”最初的意义是指素描、绘画，如15世纪的理论家弗朗西斯科·朗西洛提就将设计、色彩、构图及创造并称为绘画四要素。意大利画家切尼尼（Cennini）也有类似的论述，称“设计”为绘画之基础。意大利艺术理论家瓦萨里（Vasari）将“设计”与“创造”概念相对，称二者为“一切艺术”的“父亲与母亲”。设计，指控制并合理安排视觉元素，如线条、形体、色彩、色调、质感、光线、空间等，它涵盖了艺术的表达、交流以及所有类型的结构造型。“设计”的宽泛含义，则包含了艺术家头脑中创造性的思维（常被认为在画素描稿时就酝酿着）。因此，波迪内奇（Baldinuecci）将“设计”定义为：“事先在心中酝酿，在想象中已描绘出结果，并能通过实践使之成为现实的可视物。”“设计”这个词历来带着一定的神秘性。柏拉图的“理念”或“原型”关于创世与艺术创造活动之间存在着某种相同之处的说法，使“设计”被赋予了一种神秘力量，而正是这种力量决定了艺术家不同于工匠。“设计”被认为是以可得到的材料及手段，为如何完成一件艺术品而进行运筹、计划的过程。我们对设计和艺术概念的追根溯源，可以帮助理解二者之间内在的、历史的联系。[1]设计与艺术虽然有很多的共同之处，但就其本质，“设计”的目的是解决问题，设计过程中一般会考虑以下几方面因素：a.材料；b.用途和机能的目的性；c.生产价格的经济状况；d.来自传统和流行方面的要求；e.来自美感和快适性的要求。在此基础上，如何组织形、明暗、色彩、空间等视觉要素，是所有设计师的课题。

那么，所谓的设计理念是设计师在经过多次实验或是积累丰富经验的前提下所确立的看法或观念。通常，被我们熟知的设计理念有：绿色设计、生态设计、未来设计等，下面简单列举几种设计理念。

一、绿色设计（生态设计）

绿色设计，指在整个设计和思考过程中，在保证设计对象的功能、质量、开发周期等因素的条件下，带入环保意识和观念，把对环境的负影响降到最低。社会上对于绿色设计的核心主要概括为“减少，再利用，再循环”。

图2-1中所示的广州自由人花园三期项目被称为“单体垂直绿化项目世界之最”。设计的灵感来源于“山峦梯田”，运用曲线的形式来诠释整体造型，把绿色设计带入建筑的设计之中，将植物与建筑融为一体，整个建筑充满了动感和活力，成为新一代的有氧建筑。

---

[1] 尹定邦．设计学概论［M］．长沙：湖南科学技术出版社，2006：41.

二、非线性设计

“非线性”原本是指函数中不成比例或不成直线的关系。“非线性”一词来源于非线性科学，而非线性科学是一门研究非线性的函数所存在的共性现象的学科。非线性科学主要研究看似无序的变化，实则深刻反映事物内部外部存在的联系。在如今数字化技术发展的背景下，非线性科学已经覆盖到设计行业，而非线性设计主要研究事物不平衡与不对称中存在的特征。

图2-2中所示的广州大剧院由著名的建筑设计师扎哈·哈迪德设计，设计灵感来源于珠海石的传说，建筑整体呈流线型与珠江水交相呼应。设计师将景观元素渗透到建筑形体和空间中，以动态的建筑空间和形式，运用非线性的设计，通过完美的切割与连接，使建筑和城市景观融合共生。

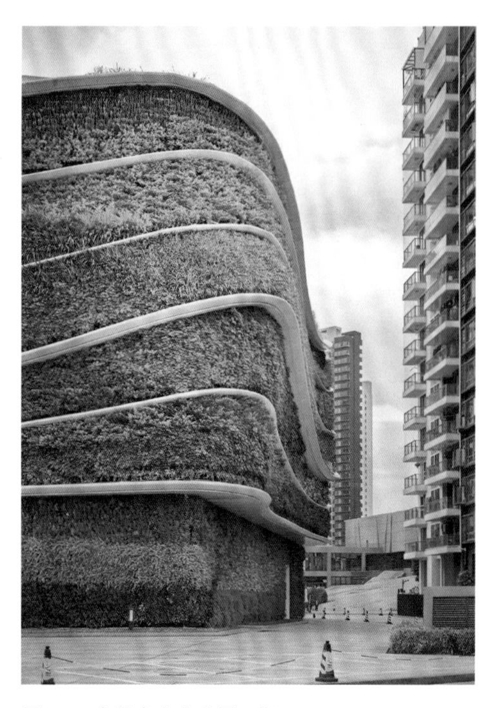

图2-1　广州自由人花园三期

三、少即是多

少即是多，最初是由德国现代建筑大师密斯·凡·德·罗提出的关于建筑的设计理念。其中的“少”不是空白而是精简，“多”不是拥挤而是完美。“少即是多”是现代设计师们追求精确与完美的表现手段。

图2-3中所示的西格拉姆大厦是世界上第一栋高层的玻璃幕墙大厦，完美地展现了密斯提出的“少即是多”的设计理念。建筑运用精简的结构构建，简约而又不简单的逻辑表现，产生屏障、可供自由划分的大空间。这座建筑也因新颖的创意受到大众的好评，被誉为“国际新建筑风格的曙光”。

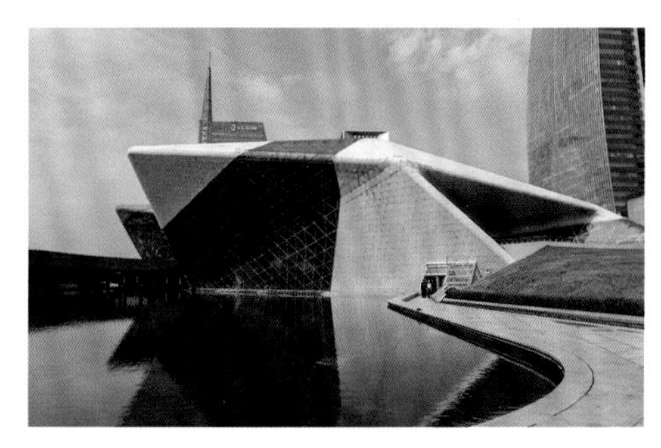

图2-2　广州大剧院

四、可持续发展

可持续发展，是创新发展的理念，最先是在1972年的斯德哥尔摩的“联合国人类环境研讨会”上提出，也是我国科学发展观的基本要求之一。当代被人们广泛接受的“可持续发展”的概念是既能够满足人们的需求，又不对后代人满足其需求的能力构成危害的发展。人是可持续发展的中心体，为了确保全球的可持续发展，既要达到发展经济的目的，又要保护好人类赖以生存的自然资源和环境。

图2-4中所示的再生包袋系列是由一直倡导环保和可持续发展理念的英国本土设计师克里斯托弗·里博（Christopher Rae-burn）与The North Face联名带来的设计作品。再生包袋的

图2-3　西格拉姆大厦

图2-4　再生包袋系列

设计依然贯彻克里斯托弗·里博的节约、环保理念，其所使用的材料都来自废弃的旧帐篷，设计师将再生包袋系列解构并重制，带来双肩包、可收纳的Tote bag以及手提袋等日常生活必备单品，受到了大众的青睐。

五、慢设计，慢生活

在当今时代迅速发展的背景下，越来越多的设计师崇尚设计简化，以其实用性、功能性为主，使得现代的许多设计是“为了设计而设计”，失去了设计的真谛。“慢设计，慢生活”的设计理念是由设计师通过精心体验与不同的尝试，带给人们舒适自然或是繁琐复杂的情绪式体验，其宗旨是为了让人们多去体验和享受。

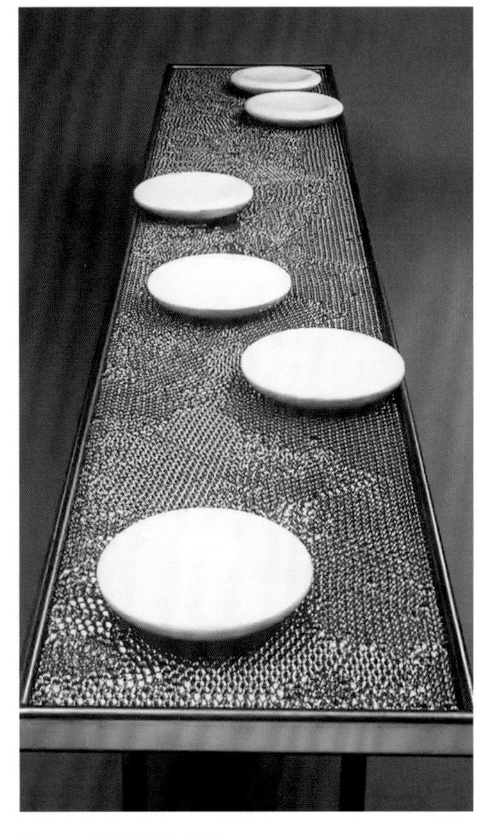
图2-5　“靠近点”椅子

图2-5中所示的“靠近点”椅子是荷兰的Droog设计团队设计的，体现出了“慢设计，慢生活”的理念。Droog的“靠近点”椅子就是故意放慢使用产品的过程，让我们可以和外界有额外的交流。铺满透明珠子的椅面可以随意调动人与人之间的距离，当圆椅移动时，玻璃珠子就会滚动碰撞。这款椅子或许在功能性上显得不够清晰，但它改变了长椅一直以来给人们冷漠的感受。通过设计上的人性化来表达设计师渴望人与人之间的心灵交流。

六、简约

简约，即简练，单纯明快，辞少意多。简约的设计理念不是简单没有思想的创造，而是经过层层精细提炼形成的精、约、简、省，深入品味才能体会其内涵，越简约，越奢华。

图2-6　香水瓶包装设计

图2-6中所示的系列香水瓶包装是由哈萨克斯坦设计机构GOOD的设计师伊戈尔·米丁（Igor Mitin）设计的。该系列包装的设计灵感来源于大自然的元素，香水瓶的包装融合自然形态的概念，运用了简约的设计理念，让人沉浸于安宁与和平。

七、人性化

人性化设计，指在设计过程当中，根据人的生活习性、生理心理需求、思维方式等因素，在原有设计基本功能和性能的基础上，进行优化，使体验者使用得更加便捷舒适。人性化设计是设计的根本目的，强调回归“以人为本”的理念。

图2-7中所示的日本制造的牛奶盒上有一个奇怪的圆弧形缺口，运用“人性化”的设计理念进行区分。这样的缺口设计是专门为视觉障碍者设计的并且只在纯牛奶包装盒上会区分，其他乳制品并没有，而这样的凹槽也可以告诉视觉障碍者开口的正确位置。

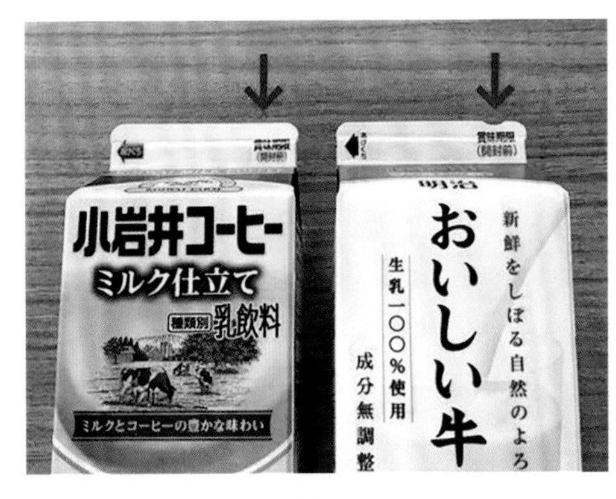

图2-7　人性化牛奶盒设计

八、智能化

智能化，指事物在网络、大数据、物联网和人工智能等技术的支持下，满足人类便捷化的设计理念。在大时代的背景下，智能化是现代人类文明发展的必然趋势，也会成为人类进步的必要路径。

图2-8中所示的灭火器采用智能化设计理念，可以与智能手机无线对接，并配有内置的火灾探测器。如果发生火灾，它会立即提醒用户，并帮助他们找到灭火器。

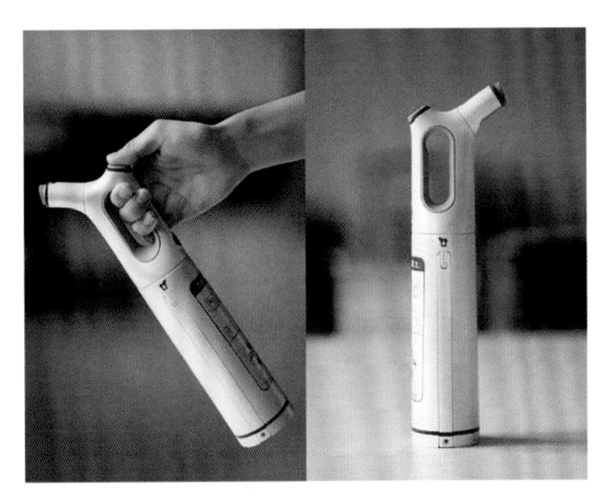
图2-8　智能化灭火器

第二节 设计方法

一、设计方法的阐述

方法是为了解决问题或达到特定目标而采取的方式和做法。广义而言，是行为方式；狭义而言，则是程序和办法，也可以说是一种方略。所谓设计方法，明确地讲就是如何能够更好地进行设计的方法，有效地解决设计过程中遇到的问题。[1]

所谓设计方法，从字面上解释就是做设计时所采用的手段、方法、技巧的综合，是从设计实践中总结和发展而成的。设计方法有既成的，从人类开始制造器物和工具时就开始有了简单的方法；设计方法又是在不断改进和完善中，现代工业生产的设计与手工业时代的设计方法完全不同。方法是不可缺少的、不容忽视的，是有效完成设计的保证，但却又不是僵化的和固定不变的，而是在实践中不断创造的。设计方法主要包括制订计划、调整研究、分析材料、确定构思、直观表达和评价等程序的掌握、利用。方法应该是科学有效的，发挥设计者的能动作用，促进设计质量的提高。在艺术设计学科中，不同专业还根据不同的条件而选用不同的设计方法，总之要强调方法的科学性和实效性。[2]

---

❶ 王次炤．艺术学基础知识［M］．北京：中央音乐学院出版社，2006：350.
❷ 王次炤．艺术学基础知识［M］．北京：中央音乐学院出版社，2006：350.

现代设计方法学是一门综合性科学。虽然设计的历史悠久，但作为一门学科，设计方法论是在20世纪60年代兴起和发展的，并在此基础上建立起了比较科学的研究体系和理论体系。其涉及管理学、经济学、人机工程学、人类学、历史学、美学、哲学，甚至涉及伦理道德等诸多方面，手工业时代的设计方法具有经验的、感性的、静态的特征，而大工业时代的设计方法则是科学的、理性的、动态的、计算机化的。[1]现今社会高速发展，各种技术层出不穷，设计方法也非一成不变，从世界范围来看，不同的国家、地区有不同的设计方法的运用和理解，形成了所谓的“方法学派”，在广义的设计方法上国外主要有三大学派可供借鉴。

第一，德国与北欧的机械设计方法学派，以“解决产品设计课题进程的一般性理论，研究进程模式、战略与各步骤相应的战术”作为设计方法学的基本定义。着重于设计模式的研究，对设计过程进行系统化的逻辑分析，使设计方法步骤规范化。

第二，英国、美国、日本等国的创造设计学派，重视创造性开发和计算机辅助设计在工业设计上形成的商业性的、高科技的、多元化的风格。

第三，俄罗斯、东欧的新设计方法学派，其理论建立在宏观工程设计的基础上，思路开阔，提倡发散、变性、收敛三部曲的设计程式。[2]

二、数字化纸衣服的设计理念与方法

数字化纸衣服是对传统纸衣服的突破，数字化纸衣服并非简单地用剪刀剪剪、用胶水粘粘就能完成。数字化纸衣服是数字化技术与服装艺术跨界、实验的结果，它具备服装、建筑、雕塑等多种艺术门类的创作要素，其特点是数字化纸衣服，具有建筑的廓型、雕塑的气质、服装的结构等综合要素，且数字化纸衣服的形态是通过数字演算出来的，是理性与感性的融合。那么，从宏观角度，数字化纸衣服的设计理念与方法和一般服装设计的理念与方法基本一致，唯一区别就是数字化纸衣服的设计理念与方法更加强调“数字化”技术的运用。因为，数字化纸衣服的形态离不开计算，它是技术革新的产物，其设计理念和方法也是数字技术引发的一种新的设计理念与方法。本教材将用大量的实践案例来阐述这一方法。

第三节 自然·仿生

一、教学进度

自然·仿生专题的教学进度可参考表2-1，教案参见附录二。

❶ 余强. 设计学概论［M］. 重庆：重庆大学出版社，2014：126.
❷ 余强. 设计学概论［M］. 重庆：重庆大学出版社，2014：126.

解决问题

① 如何从自然界获取灵感图片，拍摄、绘制、寻找；

② 对蛇身上鳞片的观察与分析，将鳞片进行渐变排列，进行有效的数据分析。

涉及的相关技术问题

① 蛇身鳞片形态的数据生成以及大小渐变形态的演算；

② 鳞片形态的AI制图和激光切割机器的使用。

2. 创作过程

（1）观察并获取灵感图片。通过网络、图书馆收集相关图片及文献资料，了解蛇的特性。蛇是拥有1.3亿年的变温动物，进化程度较低，其分布和生存受气候影响较大，是一种稳定性较为脆弱的生物类群。蛇的栖息环境因种类的不同而各不相同，栖息的环境多种多样，包括洞穴、地面、树上、水中等，可以说蛇的身影遍布全球。它与人类同行的历史充满了神秘的色彩，是艺术、宗教等各种想象和隐喻的灵感之源。经过分析，设计师最终选择了比较感兴趣的几张图片，观察其中蛇的鳞片及其排列特点，对蛇身上的表皮质地和纹理形态进行研究，结合服装的廓型和细节，运用形态仿生的手法表现其肌理及流线型的形态特征，从而达到对蛇全方位的表达，最好能够呈现出蛇天然的神秘感和力量感（图2-9～图2-11）。

图2-9　蛇的灵感图片1

图2-10　蛇的灵感图片2

图2-11　蛇的灵感图片3

（2）灵感板的制作。如何组织灵感板的内容是至关重要的环节。该灵感来源于蛇身体的表皮肌理，以蛇身上不同部位的鳞片排列作为基本内容，选择几张比较理想的图片，重新排列形成灵感板。关键要体现出画面氛围以及排列规律，能够表现出蛇的活力和生动的姿态，且不能呆板，这样方便后面对蛇特征的提取（图2-12）。

（3）关键词的提取及表达。通过上一步骤对灵感板的设计与制作，完成一个以蛇为主要元素的创作基础，然后分析图中的形态特征，如蛇身上鳞片的排列规律、蛇身体弯曲的流线型形态，然后进行具体关键词的思考与总结（图2-13）。

提取的关键词为：重复、排列、渐变。

① 提取蛇身体上最具代表性的鳞片，概括形态特征，使其成为构成整件纸衣服造型的基本单位。选择单个的鳞片，设定其中轴线的长度为x，并以x为基本单位，运用一个数列，如：$x+1$，$x+2$，$x+3$，…，进行递增拓展，形成多个鳞片叠加的丰富形态（图2-14）。

图2-12　蛇元素的灵感板

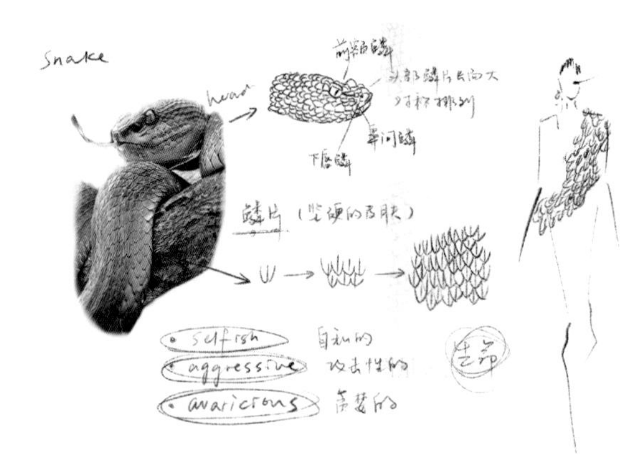

图2-13　蛇元素的灵感板关键词

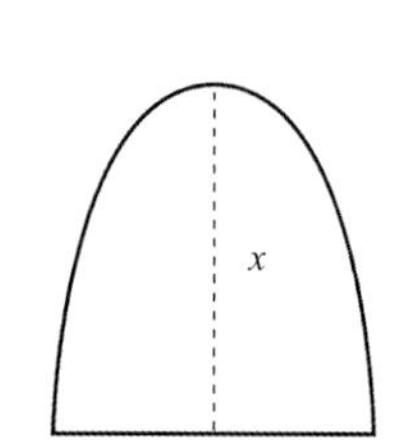

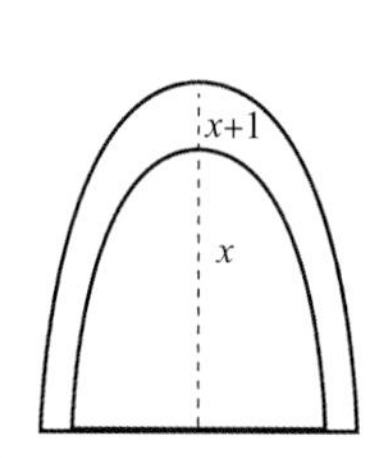

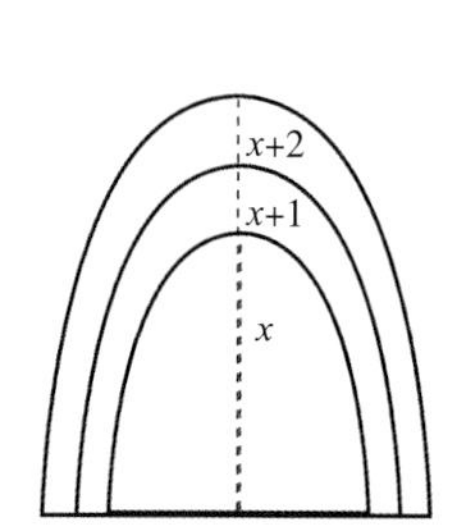

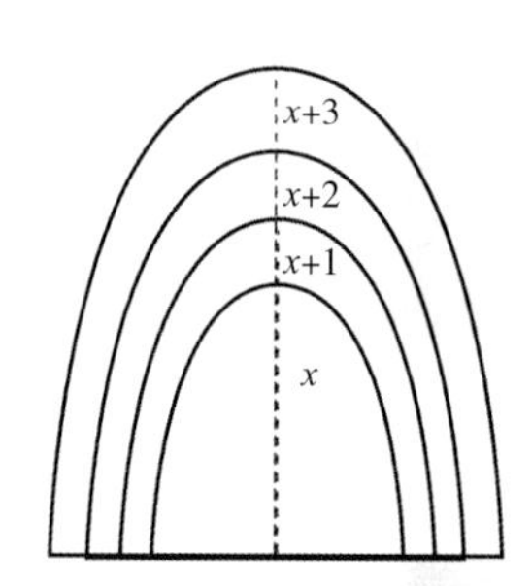

图2-14　借鉴蛇鳞片形成的数列

② 鳞片的形状光滑且圆润，从视觉上给人灵动变化的感觉，运用渐变的方式将多个不同大小的鳞片组合在一起，层层堆叠，在视觉上给人以和谐之感（图2-15、图2-16）。

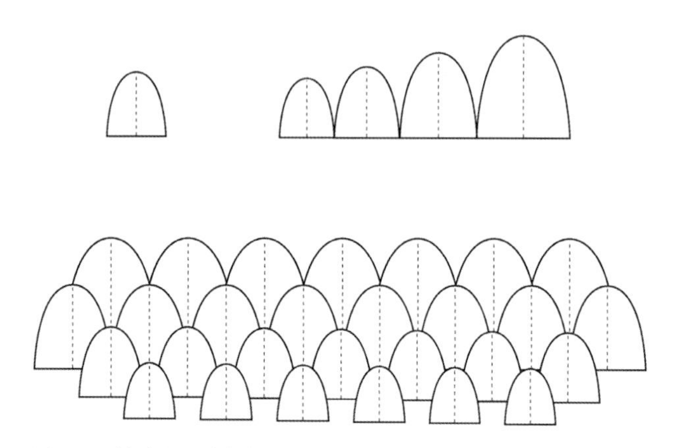
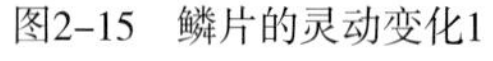

图2-15　鳞片的灵动变化1

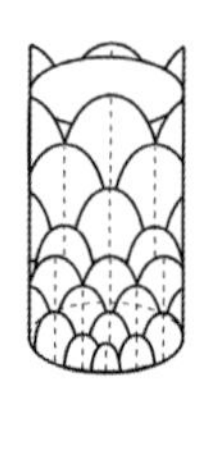

图2-16　鳞片的灵动变化2

（4）形态研究。起初，设计师是想利用纸黏土与硬纸板这两种材料相结合来表现蛇的整体廓型。首先将鳞片形态在1mm厚的卡纸上裁出来，再用纸黏土与之组合形成一个简单的小样，虽然效果还行，但仍然感觉过于简单和粗糙。于是，设计师尝试新的方法，考虑舍弃纸黏土这种材料，只采用激光切割的手法。激光切割出来的形态比较工整，且具有数字化的特征。因此，采用激光切割机切割蛇鳞片形状的纸片，再通过胶进行固定。为了便于折叠，在每个鳞片中间还需要划一道浅浅的口子，目的是容易弯曲，最后再对折叠好的大小鳞片进行某种规律的组合，尝试不同数列下的排列效果，达到对蛇形态的模拟，但要注意其中的尺度，不能太像蛇，要介于似与不似之间（图2-17～图2-28）。

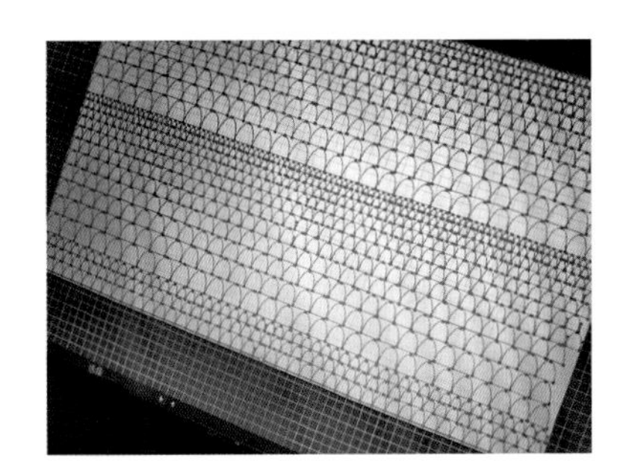

图2-17　用AI软件绘制矢量图

图2-18　使用激光切割机切割图形

图2-19　获得具有一定数列关系的形态

图2-20　分类、排列研究形态

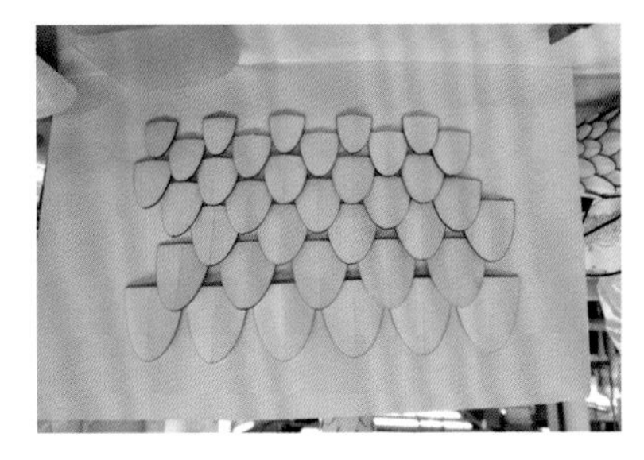

图2-21　研究排列的可能性

图2-22　研究形态的可能性

图2-23　尝试鳞片的排列效果1

图2-24　尝试鳞片的排列效果2

图2-25　尝试鳞片的排列效果3

图2-26　渐变排列

图2-27　带入参数排列，改变形态1

图2-28　带入参数排列，改变形态2

（5）纸衣服的创作及展示。确定了面料小样，设计师结合人体的结构开始纸衣服形态的设计，整体采用不对称的方式，通过鳞片的大小弯曲形成流线型的造型，使其具有韵律美。人体的其他部位仍然用蛇鳞片形态来组合包裹，整体造型仿佛有很多条蛇缠绕着，表现出蛇的生机和活力（图2-29~图2-33）。

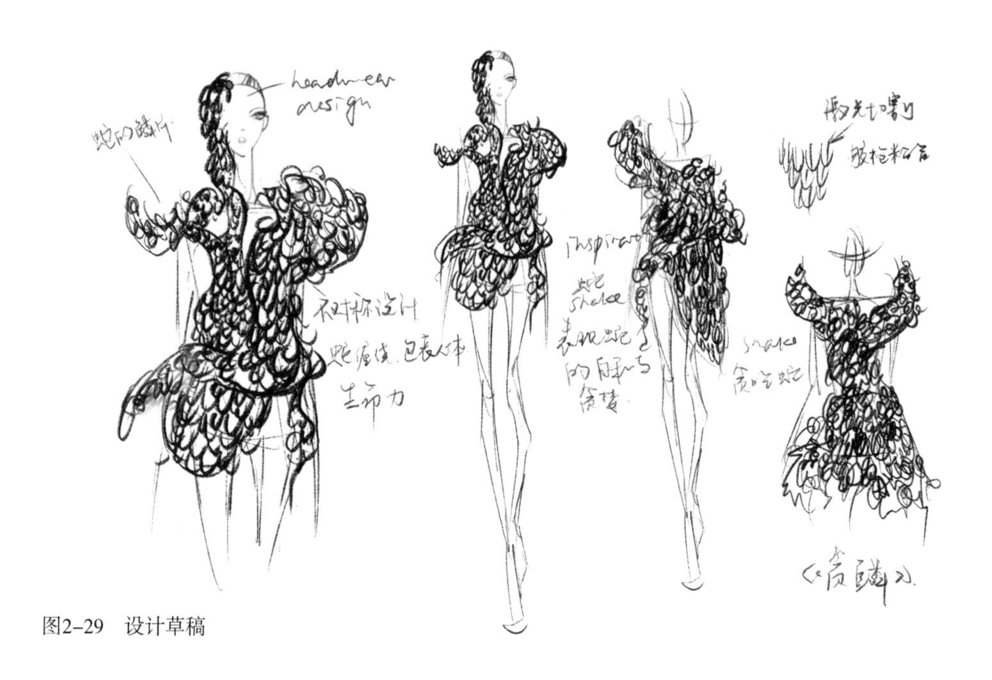

图2-29　设计草稿

图2-30　从美学角度尝试各种排列

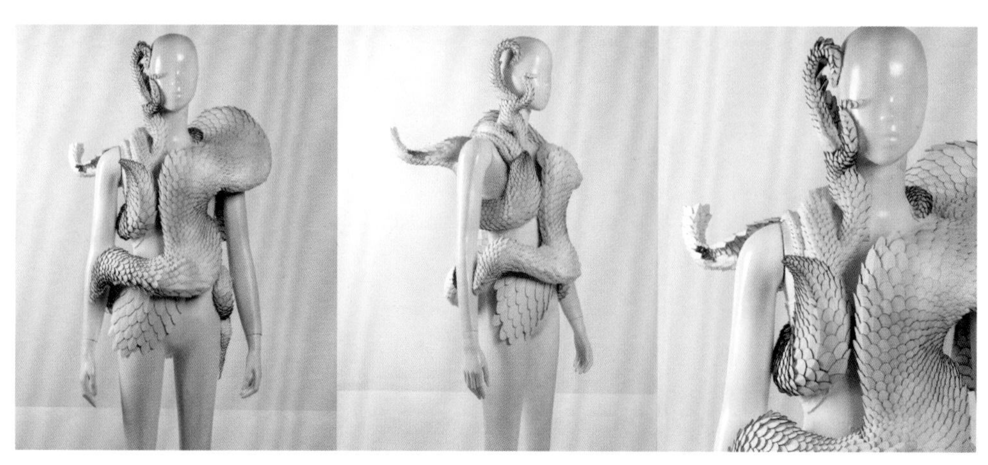

图2-31　设计形态研究

图2-32　服装成品细节

图2-33　整体设计展示（作品来源：张柳叶）

02

案例二：海豚（Dolphin）

1. 创意构思

海豚是一种生活在海里的哺乳动物，体型巨大、善于学习、理解能力强。海豚具有齿鲸类典型的形态特征，如纺锤形的身体、单个新月形的呼吸孔、头骨套叠、上颌骨向后扩展与额骨重叠、颅顶偏左的不对称、圆锥形或钉状的齿等特点。寻找海豚图片资料时，发现海豚时常会跃出海面，造型非常可爱，也会出现很多海豚聚集在一起的画面，很有意思，因此可从海豚的各种形态研究入手。

解决问题

① 如何从自然界获取海豚的灵感图片；

② 对海豚的形态进行观察与分析，对海豚的排列、大小渐变进行有效的数据分析。

涉及的相关技术问题

① 海豚的排列、大小渐变的相关数据分析；

② 海豚外轮廓形态的AI制图和激光切割机的使用。

2. 创作过程

（1）观察自然，获取灵感。在地球上，大自然孕育了各种生命，产生了多种物种，形态各异。海洋孕育着各种鱼类，观察发现，自然界的海豚有时以单个、有时也会以群体一起活动，特别是群体出现时，画面非常震撼、壮观。因此，寻找并收集相关图片，特别是群体的图片，有一种渐变的美感，似乎存在着某种参数的变化。当然这不是绝对的、真实的参数变化，其实就是一种渐变关系，但在研究时可以假设一种参数，体验不同参数变化下的形态美感（图2-34～图2-36）。

图2-34　海豚的灵感图片1

图2-35　海豚的灵感图片2

图2-36　海豚的灵感图片3

（2）灵感板制作。以海豚为灵感源，对群聚的海豚进行观察，获取相关的图片，分析其中的变化和数据的关系，把不同数据变化下的海豚形态进行有序的排列，产生美感，从而获得抽象的海豚元素。这些海豚元素能给设计师提供较为丰富的设计素材，同时也能丰富创作的形态。以跃起的小海豚作为基本元素进行组合，可以运用形态仿生和肌理仿生的手法，塑造充满活力的海豚形象，最后通过数列的变化、演算，产生渐变的美感（图2-37）。

图2-37　海豚元素的灵感板

（3）分析灵感板，从中提取关键词及相关造型的表达。灵感板的设计与制作是非常重要的环节。根据灵感板的画面内容，提炼出适合的图像元素，如海豚的跳跃姿势与集群的壮观场景，根据不同的角度、重叠、翻转、组合，最终达到较为满意的排列关系（图2-38）。

提取的关键词：飞跃、旋转、重叠。

DOLPHIN

图2-38　海豚元素的灵感板关键词

通过对灵感板内容的分析、观察，对运动中的海豚进行形态分析。在海豚运动的图片中，首先，选择一个海豚群的画面进行观察，分析其中的排列关系，特别是那些运动过程中突然跃起的瞬间，表现出海豚跃起到空中的姿态，即海豚身体弯曲的形态。其次，对其形态进行分析、重组。关于海豚数列的变化，最后确定用六种不同型号的元素进行排列。假定基础形态为x，然后进行等比例放大，110%x，120%x，130%x，140%x，150%x，…，即得到以下海豚的形态（图2-39）。

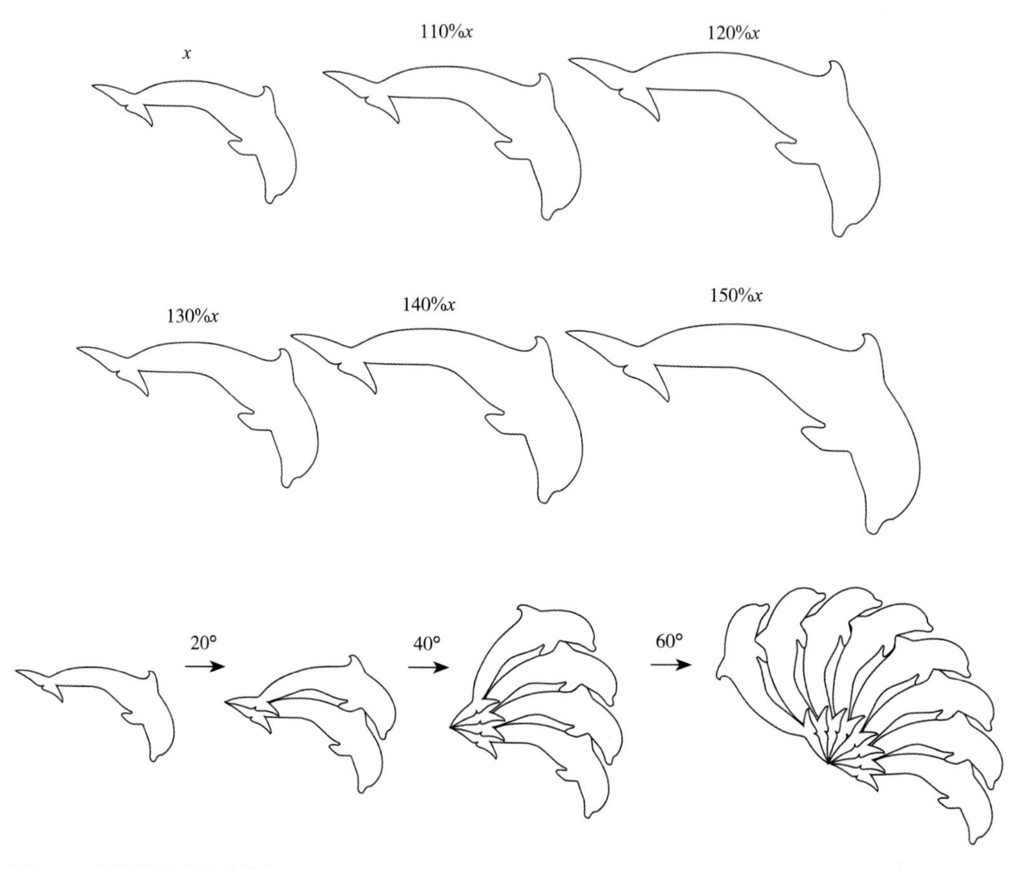

图2-39　海豚元素的形态变化

（4）形态研究。确定用海豚形态作为服装造型的基本要素，将具有渐变关系的海豚形态，在1mm厚的纸板上进行激光切割，得到一系列海豚形态的纸板，再尝试用旋转、叠加的方式，将它们进行排列组合。对形态的仿生能够保留其中的自然趣味，是一种能够亲近自然的创作方式（图2-40～图2-47）。

图2-40　用激光切割机切割出海豚的基本图形

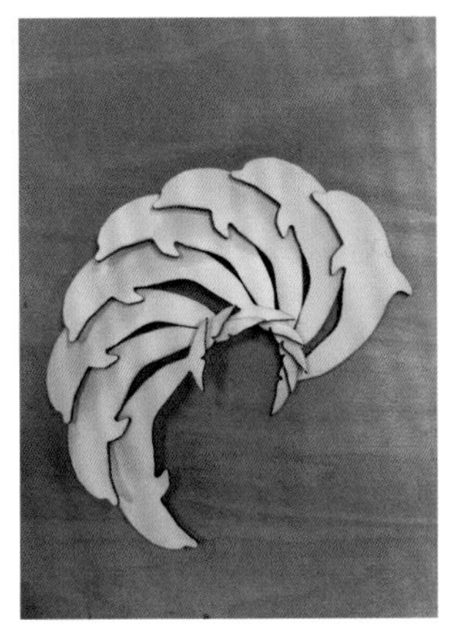

图2-41　尝试扇形排列的效果

图2-42　从不同角度观察扇形的排列效果

图2-43　尝试盘旋排列的效果

图2-44　尝试交叠排列的效果

图2-45　多种排列展示1

图2-46　多种排列展示2

图2-47　激光切割后的整理工作

（5）纸衣服的制作及展示。确定面料小样后，尝试用旋转的手法重新组合形成具有螺旋状的形态，再结合人体的结构，组合纸衣服的廓型，整体采用不对称的方式，使其跟随人体的形态变化，弯曲形成流线型的造型，更具有韵律美。人体的其他部位也用海豚的现状进行组合包裹，整体造型仿佛有很多海豚包裹、缠绕，表现出海豚的活力（图2-48、图2-49）。

图2-48　海豚元素纸衣服的设计效果图

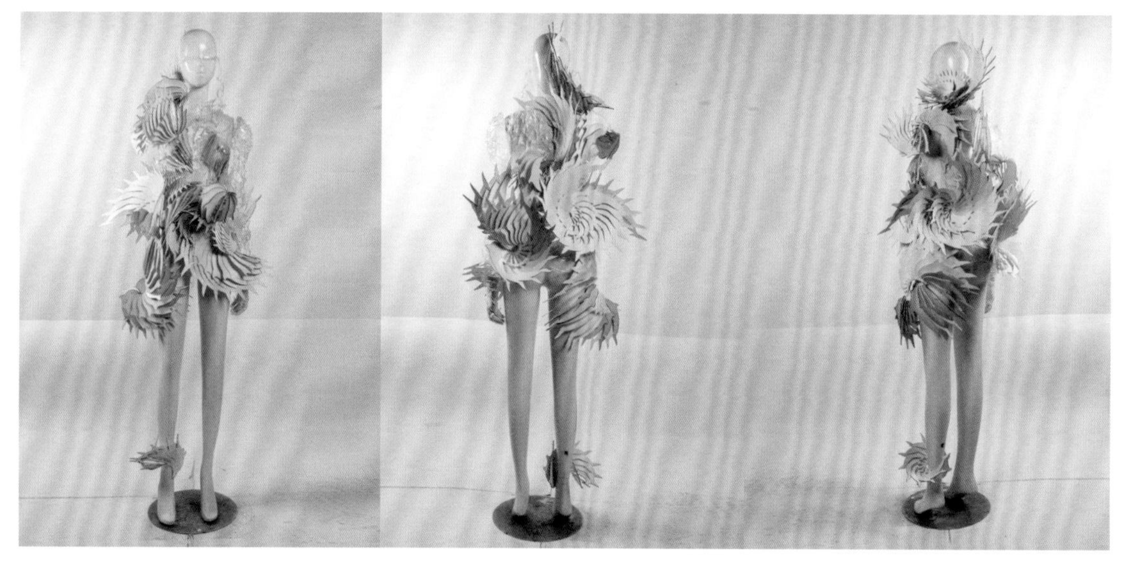

图2-49　海豚元素纸衣服的成品效果展示（作品来源：杨捷）

案例三：白色羽毛（White Feather）

1. 创意构思

设计灵感源于白色孔雀。白孔雀有着一身洁白的羽毛，是孔雀基因突变的结果。设计师对孔雀羽毛的现状进行分析，并对其进行简化和概括，从而得到近似椭圆形的形态。以ABS板为主要材料，采用气眼扣的连接方式得到一个单位元素，按一定比例放大，并用重叠、包裹等方式重新排列，产生出形态多样、极富序列感的参数化特征。

解决问题

① 正确获取灵感图片，分析其中的规律；
② 对孔雀的形态进行观察与分析，对孔雀羽毛形态的大小渐变进行有效的数据分析。

涉及的相关技术问题

① 孔雀羽毛的大小渐变的相关数据分析；
② 孔雀羽毛外轮廓的制图及其成型的相关设备的使用。

2. 创作过程

（1）收集孔雀的图片，完成灵感板的制作。以白孔雀为灵感源，在动物园对孔雀进行实地拍摄，然后观察孔雀羽毛的形状、结构并进行分析，探寻一种比较理想的材料和手法，重新塑造孔雀的形态（图2-50～图2-52）。

图2-50 孔雀的灵感图片1

图2-51 孔雀的灵感图片2

图2-52 孔雀的灵感图片3

（2）分析灵感板，从中提取关键词（图2-53）。

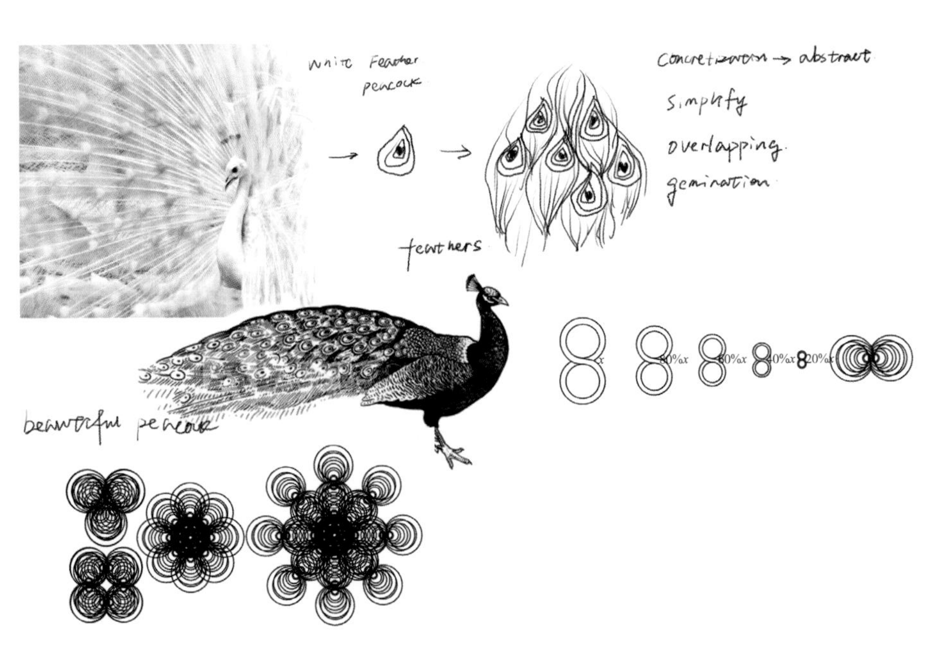

图2-53 孔雀元素的灵感板关键词

提取的关键词为：翻转、层叠、渐变。

（3）关键词表达。将近似椭圆形的单位元素，按照一定比例，尝试把不同参数带入多种数列进行演算，借助计算机，可以生成比较精确的数列图形，然后对图像进行筛选，把限制、影响形态美观的诸多要素舍弃，通过不断调整参数，改变参数变量，最终生成比较满意的形态效果。然后表达出关键词层叠和渐变的特征，使用大的形态去层叠另一个小的形态，并运用渐变与层叠的手法，进一步表现形态内部的细节。运用加法或减法的手法，最终使外轮廓产生丰富的变化，并不断调整效果，尝试将单位形态进行弯曲、拉伸、压缩、扭转，再任意组合，产生有意味的参数形态（图2-54～图2-59）。

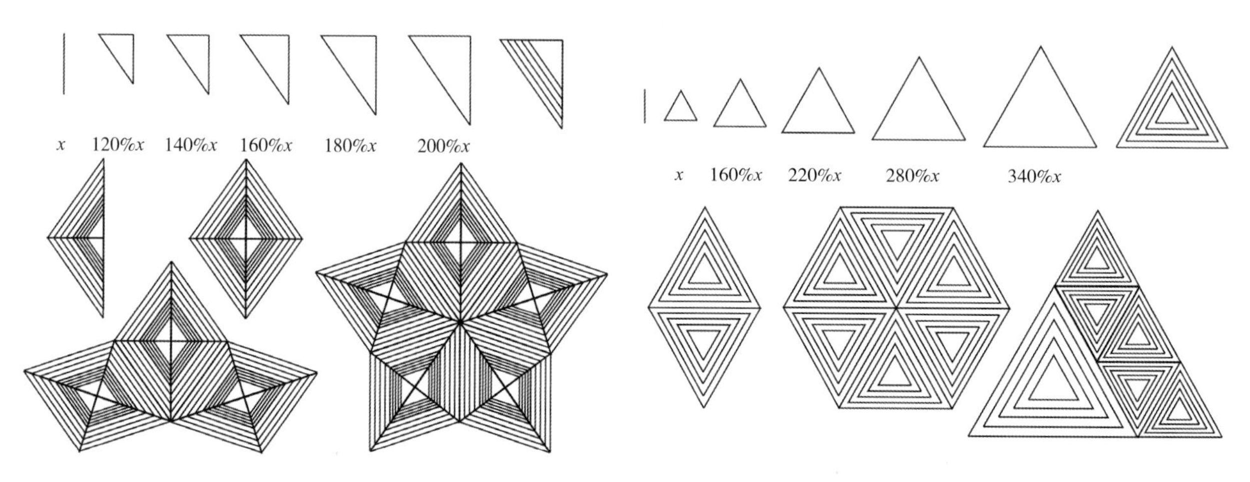

图2-54　孔雀元素的形态变化1

图2-55　孔雀元素的形态变化2

图2-56　孔雀元素的形态变化3

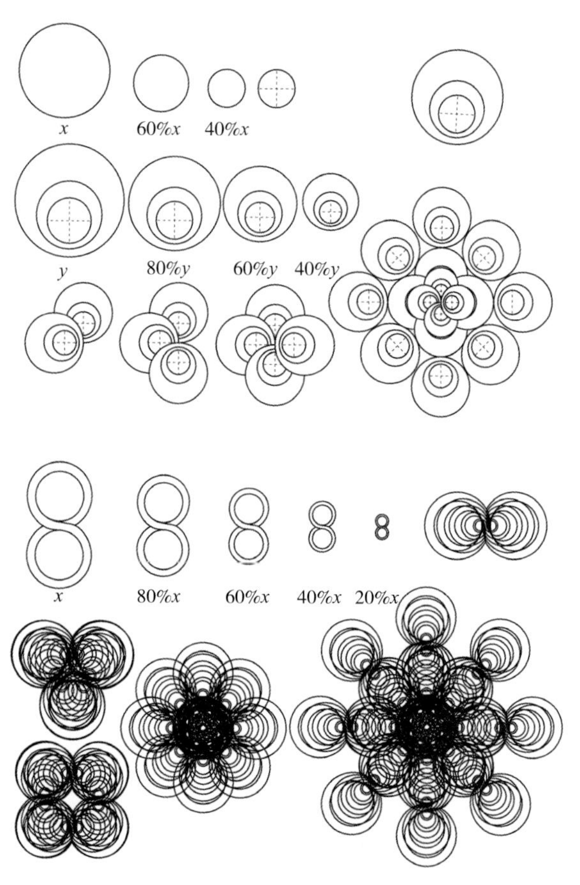

图2-57　孔雀元素的形态变化4

图2-58 孔雀元素的形态变化5

图2-59 孔雀元素的形态变化6

（4）形态研究。

① 将牛皮纸剪成四边形并将其弯曲进行组装。

② 运用折叠的手法使纸形成凹凸感，将不同大小的单元形态进行组装，使其产生多种形态。

③ 以正方形为基础，运用折叠的手法，形成三角形体积并使其产生凹凸变化。

④ 将卡纸剪成长方形进行折叠，然后进行多次叠加。

⑤ 将铁皮进行规律组装，形成空间结构。

⑥ 运用木片将其进行捆绑、排列，并运用重复的手法形成空间结构（图2-60）。

图2-60 孔雀元素的形态研究

（5）纸衣服创作过程及作品展示。使用Rhino软件配合Grasshopper进行参数化建模，运用贝赛尔方程绘制3D效果图，设计思想是由点到线，再由线到面、到体的构成逻辑，类似$A(n+2)=A(n)+k\times A(n+1)$，曲线非常自由，可以任意调节形状，并能保持连续性（图2-61）。

形态设计在犀牛软件中完成，由曲面封闭而成，然后再由赋予表面材质以及颜色等相关的后期处理。由于不是关系型数据，所以通常线条或者面需要多次调整，才能达到效果。

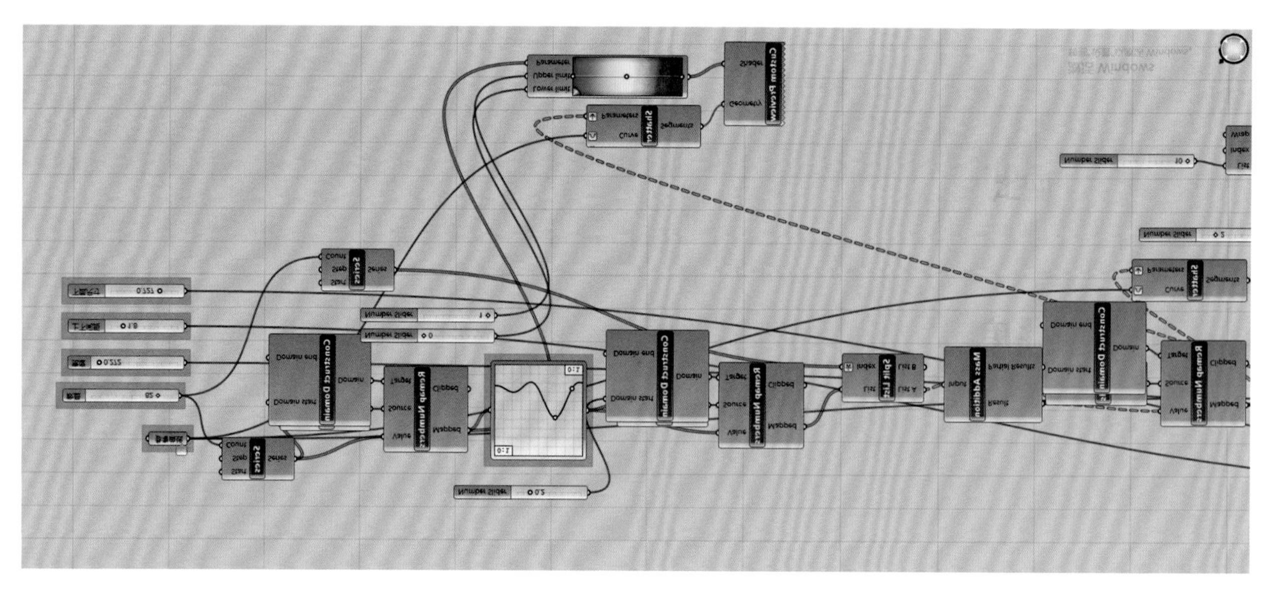

图2-61　参数化建模

前期尝试，把简单的几何图形或由几何图形变换出的图形，有规律地排列，最终能够得到整体上高度统一的形式。通过调整单位元素的大小和位置，使最基本的单位元素演变成完整的设计形态（图2-62～图2-64）。

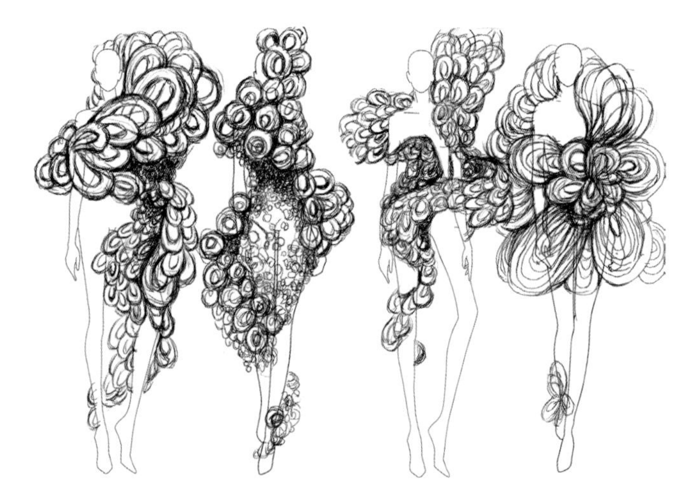

图2-62　孔雀元素纸衣服的设计效果图

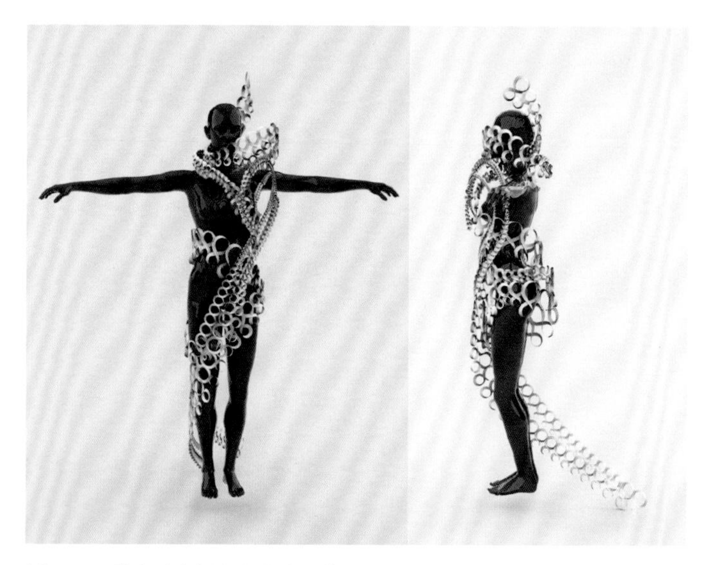

图2-63　孔雀元素纸衣服的成品效果展示1（作品来源：顾浩、姜峰、朱佳瑜、刘梦涵、蒋旻、吴诗瑜）

图2-64　孔雀元素纸衣服的成品效果展示2（作品来源：顾浩、姜峰、朱佳瑜、刘梦涵、蒋旻、吴诗瑜）

第四节

交叉·融合

一、教学进度

交叉·融合专题的教学进度可参考表2-2，教案请参见附录三。

表2-2　交叉·融合专题教学进度表

时间安排	第一周	第二周	第三周	第四周	第五、六周
课时	10课时	10课时	10课时	10课时	20课时
内容	认识课程 掌握基本理论 了解任务 收集、制作主题资料并分析、讨论	提炼关键词 明确研究方向 深入收集资料并分析、解读、讨论	关键词表达 尝试用不同材料、手法及方法来深入表达关键词 对前期过程进行讨论	研究的深入阶段，重点是对关键词表达的分析与讨论	继续完善对关键词的研究及表达 汇总前期研究成果并做汇报交流

二、交叉与融合

交叉学科是由两门或两门以上的学科相互渗透、融合而成的学科，以单学科或多学科结合为表现形式。交叉学科常常发生在学科的边缘或学科之间的交叉点上。美国哥伦比亚大学心理学家伍德沃斯（Woodworth）于1926年首创了该专业术语，到了20世纪50年代，这一术语在科学界被普遍使用。[1]

学科融合是指在承认学科差异的基础上不断打破学科边界，促进学科间相互渗透和交叉，学科融合既是学科发展的趋势，也是交叉学科和创新性成果的重要途径。[2]

融合的目的就是激发设计师灵感、在碰撞合作中获得新火花，提高设计作品的原创性和创新性从而提高作品的艺术价值。交叉融合之所以在设计界引起热潮，其根本原因是原创性设计的内在动力。只有创新才能使品牌具有灵魂，产生源源不绝的生命力。创新就是突破传统、打破旧的思维，与不同领域的交叉和碰撞不仅改变了设计师的思路，还改变了单一的专业领域的纵向思维方式，从而开拓新的空间。在当代文化多元化和学科交叉融合的时代背景下，人们的生活方式、工作方式、社交方式乃至人生态度都发生了质的转变。艺术、时尚和生活不该故步自封，而是应该融入现在的大环境之中。只有将其相互融合，才能激发出设计师们

❶ 孟群，刘德培．中华医学百科全书：医学教育学［M］．北京：中国协和医科大学出版社，2018．
❷ 李进才，等．高等教育教学评估词语释义［M］．武汉：武汉大学出版社，2016．

更多的艺术创作灵感，为艺术设计注入新鲜的活力。然而，在考虑交叉设计的同时，设计师也应该懂得，交叉设计不是唯一能延续设计生命的方式，需要充分考虑和结合服装设计自身的特点，寻找两个领域之间的共同点进行交融和延伸，才能达到其设计作品的原创性、审美性以及设计作品的艺术性。

在艺术领域，其他艺术形式与美术范畴的交叉、融合，包括绘画、书法、雕塑、建筑、工艺美术、摄影、设计艺术等多种美术形态，这些是一般意义上的美术分类能够涉及的大致范围。同时，伴随着社会的不断进步，美术涵盖的领域也在日益扩大，不同艺术形式间的综合与交叉赋予了艺术新的生机，也使艺术诸多门类间面临越来越模糊的界限。[1]

艺术趋向综合，这已经成为当代世界性的潮流。而“交叉”正是在这种世界性潮流影响下的一种混杂文化形态，在当今后现代社会的文化图景中愈演愈烈。现如今，“交叉”作为一种艺术创作新型路径，得到越来越多人的认可与效仿，甚至被某些前卫艺术家内化为艺术理想与生活方式。随着人们对服装审美需求的逐渐提高，服装设计与其他学科之间的交叉越来越深入，设计与创意也变得越来越“无限”，越来越多的服装设计师开始明白，只在服装本身或面料方面寻找创作灵感是非常局限的，与其他艺术领域、技术领域进行交叉是非常重要的灵感碰撞方式，往往会得到1+1>2的效果，对服装设计的内涵和外延进行突破性的延展和丰富。

跨界是创新的有效路径，也是交叉与融合的前提，不同学科进行交叉、融合，可以改变设计师的惯性思维，改变单一的、具有专业局限性的纵向思维方式。交叉使得看似毫不相关的元素，相互交融、渗透成一个整体，给予设计更多的可能性，丰富了作品的立体感和纵深感。交叉设计的思维模式摆脱了专业化设计的单一的、固定的纵向思维模式，而是选择横向且主动吸取相关行业的灵感，从而融创出新的设计方法论。当下，交叉与融合已经成为一种新的设计理念，从而衍生出一种新的时尚态度，为服装造型的多样化、材料的多元化、结构的创新化、色彩的丰富化拓展出了一个全新领域，将各领域之间的乘法效应达到最大化，促进差异的元素，消融原有的界限，进行融合与创新，是一种具有全局观的思维方式。不同学科、技术之间的交叉与融合运用，不仅为设计师带来创新的设计风格，更能够带来服装材料的革新、服装功能的突破，它是一场自上而下的革新。近年来，时尚界的各类跨界合作，可谓百花齐放。许多设计师因将设计与其他学科进行交叉融合而名利双收，重新迎来事业的高峰。跨界思维的运用，逐渐成为考核一名设计师乃至一个品牌的核心指标之一。跨界思维作为一种指导思路，引导了设计师突破原先僵化的思维模式，寻求其他行业与服装设计之间的交叉地带，找到两个行业的交叉点，使不同行业内的设计元素发生碰撞融合、产生奇妙创意。例如，扎哈·哈迪德这位来自英国的伊拉克裔著名建筑师酷爱涉及其他领域，她用独特的流线型语言跨界设计过游艇、包装、鞋类等。日本的设计师原研哉认为：“跨界设计这个说法，是人们自己把它弄复杂的。”设计师本来就是没有界限的，所谓的车的设计、建筑的设计、服装的设计，其实都是设计，人为地将它们划分出一个界限，本来就是不应该的，没有界限才是应该的。设计师应该把握好设计语言、设计理念，主动消融心中的界限，是踏向未来设计的第一步。服装设计领域应该持有兼容并包的心态，欢迎各个领域的艺术家、设计师参与到服装产业之中。

三、服装与其他艺术的交叉融合

（一）建筑与服装

建筑与服装之间的交叉与碰撞渊源已久，中世纪时黑格尔曾把服装称为“流动的建筑”，很多服装作品

---

[1] 邵亮，等. 新编美术概论［M］. 西安：陕西人民美术出版社，2012.

也被评价为“软雕塑”，道出了建筑与服装之间的微妙关系。13世纪以巴黎圣母院为标志的哥特式建筑，很快从法国影响到整个欧洲，受其影响，欧洲服饰造型也常常采用尖顶的形式和纵向直线，甚至连鞋、帽、头巾都是呈尖头形状的。随后的年代，欧洲服装的演变虽先后受到文艺复兴、巴洛克等文艺思潮的影响，但带有类似建筑外形特征的服装款式却绵延不绝。[1]例如，文艺复兴以后，欧洲妇女开始穿着有裙撑的裙子，并且把裙撑越做越大。为了方便这种大裙子的人通行，以致人们改变了当时门和楼梯的尺寸，否则此类大裙撑就无法通过，这点也正如黑格尔所说“服装如同一座能自由行走的房子”。因此，总有人会把服装与建筑联系在一起，也许正因为服装设计和建筑设计都属于造型上的艺术，服装的廓型与建筑的外形有着千丝万缕的联系。在创作时，服装设计师们从建筑中汲取灵感，建筑设计师们也会从服装中寻求突破，使得服装与建筑的风格、元素相互借鉴，不难看出它们还有很多类似的风格，如巴洛克、洛可可、哥特式等。现今建筑中的参数化技术、流线型风格也正在服装设计领域悄然兴起，这种交叉正在不断地碰撞出火花。

（二）音乐与服装

每当我们坐在音乐厅里，沉浸在交响音乐那优雅美妙的旋律之中，我们常为乐队指挥和独唱、独奏演员所穿的庄重典雅的黑色燕尾服和袒胸露肩的晚礼服所深深吸引。尤其是燕尾服，它几乎成了高雅音乐的外观象征。[2]

京剧大师马连良也说过，京剧是综合性艺术，音乐伴奏、服装道具、灯光布景，也要随着时代的脉搏、历史的发展而不断创新。不能拘泥于程式，被老的一套所禁锢，否则它就会被历史所抛弃。朱秉谦说，最先讲究舞台美术的、最先讲究音乐伴奏的、最先讲究舞台美化的，是以梅兰芳、马连良为代表的老艺术家们。马先生挺讲究艺术的美，在声腔艺术上，他的唱腔潇洒流畅、委婉优美。当年广大群众争唱《甘露寺》《借东风》《春秋笔》等戏的唱段，说明了马派艺术的魅力。马先生在音乐、服装、舞台设计上，都讲究一个“美”字，给观众以美的享受。[3]

（三）舞蹈与服装

舞蹈是一种肢体语言，是身体的艺术。舞者通过有节奏、有组织、优美的身姿，借助身体不同部位的系列动作、手势，在动静结合下，有节奏地表现人物、动物、植物等事物的情感、情绪、情态。自古以来，人们就认识到，舞蹈是人类抒发情致的最高表现，是人类共通的形体语言与心灵感悟。舞蹈服装的设计理念正因为舞蹈艺术的产生、发展、变化有其自我特性，舞蹈这一艺术形式才具有区别于其他艺术的特征。在舞蹈形象的塑造上，也就有了自己的要求与规则。刻画角色形象的服装除了要以真实生活服饰作为创作依据之外，还要从中加以提炼，在讲究形神兼备的同时更重视其神似，神似在于捕捉对象的神韵和本质，这便是它的写意性。另外，还有夸张的另类服装。写意与夸张是舞蹈服装设计的最重要的创作手法，夸张是指放大或延展服装的某些部位，如衣袖的加长能使舞动时产生强烈的舞台空间动感效果，如我国民间的“长袖舞其表演构成美妙的画面；还有根据作品题材的不同，有许多作品是模拟动物、植物和景物造型特征的仿生设计的服装，这一类服装也是要抓住表现对象最典型的特征”[4]。

---

❶《美术大观》编辑部．中国美术教育学术论丛：艺术设计卷11［M］．沈阳：辽宁美术出版社，2016.

❷ 戴仕熊．服饰文化沙龙［M］．北京：中国轻工业出版社，1997.

❸ 王纪刚．足迹：纪刚散文杂文集［M］．北京：北京出版社，1997.

❹ 齐静．演艺服装设计［M］．沈阳：辽宁美术出版社，2014.

服装是舞蹈表演中不可或缺的重要组成部分，是体现舞蹈演员人物形象的重要标志，服装的颜色、质地、样式，直接影响着舞蹈表演的审美效应。舞蹈演员服装的各个环节，一定要与演员所扮演的角色相吻合，与作品所要表达的情绪和主题相一致，同时要与舞蹈所表现的时代相吻合，与舞蹈的风格相对应。在此基础上，色彩、线条经过深思熟虑而设计出来的舞蹈服装，会增加舞蹈作品的艺术魅力，反之则会削弱舞蹈艺术的感染力，不能给人耳目一新的感觉。[1]

（四）平面与服装

所谓平面设计，是以“视觉”作为沟通和表现的方式，通过点、线、面在二维空间的重新排列、组合，构成新的视觉形象和图景，借此来传达想法或讯息的视觉表现设计。目前常见的平面设计项目可大致归纳为十大类：网页设计、包装设计、DM广告设计、海报设计、平面媒体广告设计、POP广告设计、样本设计、书籍设计、刊物设计和VI设计。[2]

其实，服装设计师在前期创作时，通常也是“平面”的构思，会根据自己的设计理念，在纸面上绘出草图，然后再寻找符合设计需求的面料，在这个初始的服装设计过程中，就已经充满了平面的原理，或者更贴切地说，已经存在了许多的平面设计的成分。当然，也有很多服装设计师直接运用平面设计的一些构成方式、审美原则进行服装设计的形式创新。例如，运用平面设计中的视错觉、正负形、Photoshop软件里面图层的概念，进行面料的叠加手法的处理等。特别是服装面料纹样的设计，更是包含所有平面设计的原理。这也正满足了交叉 · 融合的创新理念，学科之间的交叉与融合其目的就是激发设计师灵感、在各种碰撞中获得创新的火花，从而提高设计作品的原创性、创新性以及作品的艺术价值，让服装设计有更加广阔的空间。

四、灵感板制作

（一）灵感板

灵感板的呈现可以采取多种形式，没有统一要求，但无论何种表现形式都得充分表达出自己的设计意图。本主题灵感板的具体形式采用手绘、摄影、拼贴、综合材料等，也可以用电脑软件Photoshop将收集的图片进行图文穿插排版，对自己收集的素材进行筛选，再通过打散、重组进行二次创作。在排版的过程中也可以适当进行叙事，通过对主题的解读，用收集来的素材进行对主题内容的组织和美化，从而达到深化设计主题思想的目的。

（二）灵感板排版要求

灵感板的重要性不言而喻，它是设计的开端，也是设计元素的提供者，好的灵感板能够为设计师提供丰富的信息，反映设计师总的感觉及创作兴奋点。本课题的灵感板是要凸显交叉 · 融合的特征，内容、题材、技术等都可以进行交叉性的探索。当然，灵感板的组成并非简单的一些图片的拼凑，而是有着内在的规则，是美丽瞬间的永恒呈现，有故意为之的美，也有顺其自然的美，不管怎样，灵感板是对设计师灵感的定格，

---

❶ 张彤．舞蹈艺术审美与作品赏析［M］．上海：上海音乐出版社，2016.
❷ 李翠敏，杨旭．广告人疯窝：广告实战案例集萃［M］．镇江：江苏大学出版社，2017.

也是一种创新思维的启发，具有探索性、未知性的特点。同时，灵感板还要有一定的画面感，如意境、材质、造型、肌理、形态、抽象图形等各类信息。灵感板的作用不仅存在于创作的开始，其实它会贯穿于项目的全过程，信息量大的灵感板就是能够带来源源不断的创作灵感和实践素材，使得后续的创作工作比较容易，很多时候一闪而过的灵感就是设计作品的灵魂，大师们的灵感也是来自那一刹那，一个系列的设计或许都源于那一个小小的灵感，所以千万不能忽视瞬间的灵感，及时捕捉，将其成为创作的基本。

（三）灵感板的内容提取与分析

1. 头脑风暴

“头脑风暴”是创意设计前期非常重要的环节。但因与本章“第三节自然 · 仿生”创作流程和方法相似，此处不再详述（详见“第三节自然 · 仿生”）。

2. 关键词分析与获取

关键词的提取至关重要，它是对主题灵感板的信息特征的提炼与总结，且对后续研究过程的指导，也是老师评价学生作业“好坏”的依据。关键词的分析与获取方法参见“第三节自然 · 仿生”的相关内容。

3. 造型表达

造型表达是将设计思维转化为实物的重要环节，包括画草图、效果图、面料小样的制作及最终纸衣服的制作。不同的研究主题，造型表达的方向和重点是不一样的。本部分因为强调的是交叉，因此，会涉及很多需视觉化的关键词，且表达出的结果需要和大家产生共鸣感、认同感。

五、作业

（1）收集符合主题的图片20张左右，考虑交叉的因素，完成具有交叉特质的灵感板。

（2）分析灵感板，从中提取2～3个关键词，做头脑风暴练习。

（3）运用数字化的手段，通过计算机软件，尝试不同参数、数列对图像的影响，观察效果，筛选比较满意的方案制作电脑图形。

（4）充分发挥想象力，利用各种可能的材料进行关键词表达，设计不少于20个造型小样。

（5）纸衣服创作。绘制草图，数量不少于30张，选定一个相对满意的设计方案，分析其结构，根据设计图完成纸衣服的制作。

六、交叉 · 融合专题教学案例

01 案例一：视错

1. 创意构思

平面设计与服装设计一直有着密不可分的联系，它们都有最基本的设计要素，点、线、面的构成关系。当然，还有相近的设计原理与构成理论。平面设计与服装设计都讲究图形的结构、比例，也注重其中的节奏、渐变、叠加等表现手法。虽然传统意义上的平面设计是二维空间的设计，注重给人在平面视觉上的感受，服装设计则是三维空间的设计，但它的款式结构、图案构成也和平面设计有着不可分割的联系。本主题通过对各种资料的收集与分析，最终选取视错觉进行研究，通过收集图片并分析视错图案的构成原理，尝试将二维的图案转化为服装中的立体装饰效果。

解决问题

① 在Rhino软件中，建立基本元素后，如何进行套叠，形成交叉的形态；

② 对大量的视错图形进行原理上的分析，对视错图形进行有效的信息筛选。

涉及的相关技术问题

① 用AI绘制视错图形以及如何运用激光切割机切割图形；

② 选用什么材料去表现，以及单位元素在服装空间中的视错呈现。

2. 创作过程

（1）获取灵感。通过Pinterest软件找出平面设计作品中的视错图形（图2-65）。

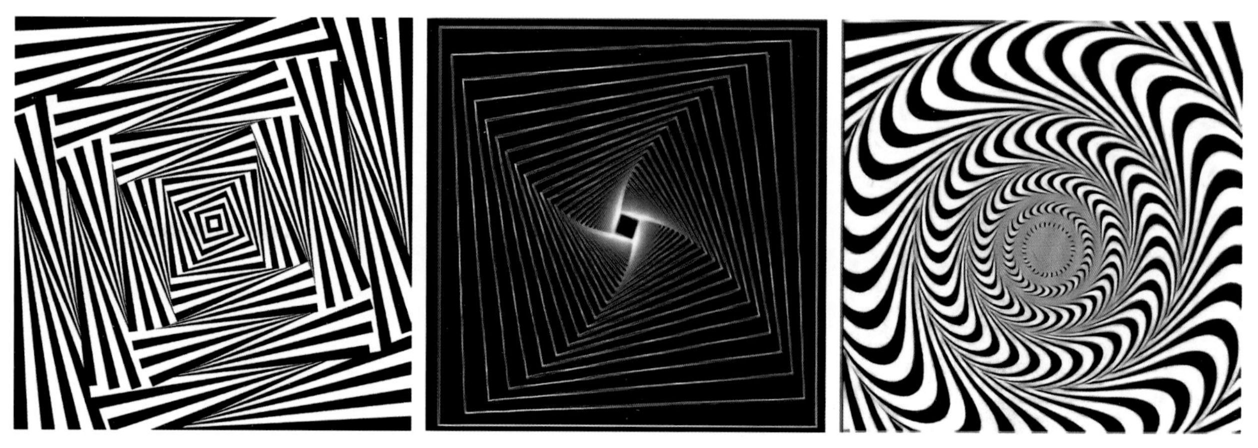

图2-65　视错图形

（2）灵感板的制作。收集一些视错图片进行排版，完成灵感板的制作（图2-66）。视错觉，指人们平时在用眼睛捕捉外界信息的过程中，受到外部环境包括光线、形状、色彩等多元因素的干扰，在将捕捉到的视觉信息传回大脑的过程中，其信息经过大脑的分析，同时受到生理感官、心理感官因素的影响，人脑对物象感知的响应、综合判断往往会与实际所看到的物象发生偏差，从而形成视错觉。所以，视错觉其实是客观情况下的“真实物象”和我们主观认知下的“真实感知”的一种矛盾的表现。

（3）关键词提取。观察主题灵感板的内容，分析图形中的主要特征，对于圆形、正方形、扇形等基本图形，虽然在形态上有所差异，但其中的旋转错位、间隔性的排列都有着内在的联系，最终让不同的图形在错位旋转的变化中产生新奇的视觉效果，从而给观者在视觉上带来视错变化。对视错、旋转、交叉、重叠进行重点分析，最终获得关键词（图2-67）。

提取的关键词为：视错、旋转、交叉、重叠。

optical illusion

图2-66 视错图片的灵感板

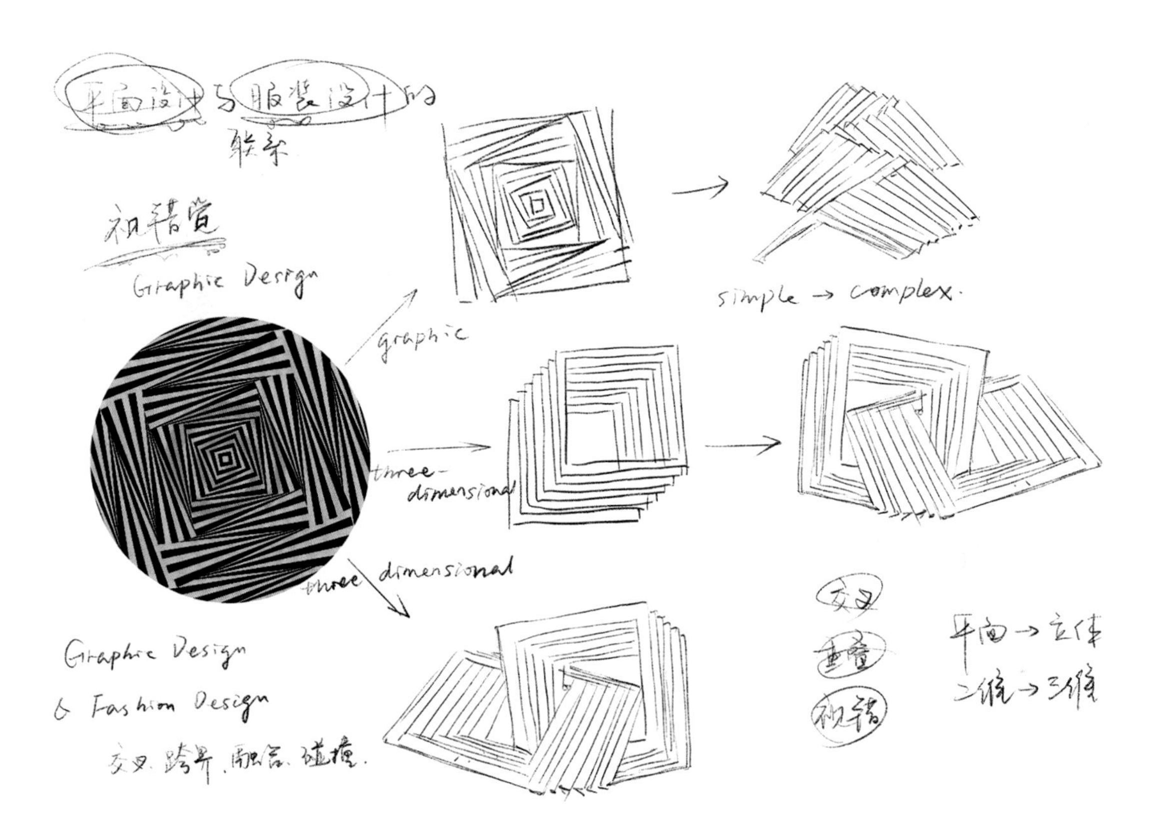

图2-67 视错图形的灵感板关键词

（4）关键词表达。首先，在Rhino软件中建立边长为10cm的正方形闭合曲面，把此图形作为基础单元形，运用若干个曲面进行叠加，每个单元形错开0.5cm放置，使重叠在一起的单元形有种渐变的美感；其次，重复建立两个相同的重叠单元形，使其套叠在一起形成交叉的效果；最后，模型渲染，观看生成的效果（图2-68）。

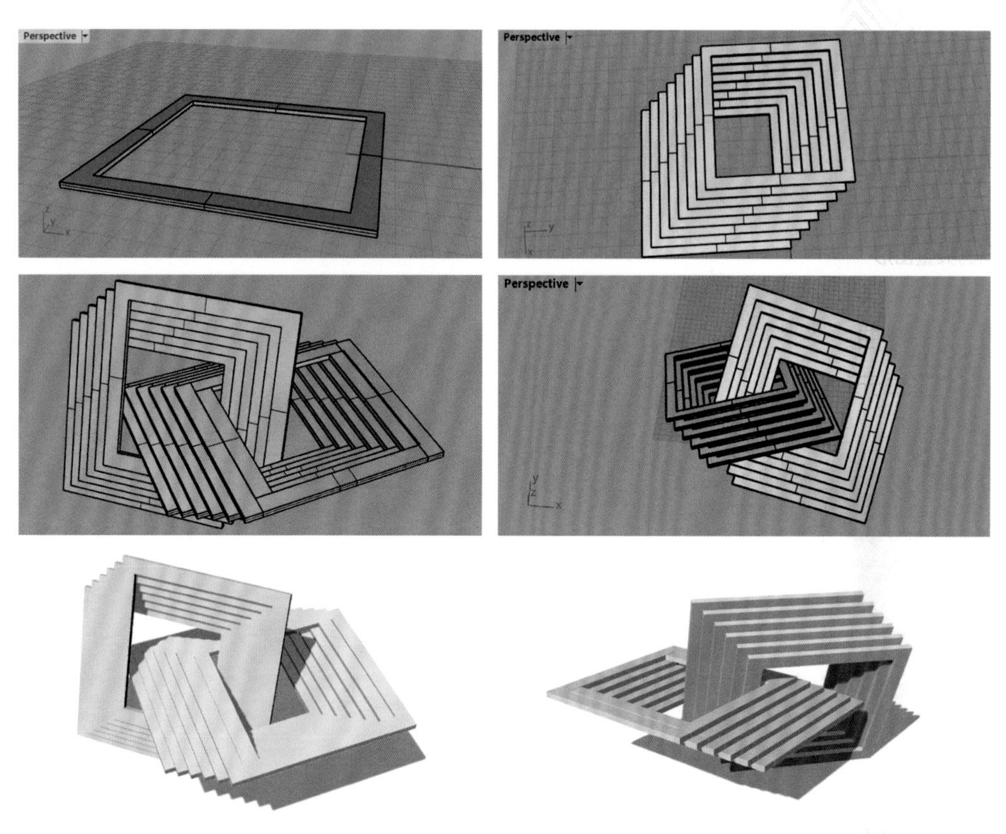

图2-68　视错图形关键词表达

（5）形态研究。

① 取出一张A4纸，尝试剪成若干长度相等的长条，然后错位放置并进行固定，做出一些立体的造型小样。但因为考虑到A4纸太过单薄，显得脆弱，纸衣服无法达到想要的效果，因此放弃该方案（图2-69）。

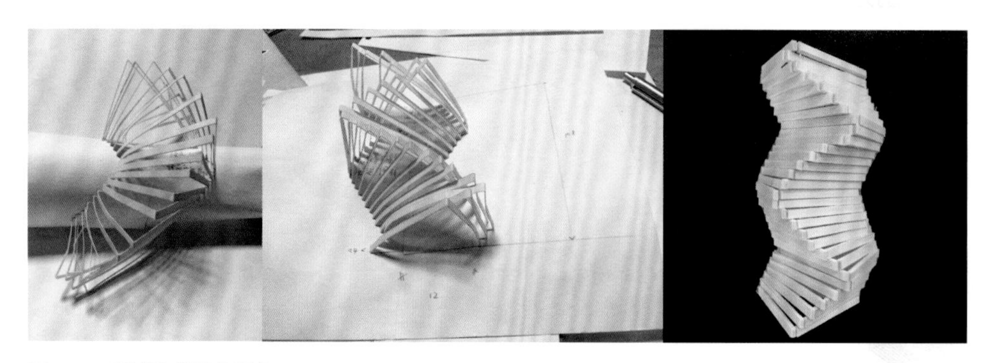

图2-69　尝试性的形态研究

② 选取厚度为2mm厚的硬纸板，提取视错觉中的基本元素，在AI软件中做好图之后进行激光切割（图2-70、图2-71）。

图2-70 AI绘制的矢量图形

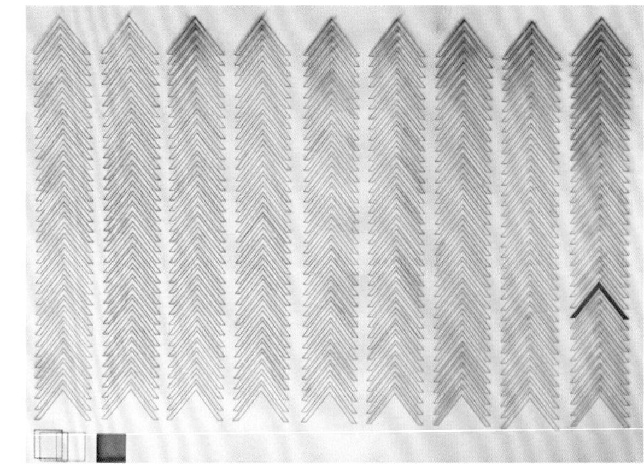

图2-71 激光切割机切割图形

③ 将切割成的弯曲折线进行错位重叠放置（图2-72）。

④ 将若干个基本元素进行套接，形成视错感，确定以此为面料小样进行下一步的创作（图2-73）。

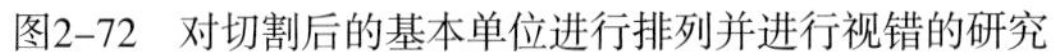

图2-72 对切割后的基本单位进行排列并进行视错的研究

图2-73 确定面料小样

（6）纸衣服创作及作品展示。

① 确定面料小样，结合人体结构特征，开始纸衣服廓型、形态上的尝试。设计多种方案进行比较，筛选较为理想的效果绘制草图，最终选择了下图的方案（图2-74、图2-75）。

② 先将边长分别为30cm和40cm的基础单元形相互套叠，作为衣身的主要部分。

③ 在上身的左侧用边长10cm相互套叠而成的基础单元形，做一些视错感的立体装饰，与旁边的大廓型形成大小的对比和虚实变化。

图2-74 纸衣服廓型、形态上的尝试

图2-75 视错图形纸衣服的设计效果图

④ 完成纸衣服衣身的制作后，缩小单元形，变成边长8cm的基础形态，做颈部的装饰，更改套叠的方式，使其与衣身的套叠产生变化，增强立体的视错感。

⑤ 用若干个边长为5cm的折线，围绕头部一圈做头饰，与纸衣服形成呼应，均匀的重复让纸衣服整体有一种整齐的韵律美。

⑥ 纸衣服效果展示如图2-76所示。

图2-76 视错图形纸衣服的成品效果展示（作品来源：储益）

案例二：旋转楼梯

1. 创意构思

建筑与服装一直有着密不可分的联系，著名建筑教育学家梁思成先生说："建筑和服装有很多相同之点，服装无非是用一些纺织品（偶尔加一些皮草），根据人的身体做成掩蔽身体的东西。在寒冷的地区和季节，要求保暖；在炎热的地区或季节，又要求凉爽。建筑也无非是用一些砖瓦和木石搭起来，以取得一个掩蔽的空间，同衣服一样也要适应气候和地区特征"。的确，无论是建筑还是服装，都是以人为主体，具有对人体加以保护的功能。因此，建筑与服装有着千丝万缕的联系。黑格尔曾经说过："服装是移动的建筑"。通常楼梯是建筑的组成部分，也是建筑重要的内部结构，楼梯的形式多种多样，本主题研究一些样式好看的旋转楼梯，楼梯的踏步围绕一根单柱盘旋上升，由于其流线造型的美观、典雅，且节省空间受到人们的欢迎。通过各种途径对旋转楼梯的资料、图片进行收集，重点研究旋转楼梯的旋转结构和其中隐藏的数字变化。

解决问题

① 如何分析旋转楼梯的结构并从中获取灵感图片；

② 对旋转楼梯的形态进行分析，对旋转楼梯形态参数的渐变进行有效的数据获取、演变。

涉及的相关技术问题

① 如何正确获取旋转楼梯的参数数据；

② 旋转楼梯旋转形态的表现及其矢量图的绘制。

2. 创作过程

（1）灵感板的构建。本主题研究旋转楼梯的结构，当然这类资料非常多，需要适当筛选。找资料时要注意的是拍摄旋转楼梯的视角，基本上都选择俯视的图片，这样可以看到正面踏步的结构以及楼梯盘旋的姿态（图2-77）。

图2-77 灵感板图片的选择

（2）观察灵感板，提取关键词。观察、分析灵感板中楼梯的形态（图2-78），提取感兴趣的信息，当然如何正确地分析、获

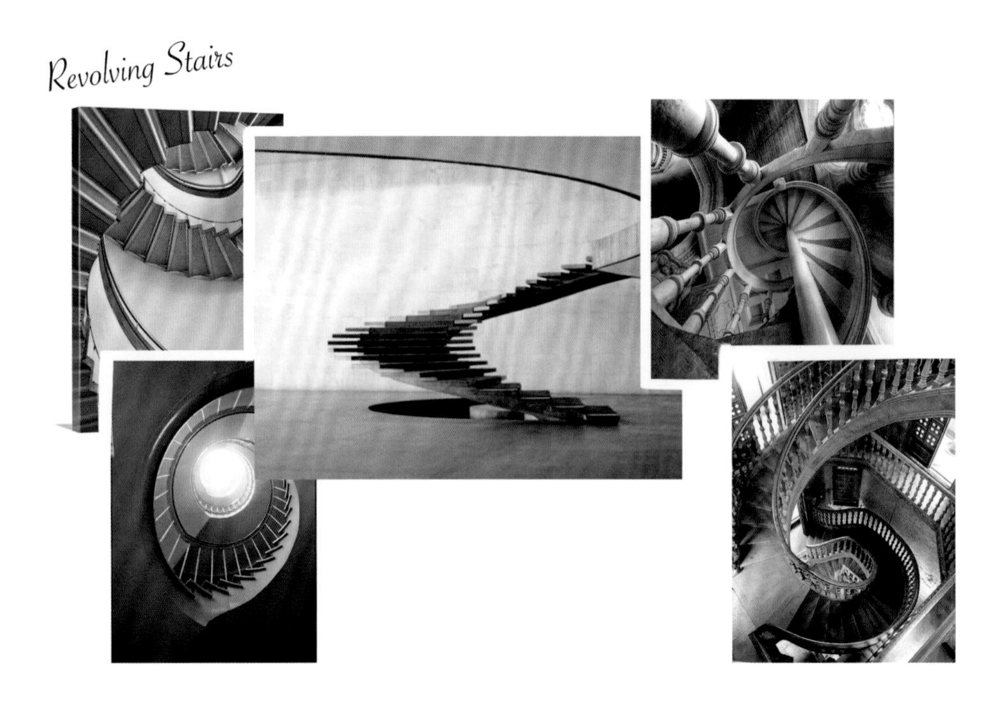

图2-78　旋转楼梯元素的灵感板

取其中的信息，并将其概括为关键词是非常重要的。本主题根据楼梯不同角度的旋转变化，以弧线、螺旋线为主，形成多种曲线的楼梯组合，通过分析高度概括，最终形成关键词（图2-79）。

提取的关键词为：对数螺旋线、排列、渐变。

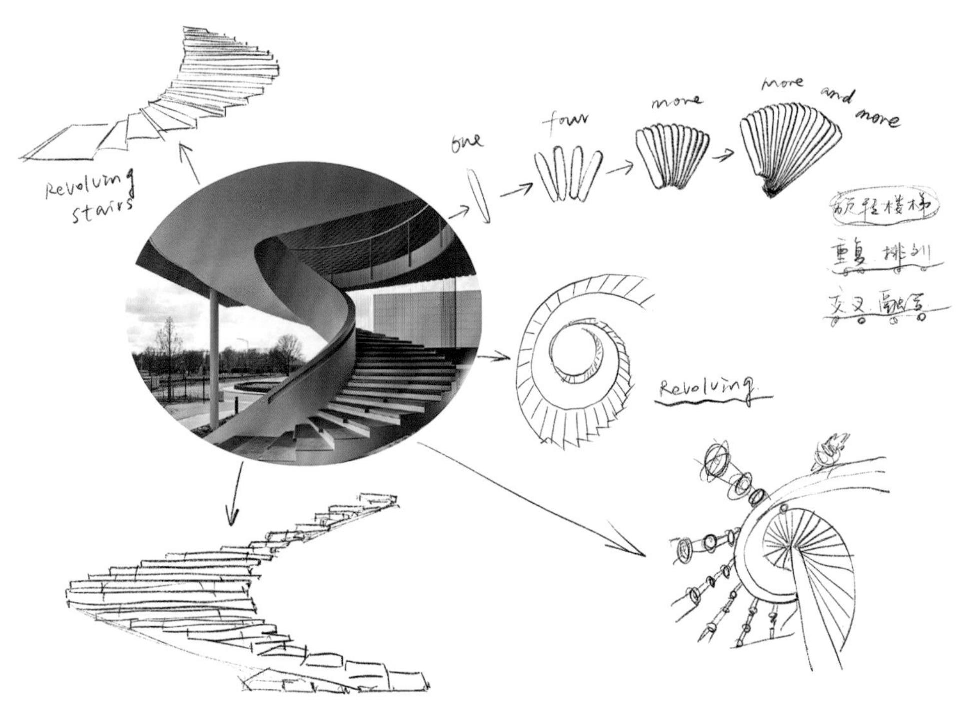

图2-79　旋转楼梯元素的灵感板关键词

（3）关键词表达。1638年，著名数学家笛卡尔首先描述了对数螺旋线，并列出了螺旋线的解析式。这种螺旋线有很多特点，其中最突出的一点则是它的形状，无论你把它放大还是缩小都不会改变其形状，就像我们不能把角放大或缩小一样。这种曲线在数学领域十分著名，对数螺旋线是一根无止境的螺线，它永远向着极绕，越绕越靠近极，但又永远不能到达极。旋转楼梯的基本原理就来自对数螺旋线（图2-80、图2-81）。

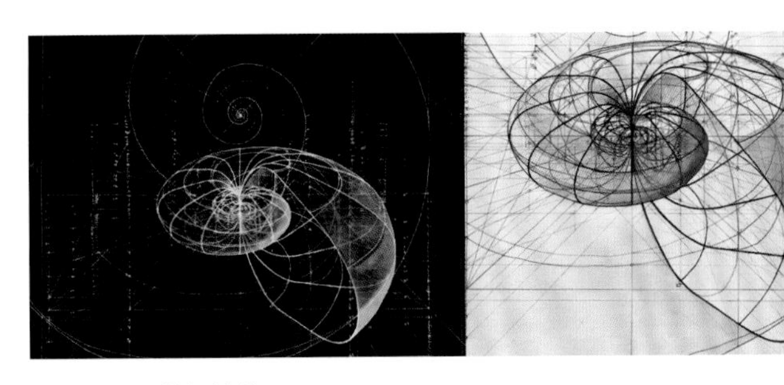

图2-80　对数螺旋线

方案一：以楼梯的踏步形状为基本造型元素，以它的中心位置作为轴点进行旋转，经过多次实验发现旋转角度为22.5°最为合适，依次旋转22.5°，45°，67.5°，90°，…，形成多个台阶旋转交叉的渐变形态，模拟旋转楼梯（图2-82）。

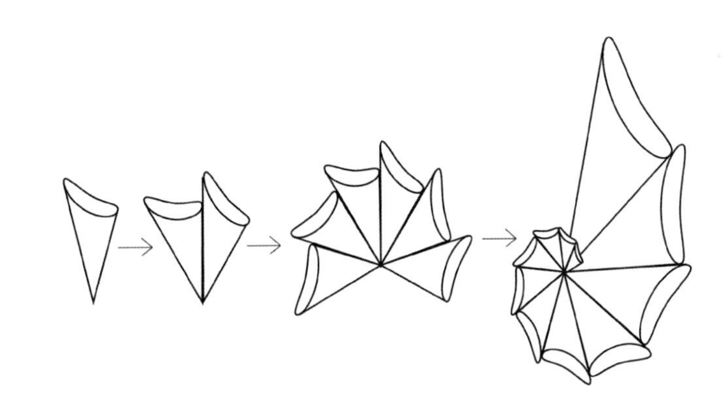

图2-81　旋转楼梯与对数螺旋线

方案二：选取最短的踏步造型，设定其长度为x，以x为基本单位，运用数列的方式$x+0.2$，$x+0.2+0.2$，$x+0.2+0.2+0.2$，…，进行递增排列，形成多个踏步旋转的形态（图2-83）。

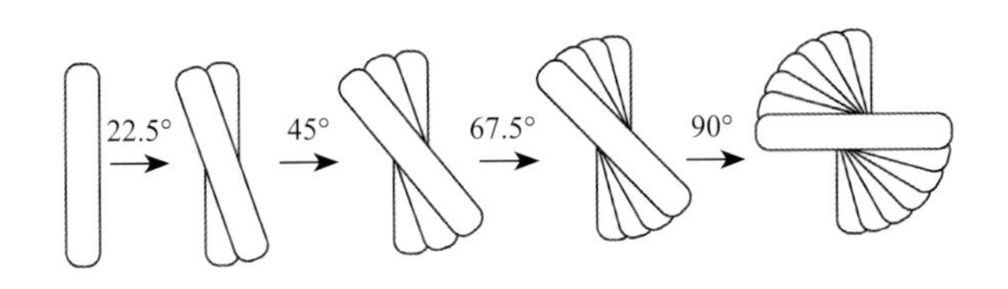

图2-82　关键词表达方案一

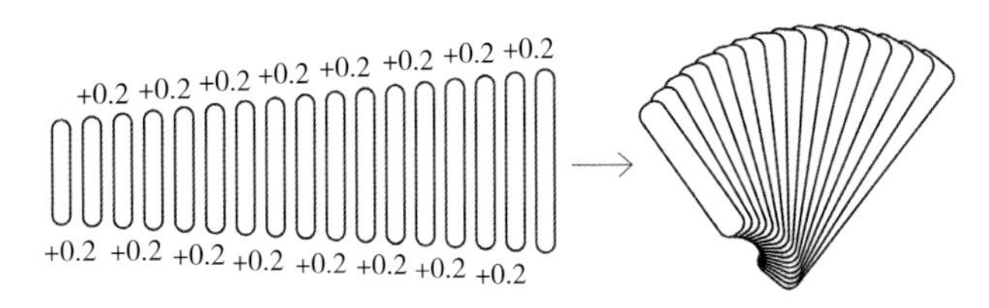

图2-83　关键词表达方案二

（4）形态研究。考虑旋转楼梯结构的特殊性，提取其内在的关键词“盘旋”来做前期阶段的造型研究。首先尝试用最普通的复印纸来表达，将带有一定比例参数的纸进行卷曲，以模拟旋转楼梯盘旋的形态，但做出来的造型不够精细，显得单薄，完全不能表达出设计初期的意图，于是考虑放弃，重新寻找适合的材料（图2-84）。

在试过纸张材料之后，考虑用非常规材料继续尝试。例如，用雪糕中间的小木棍，因为这个小木棍也是一种支撑结构，另外，通常吃完雪糕都会扔掉那根小木棍，非常浪费，如果能够废物利用，以此作为创作的材料，也可以提示人们爱护自然，因为任何物品都不是绝对的“无用”。用小木棍排列成螺旋状，从平面到立体，模仿旋转楼

图2-84　旋转楼梯元素的形态研究

梯的内部结构，再把小木棍进行弯曲排列，得到一个类似翅膀样的结构，使其具有盘旋、渐变的旋转形态（图2-85）。

图2-85　小木棍材质在旋转楼梯纸衣服中的尝试

（5）纸衣服创作及作品展示。经过形态研究之后，选择用旋转形态的造型小样，结合人体结构的特征，进入纸衣服的廓型研究阶段。整体廓型采用不对称的形式，局部形态用大小不同的小木棍弯曲形成流线型的造型，使之更具韵律美。身体的其他部位也用旋转造型组合装饰，从纸衣服整体上看仿佛有很多旋转楼梯缠绕着人体，然后不断调整、完善，重点是处理上身形态大小、疏密的关系。最后还得调整全身形态的比例和呼应关系，使得旋转楼梯与服装得到比较完美的融合（图2-86～图2-89）。

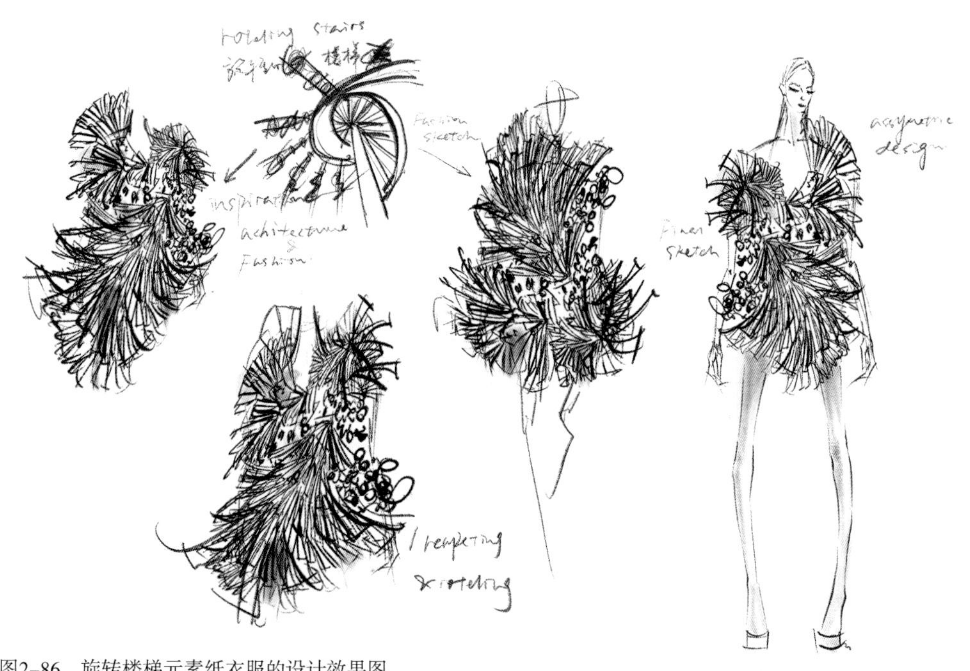

图2-86　旋转楼梯元素纸衣服的设计效果图

图2-87　调试效果1

图2-88　调试效果2

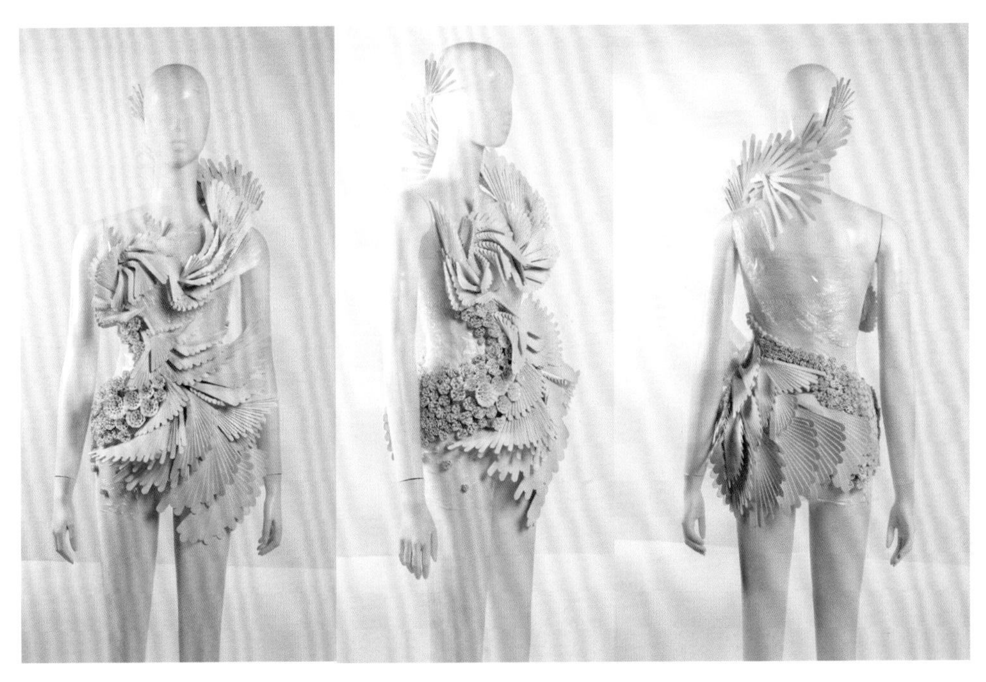

图2-89　旋转楼梯元素纸衣服的成品效果展示（作品来源：程晖）

案例三：拼·接 03

1. 创意构思

设计构思阶段，结合兴趣点发现有非常多的方向值得研究。例如，时尚插画、动画电影、益智玩具等。分析各个方向的可能性，时尚插画肯定会包含一定分量的时尚信息，但重点可能会变成色彩、材质方面的研究，形态创新可能会欠缺。另外，时尚插画也比较平面，可能不是想要的效果，然而美国蒂姆·伯顿（Tim Burton）的电影作品，通常是暗黑的哥特风格，其风格特征比较明显，但本主题研究重点并非风格研究，因此，最后选择了雪花插片，这是一个小朋友玩的益智玩具，可以在形态上有很多“玩”法。

解决问题

① 如何准确地把自己的灵感通过图片视觉化；
② 对雪花插片玩具的拼接手法进行研究，对拼接手法生成的形态进行数据上的分析。

涉及的相关技术问题

① 如何通过参数变化或者数列的计算，推算出合理的数据，使得造型达到比较理想的效果；
② 如何把独立的形态通过拼接的手法有机组合在一起，探寻其中的拼接技巧。

2. 创作过程

（1）观察身边的事物，获取灵感。雪花插片属于小朋友的益智玩具，可以购买一些实物玩具，进行简单的拼接，感受其中的趣味。同时再寻找一些类似的生活用品，也许材料、现状不一样，但只要它们的拼接原理相似即可（图2-90）。

图2-90　益智玩具等灵感元素

（2）灵感板内容的组织与构思。以雪花插片玩具为创作基础，使用拼接的手法进行各种可能性的拼接，感受其形态的变化，特别是拼接方式的研究。因为，雪花插片都是相同的单体，就相当于一个点，那么在拼接时就要考虑拼接工艺，如何拼成线条、块面以及大的体积等，然后还得考虑拼接后的稳固性。当然，作为成熟的益智玩具，其本身就有部分拼接模板，但是我们不能完全按照模板来拼接，需要提前了解其中的拼接工艺，然后进行新形态的拓展性拼接，并拍摄成图片，为灵感板的设计提供基本素材（图2-91）。

图2-91　雪花插片元素的灵感板

（3）分析灵感板，从中提取关键词。分析雪花插片玩具不同穿插方式下的外形特征，对插片的组合、形态的连接进行分析，观察图片的整体感觉，提取关键词（图2-92）。

提取的关键词为：切割、拼接、重组。

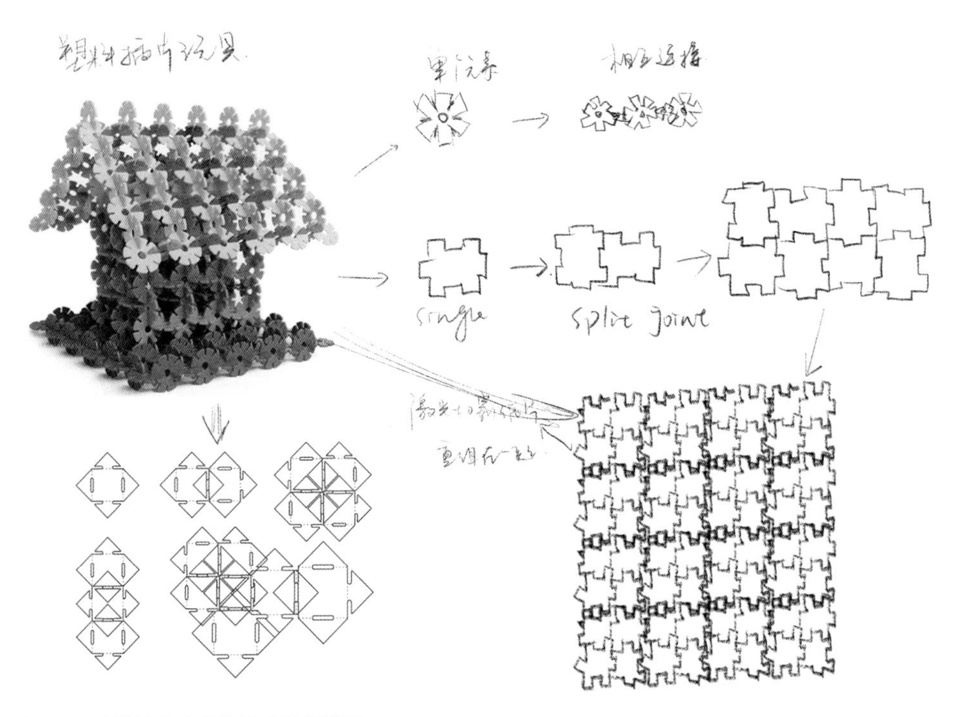

图2-92　雪花插片元素的灵感板关键词

（4）关键词表达。

① 由于圆形雪花插片在拼接时会出现漏洞，尝试多种拼插之后，发现根本不可能解决这个漏洞问题。如果只是一般的造型研究，这个漏洞是无所谓的。但是，作为服装设计的面料，必须处理好这个问题。因此，对圆形雪花插片进行变形，最终演变成为正方形的插片样式，并以正方形插片作为基本单位元素。选取正方形插片的中轴线长度为x，以x为基本单位，运用数列x，110%x，120%x，…，进行递增排列，形成多个形状层叠的丰富形态（图2-93）。

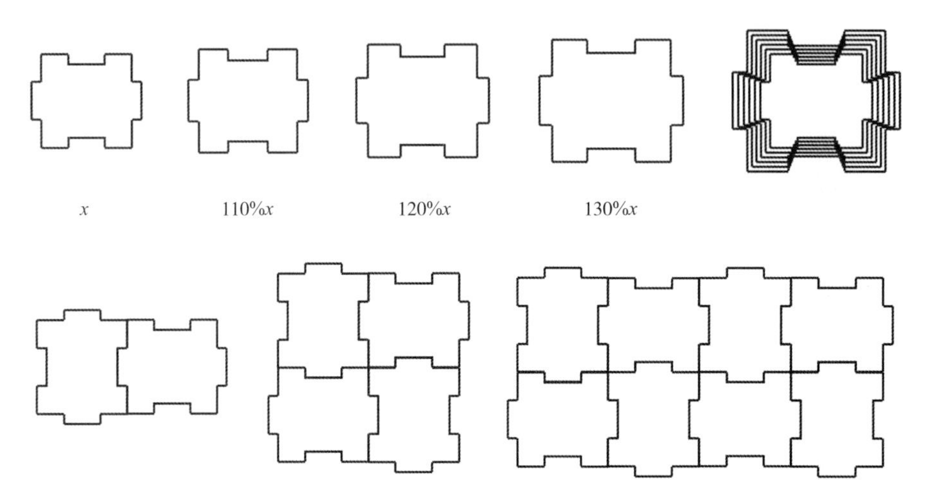

图2-93　多个形状层叠的丰富形态

② 对正方形插片进行层叠，在视觉上给人一种秩序感，同时插片的边缘形成了大小渐变的层次，因为每一块插片都是由参数计算出来的，所以形成的秩序感也非常美观。这样的叠加也为插片的形式增添了新的样式，给人一种新鲜感（图2-94）。

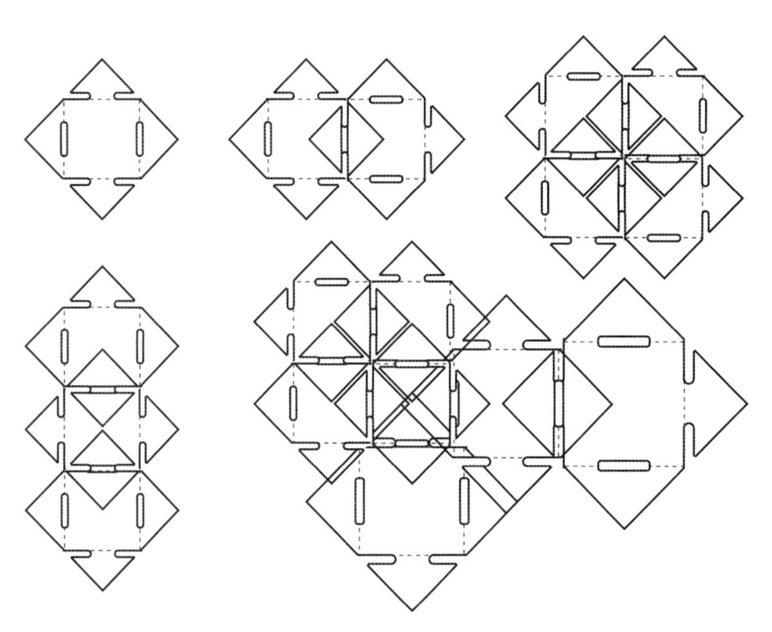

图2-94　秩序感的形成

（5）形态研究。形态研究阶段，首先对前期研究的形态图形进行分析，筛选比较满意的尺寸，然后绘制矢量图形，再利用激光切割机切割出正方形插片图形，为下一步的造型研究做好准备工作。以正方形的对角线进行相互扣嵌连接，反复扣嵌以点成面，要注意的是正方形插片是有尺寸变化的，这是不同于雪花插片的。因为，雪花插片是同尺寸的连接扣嵌，而本课题中的正方形插片是有6个大小不同的尺寸，并且要把这不同尺寸的插片进行完美穿插扣嵌，的确存在一定的技术难度，当然这也是研究服装廓型上的技术问题。在塑造服装大廓型时，是要把这6个渐变形态的正方形插片相互扣嵌，成功扣嵌的造型不是很多，但也有几个类型，用于制作纸衣服是足够了。其中就有最基本的扣嵌形态，在视觉上呈现非常立体的盔甲甲片的造型，扣嵌后的面料造型的肌理感非常强，也比较整体，最终就确定了这种扣嵌方式，完成整件服装的制作（图2-95）。

图2-95　雪花插片元素的形态研究

（6）纸衣服创作及作品展示。为了丰富服装的视觉效果，在上阶段完成形态的基础上，继续拓展新的扣嵌方式，逐渐形成了平面和立体的两种扣嵌方式，其形态差异比较大，比较适合塑形。以人体结构为基础，结合衣片的板型，对服装形态进行分模块的制作，最后再进行组装，形成一件用正方形插片制作成形的纸衣服（图2-96、图2-97）。

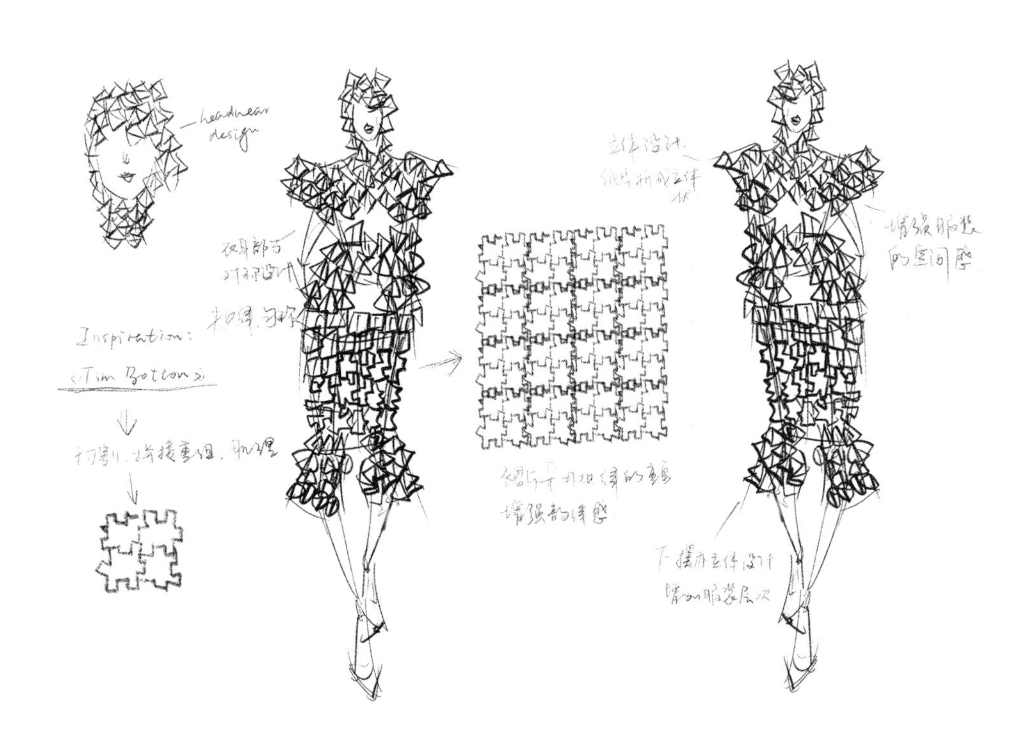

图2-96　雪花插片元素纸衣服的设计效果图

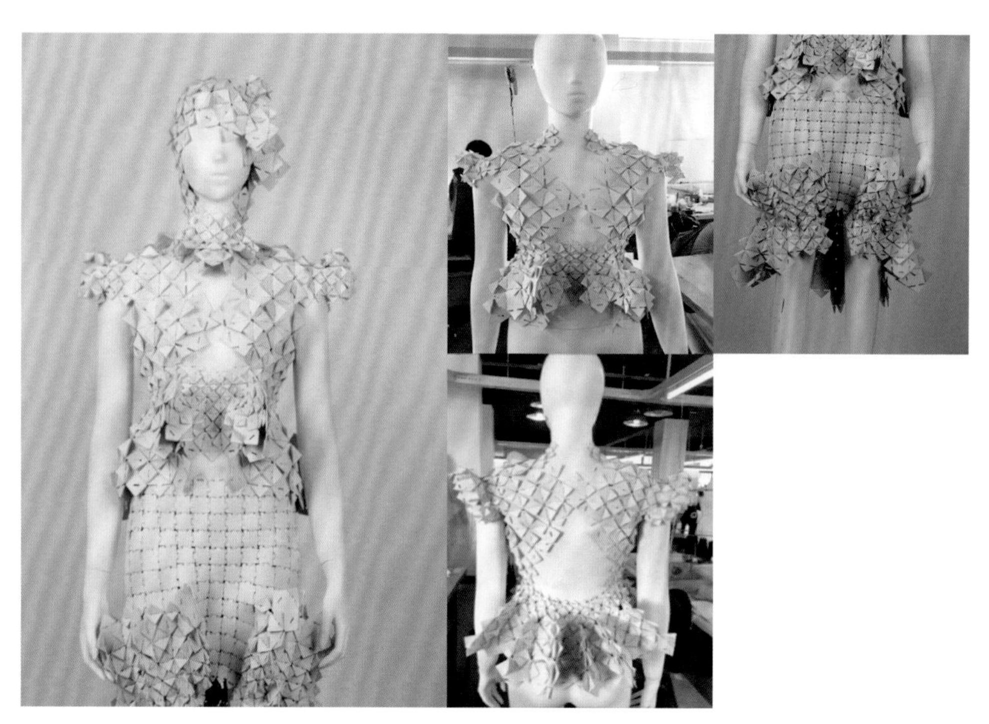

图2-97　雪花插片元素纸衣服的成品效果展示（作品来源：陈茜）

第五节 风格·延续

一、教学进度

风格·延续专题的进度可参考表2-3，教案参见附录四。

表2-3　风格·延续专题教学进度表

时间安排	第一周	第二周	第三周	第四周	第五、六周
课时	10课时	10课时	10课时	10课时	20课时
内容	了解课程要求，掌握风格的概念、分类等，整理相关案例	明确研究的方向，深入收集资料并分析资料，对作品进行解读、讨论	分析此风格的构成，尝试各种方法、手段，延续此风格，但手法要有差异性	对前期的研究展开深入探讨，进一步表达并完善实验结果	对研究的作品进行自我解读 通过互动、师生探讨，逐步完善并进行展示

二、风格

（一）风格概述

所谓风格，实则是艺术家、设计师的思想、理念的特征表现，是艺术家、设计师在创作作品中追求的一种格调和作风，并通过作品呈现出来的个性或独到之处。风格形成于艺术家、设计师对社会的独到见解，具体受到其个性、生活阅历、审美趣味等因素的制约。一个时代、一个民族、一个流派或一个人的作品所表现出的主要思想特点和艺术特点形成风格。风格同审美一样，依赖于人的参与。风格是独特观念和形态的稳定表现，是具有相同本质属性集合体的个性展现。但风格不完全等同于个体个性，风格是群体性个性认同，一个人可以自由尝试各种风格，而不容易经常更换自己的个性。[1]

（二）服装设计风格的形成与种类

通常设计作品是由材料、造型、色彩三个要素构成，然而风格则是设计作品完成时呈现的气质或味道，这是形而上的东西。可以这么说，风格即作品的灵魂，它传递了设计的理念、审美与内涵，呈现出设计作品的总体特征，这与材料、成本关联不大。任何一个成功的品牌或设计师，都会呈现出一种独特的风格，它能够在视觉效果上、精神感受上影响消费者，从而产生购买的动机。服装风格能够反映出时代特征，是一个时代的材料、技术和审美的融合，也是服装的功能性与艺术性的结合。在一个时代的潮流下，设计师们各有独特的创作天地，如今，服装款式千变万化，形成了许多不同的风格，有的具有历史渊源、有的具有地域渊源、有的具有文化渊源，以适合不同的穿着场所、穿着群体、穿着方式，展现出不同的个性魅力。当然，风格会随着时代和流行呈现出非常丰富的样式，没有绝对的风格，只是一个大概的感觉，如未来主义风格、极简主义风格、民族风格、运动风格、都市风格、嬉皮风格、田园风格等。有学者把风格分成十几种，也有学者把风格分成二十几种，这也没有绝对准确的分类，但作为学生，应该了解常见的风格或者说是几种经典的风格，但也不要死记硬背，时代在变，风格在变，也许你的作品也能成为一种独特的风格。

1. 未来主义风格

未来主义又称“未来派”，是现代主义思潮的延伸，是一种对社会未来发展进行探索和预测的社会思潮。1909年，意大利的马利奈蒂（Marinetti）是未来主义风格的创始者。未来主义以“否定一切”为基本特征，反对传统，歌颂机械、年轻、速度、力量和技术，推崇物质，崇尚对未来的渴望与向往。服装设计中未来主义风格与其他风格相比，呈现出的服装形态比较前卫。未来主义服装设计风格的特征大致可以分为艺术性特征、科技性特征和前卫性特征三个方面。艺术性特征，大致可以概括为极简主义、立体主义、解构主义和超现实主义四个不同的表现形式。艺术本来便是抽象的，未来主义的艺术创作又是脱离现实的一种天马行空的想象。科技性特征，表现在各种高科技服装面料、辅料在设计中的运用。未来主义风格形成之初就与太空、宇宙有着密不可分的联系，这也使得这种风格一被提起就与各种新型材料的运用联系在一起。面料的研究与创新也可以提高服装价值，增强服装的功能性。前卫性特征，表现在未来主义风格是打破陈规去创新，创新的理念使未来主义拥有前卫性特征。创新的、独特的、夸张的设计手法使得这一特征表现得非常明显。未来主义风格从20世纪60年代兴起，作为一股强劲的时尚力量影响着世界服装潮流，未来主义风格逐渐深入人

---

[1] 刘晓刚，杨强，佘巧霞．服装设计师手册［M］．北京：中国建筑工业出版社，2005.

心，并受到服装设计师们的推崇，其代表人物有安德烈·库雷热（Andre Courreges）、皮尔·卡丹（Pierre Cardin）、帕科·拉巴纳（Paco Rabanne）等。设计作品源于对浩瀚宇宙的好奇与探索，他们以宇宙的相关物为素材进行创作，提取宇航员的服饰元素，如头盔、光泽面料、透明塑料、皮革等，后来成为20世纪60年代未来主义风格服饰的标志。因此，未来主义风格在服装设计领域主要体现在结构廓型的设计和新型材料的运用方面。未来主义风格服装发展到现代，形式更加多样、外观更具独特性。另外，未来主义风格还具有一定的预测性，虽然着眼于未来，但反映出的是当下的时尚潮流和属性。未来主义风格的表达方式多种多样，简洁的线条、设计中更加注重实用性，是未来主义风格的发展方向。随着时代的发展、科技的进步，未来主义风格在服装材料的运用方面更加显著，新材料、新科技的介入对我们的服装设计有很大的启示和帮助，因此，也使更多设计师的作品呈现出未来主义的风格。

2. 极简主义风格

极简主义是一种现代艺术流派，也是一种生活理念和时装风格。它追求的是“少即是多”的设计理念，极简主义艺术风格强调外在理性、冷峻、简约，而内在讲究精致与高雅。其代表人物唐纳德·贾德（Donald Judd），他将极简主义概括为“复杂思想的简单表达”，也是对“少即是多”的最好例证。作为一种艺术形式和风格，极简主义艺术风格一直深受艺术家和设计师的青睐，长期影响着服装艺术的发展，使之成为现代服装风格表现的基本法则之一。极简主义的艺术形式多种多样，而在服装上的极简主义风格则呈现了其自身的特点。如何认识极简主义风格，以及如何延展、流行和传承极简主义服装风格，对研究服装风格的发展以及寻求服装设计表现中的突破极其重要。极简主义虽起源于绘画领域，却在服装领域影响深远。极简主义风格的服装力求在简洁中寻求优雅，不让世俗和传统习惯固定创作灵感，注重利用剪裁手法来成就廓型，最终的视觉效果是简约而非简单。

3. 民族风格

民族风格是由不同民族的文化、风俗决定的，各民族都有着悠久的历史，有着不同的发展历程，有的民族还有自己的图腾、文字等，这些都给民族服饰的发展提供了土壤和环境，从而形成本民族的特色。民族风格的服饰设计就是基于某一民族的服饰为灵感的服饰创作，它保留了该民族的特色，如图案、面料、制作工艺等，使得整个服饰呈现出民俗味，给人一种别致感。这样的服饰不但能够满足人们对时尚的追求，同时也彰显出穿着者的个性和特点。

4. 都市风格

都市风格是随着工业化、城市化的形成而随之发展起来的一种风格，它满足了都市人群对时尚的追求。都市风格的服装没有繁琐的装饰，没有夸张的廓型，有的是都市人对职场与休闲的理解，他们喜欢大气稳重的外表、简洁干练的线条，端庄中凸显时尚与轻松，严谨中流露出对时尚的把握，这是都市人的情调和追求。

5. 运动风格

随着生活水平的提升，运动不再是运动员的专属，有很多热爱运动的人士，或是倡导健康生活的人们，他们坚信生命在于运动，推崇便于运动的服饰，如舒适的运动鞋、宽松的运动裤、对比强烈的色彩构成等，渐渐也就成为一种潮流。有的设计师运用运动服饰的元素以及与运动相关的素材进行时装设计，因此，运动风格能够展现出青春、活力的气息，是健康、活力、美的和谐与统一。

6. 嘻哈风格

嘻哈风格服饰具有代表性的款式搭配包括T恤、牛仔裤、棒球帽、球鞋、织带等元素，总体看来是一种自由的、随意的、松垮的造型感觉，整体呈现出一种新潮的街头时尚和个性化的穿着面貌。嘻哈风格作为一种个性独特的服饰语言，逐渐被人们接受并成为时尚流行，其款式与色彩没有一定的规律和限制，以强调街头时尚感为主要特色，关键是能够凸显穿着者的个性、前卫及自我性格的张扬，也是街头风格的典型形式。设计师在进行此类风格设计时，需要充分掌握最新的街头时尚元素，如不同部位的细节设计、工艺装饰手法、流行色彩等，才能较好地融合嘻哈元素进行设计。

7. 田园风格

田园风格是久住都市的人们对自然的向往，他们厌烦都市里的建筑风格，希望逃离工业发展带给人们的环境污染、生态失衡等现状，渴望与自然的亲密接触，回归乡村。因此，田园风格的服饰通常取材于花草、树木、蓝天、白云等，力求不沾染都市气息。面料上崇尚棉、麻、丝绸等纯天然的材料，崇尚自然，反对虚假的华丽、繁琐的装饰，摒弃经典的艺术传统，追求田园风格的自然清新。田园风格经常出现在《昕薇》《瑞丽》等杂志中，在日本的服饰品牌中运用得较多。

三、风格的影响因素

（一）造型

服装造型是借助人体以外的空间，用面料的特性和工艺手段，塑造一个以人体和面料共同构成的立体服装形象，服装造型属于立体构成范畴。造型设计中，轮廓造型对整体造型起着至关重要的作用。同时，造型很大程度上反映了服装设计的流行趋势和人体形态的审美导向，也影响着服装的整体风格。折纸艺术作为一种传统手工技艺，运用折纸手工技法将纸反复折叠或者将多种图形组合拼贴形成立体的形象，既有具象的表达，也有抽象的概括，作品往往形成多层面的视觉效果，打破了传统的固定结构模式，摒弃了以往各种款式或部件的简单组合，以二维平面与三维立体结构的创作手法，用全新的结构塑造新的造型，拓展了服装造型设计的空间。

（二）面料肌理

在设计服装风格的过程中，对面料的选择与创新是至关重要的，只有正确地选择与设计风格相匹配的面料，才能呈现出服装设计的美感。在服装造型设计中，要达到风格设计与面料的完美统一，应当充分认识到面料所具有的特征，进而将其合理地融入服装风格设计中，使得服装从局部到整体都能具有纹理清晰的肌理感。

每种服装的面料都有不同的肌理感，服装面料的材质能够给人带来质感体验，能够被人们的触觉感受到，也是影响面料选取的关键因素。在考虑服装面料肌理特征的时候，首先要注意不同面料的纤维原料所具有的肌理效果，如棉织物与麻织物、天然纤维与化学纤维的差异，这些纤维原料的差异都需要进行仔细的分析。其次是面料织物内部的组织形式也有所不同，通常来说平纹比较朴素，而缎纹则比较华丽，而且平纹织物之间，纱支的粗细和捻度也存在着差异，由此在进行服装风格设计时一定要充分考虑到。另外，还要考虑面料所采用的生产工艺，针对不同肌理的面料常常有不同的工艺流程，如粗纺要展现原始的美感，而精纺则具有柔和飘逸的质感。

在纸衣服创作中，纸的形态、质地可以形成不同感觉的面料肌理，进而影响整体的风格，如粗糙的、光滑的、厚的、薄的等，都会因为其肌理和质地给人不一样的视觉感受。因此，在纸衣服设计中如何运用好面料的肌理是非常重要的细节问题，值得探究。

四、灵感板制作

（一）灵感板

参见本章“第四节交叉 · 融合”的相关内容。

（二）灵感板排版要求

参见本章“第四节交叉 · 融合”的相关内容。

（三）灵感板的内容提取与分析

1. 头脑风暴

“头脑风暴”是创意设计过程中非常重要的环节，在设计前期、中期都非常重要。但因创作流程和方法与本章“第三节自然 · 仿生”相似，此处不再详述（详见“第三节自然 · 仿生”）。

2. 关键词分析与获取

关键词的分析与获取方法参见“第三节自然 · 仿生”的相关内容。

3. 造型表达

造型表达参见“第三节自然 · 仿生”“第四节交叉 · 融合”的相关内容。

五、作业

（1）分析不同作品的风格语言，确定一个将要研究的方向，收集相关的图片30～50张，完成具有此风格特征的灵感板1张。

（2）分析灵感板，从中提取2～3个关键词，做头脑风暴练习。

（3）运用数字化的设计方法，通过计算实验得出合理的数据，并用电脑作图。

（4）充分发挥想象力进行关键词表达，要求不少于20个面料小样。

（5）纸衣服创作，绘制草图，数量不少于30张，选定一个相对满意的设计方案，分析其结构，根据设计图完成纸衣服的制作。

六、风格 · 延续课程教学案例

案例：建筑风格的延续——基于银河 SOHO 建筑的服装形态研究

1. 创意构思

目标研究参数化风格的建筑，因此需要收集有关参数化建筑的图片，针对喜欢的建筑图片，观察其形态特征，并假设一个问题。例如，是否可以把建筑形态转化成服装款式、是否可以在服装中运用建筑的表皮效果、是否可以把参数化成形技术运用在服装廓型设计中等。分析问题中的兴趣点，展开系列研究，最终设计并制作一件带有参数化语言的服装。

解决问题

① 建筑中的流线型如何实现。因为在服装制作工艺中流线型的形态是很难通过手工实现的，所以考虑绘制矢量图，再运用激光切割机来完成；

② 建筑中形态有什么样的内在参数，其中的系数是多少。

涉及的相关技术问题

① 使用AI软件绘制矢量图；

② 掌握使用Rhino、GH等数字化软件进行立体建模。

2. 创作过程

（1）获取灵感。选择银河SOHO作为研究对象，它是北京地标性建筑，是集商业与办公空间为一体的建筑综合体（图2-98）。银河SOHO是设计师扎哈·哈迪德在中国设计的第一个“太空舱”，她运用参数化手法，大量采用流线型构造和几何形态，打造出一个360°的建筑世界，没有角落也没有不平滑的过渡，源于自然的启迪，建筑的外观展示了连续流动的深空间。数百米长的景观构成深远的、全角度的视野。❶

（2）灵感板的制作。以银河SOHO图片作为灵感素材，寻找几张具有代表性的图片，组织灵感板的画面内容，注意其外立面的特点，分析此建筑的风格和表现手法，提取一系列弧线、螺旋线等流线型特征，并思考如何将其中的线条之美拓展到服装形态上的可能性，是否可以运用参数化的计算逻辑生成类似造型，并能够成为服装的一些部件或廓型，进而最终完成服装造型的层次感和空间感（图2-99）。

（3）关键词提取。对灵感板中银河SOHO的建筑形态特征进行分析，重点是流线型的外立面，视觉上显得非常具有未来感，每一楼层的外立面表皮有着不同起伏的变化，但并不凌乱，反而显得层次更加丰富、动感，分析主要特征提取关键词（图2-100）。

提取的关键词为：流线型、渐变、层次感。

（4）关键词表达。本主题关键词表达的重点是对流线型的塑造，这在服装工艺制作中存在技术上的困难，因此需要运用机器来辅助切割成形。通过对不同厚度材料的尝试，比较后，选择一两个比较理想的形态，并考虑此形态如何与人体结合，这也是需要解决的问题。最后考虑运用包裹的理念，形成造型对

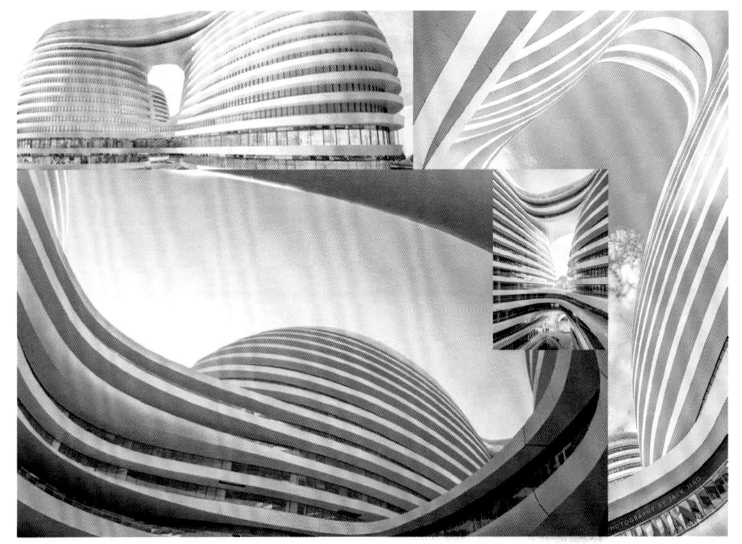

图2-98　银河SOHO建筑外观

❶ 银河SOHO建筑设计简介［J］. 建筑监督检测与造价，2011，4（Z2）：80-82.

图2-99 银河SOHO建筑的灵感板

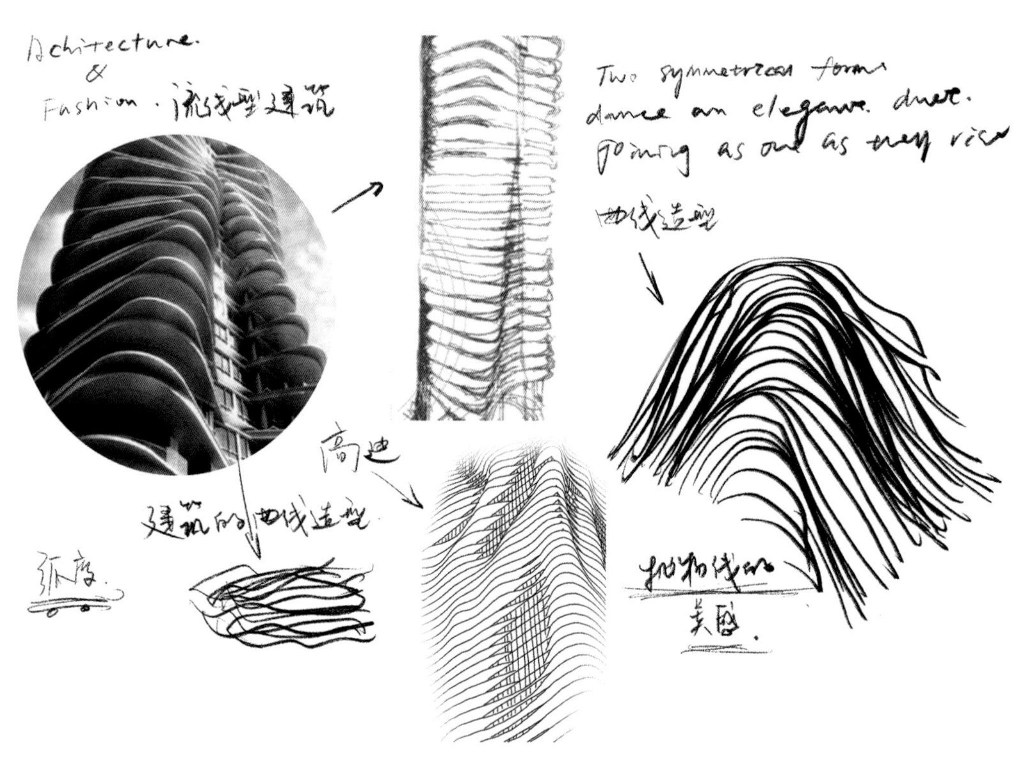

图2-100 银河SOHO建筑的灵感板关键词

人体的保护。运用AI软件绘制基本图形，并在图形中带入不同的参数数列进行推演，感受其生成形态的视觉效果。选定其中一个方案，假设基本形态为x，运用数列x，110%x，120%x，…，进行递增排列，从而形成多个曲面体的堆叠形态。再通过曲面体的角度转换，产生参数化建筑的技术美感（图2-101）。

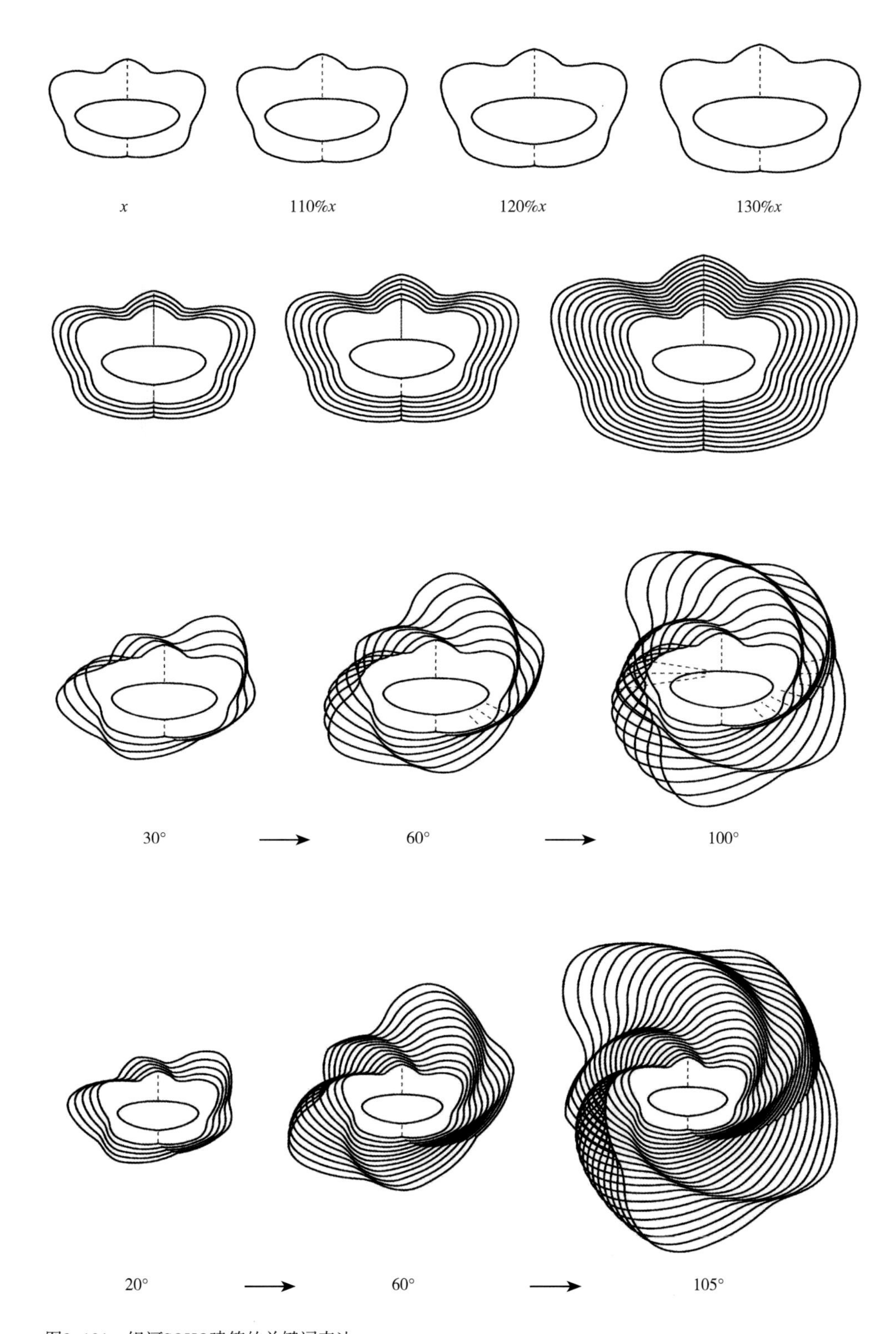

图2-101 银河SOHO建筑的关键词表达

（5）服装形态设计及制作。服装设计整体运用了流线型的块面形态，结合参数化的手法，通过叠加、错位使得层次感得以体现，展现了富有节奏变化与运动规律的动态之美。材料上运用宣纸、餐巾纸、纸浆、PVC发泡板等多种材料，并对PVC发泡板进行激光切割，解决了手工很难达到的流线形态，使得整件服装保留了银河SOHO的流线型特征，从而设计出具有流线型美感的服装。制作过程中，应考虑人体内部的曲线特征，并结合立体裁剪的制板技术，最终使成品服装得以实现（图2-102～图2-104）。

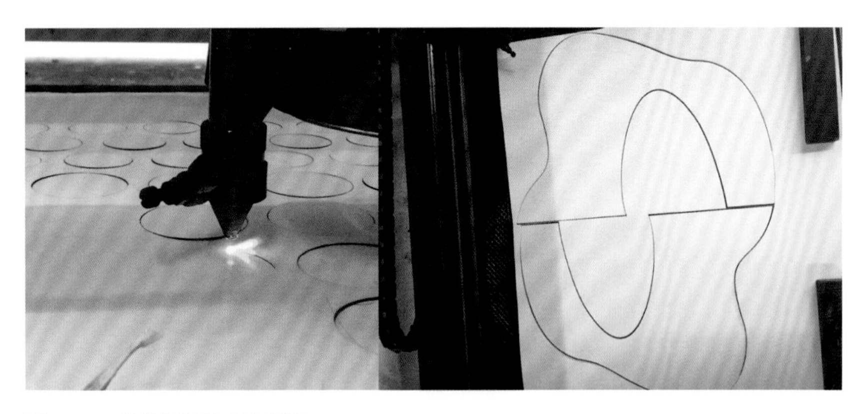

图2-102　激光切割技术的应用

图2-103　银河SOHO建筑纸衣服的设计效果图

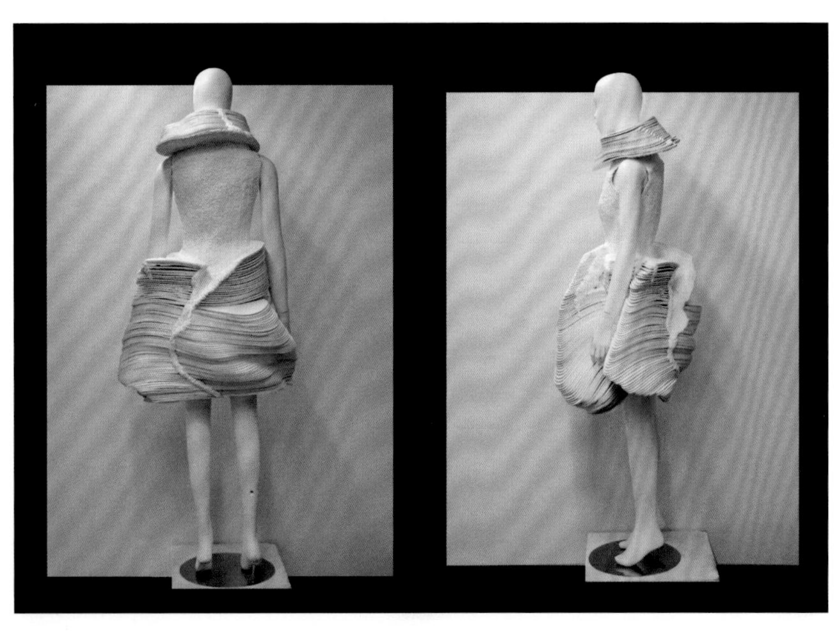

图2-104　银河SOHO建筑纸衣服的成品效果展示（作品来源：史文）

第三章

专 题 实 验

第一节

研究背景

数字化纸衣服的专题实验有四项内容，包括形态、肌理、材料、技术为探究方向的专项训练，显然每个专项训练都是要解决针对性的问题，由于课程时间有限，可以把四个专项同时开展，让一个班级的同学来选择方向，这样就可以使四个专项的内容都能够被涉及。因此，教师在教学过程中可以有计划性地组织课程内容。那么，一件好的艺术作品在形态、肌理、材料、技术方面一定会有独到的见解。所以，把此作为专项训练，可以培养学生在创新思维上有更多拓展的可能。我们知道，形态是存在于空间的物象，是可以看见的，肌理又是附着在形态的表面，不光可以看见而且可以触摸，材料与技术是对形态和肌理再现的手段，是创意理念成为作品的载体。因此，这四项貌似独立，其实又是有机的整体，只是在专项训练时的侧重点稍有差异。

第二节

形态

一、教学进度

形态专题的教学进度可参考表3-1，教案参见附录五。

表3-1 形态专题教学进度表

时间安排	第一周	第二周	第三周	第四周	第五、六周
课时	10课时	10课时	10课时	10课时	20课时
内容	认识课程 掌握基本理论 了解任务 收集、制作主题资料并分析、讨论	提炼关键词 明确研究方向 深入收集资料并分析、解读、讨论	关键词表达 尝试用不同材料、手法以及方法来深入表达关键词 对前期过程进行讨论	研究的深入阶段，重点是对关键词表达的分析与讨论	继续完善对关键词的研究及表达 汇总前期研究成果并做汇报交流

二、形态

（一）形态的概念

所谓形态，《现代汉语词典》中解释为：①事物的形状或表现；②生物体外部的形状。形态是指事物在一定条件下的外在表现及其内在结构。在《中国小学教学百科全书·美术卷》中，关于形态是这样表述的：在工艺美术专业里，形态是指平面的或立体的造型所呈现的形状、状态、态势和神态。形态是造型要素的基础，大致可以分为以下几种类型：纯粹形态（即抽象形态），属于概念形态范畴；还有自然形态和人为形态，属于现实形态。概念形态为几何形态，也就是几何学中的点、线、面、体，是属于纯粹形态的基本形式。设计中的“形态”由“形”和“态”两个方面组成。“形”，形象、形状、符号、元素，是空间存在的尺度，有大小、结构、位置、虚实等；“态”，神态、状态、态势，意为发生着什么、指向着什么、意味着什么，有神情、含义、生命的意思。形态作为传递设计信息的第一基本要素，它通过视觉的组织、秩序、结构来体现，使设计不仅具有美观的样式，还具有可感觉的神态，进而向外传达出设计师的思想和理念。处理好形与态的关系，形体现着一定的态势，态取决于形的样式，设计应用中形和态必须是对应的……形与态保持了高度的契合性，才能准确传达设计意图。师法自然，武术要师法自然，中医要师法自然，绘画要师法自然，形态设计更要师法自然。大自然的鬼斧神工创造了许多无法想象的形态，掌纹、树叶、浪花、沙漠、云朵、残月、晚霞，这一切都值得我们去观察、去描摹，进行再设计，创造出更具价值的事物。从形态要素出发，研究点、线、面、体等形态的造型规律和形态创作方法，使设计师对形态的理性结构和综合感性有整体认知，并对形态审美原则及创作法则有系统的认识，提高对形态的敏感度，提高形态分析与设计能力，把握各种形态要素在不同环境中的表现内涵，并能融会贯通地进行作品的创意实践。[1]

（二）形态的类型

1. 自然形态

“外师造化，中得心源”，自然界为设计师提供了无限的素材，成为创造力“取之不尽，用之不竭”的源泉。人类与生存环境一向是互为渗透、互相适应的，我们生活中的许多物品都蕴含着人类对自然形态的感受与再创造。世界上的万千事物及其变化，无论是动态、静态还是气态、固态、液态都是“能”的不同存在形式。例如液态的水，由于它的能量也是太阳辐射能给予的，所以其在不同状态中呈现的形态与能的形式是相似的。如微风吹动水面时的波状形态、交织的网状形态；流动水面的大波形、漩涡形；石块丢进水中呈现的同心圆形、放射波形；水泡与泡沫呈现球形，水滴呈现椭圆形、泪珠形、桃形；其他液体如墨汁滴入水中呈现烟雾螺旋形等。因此，事物在“能”的作用下，可以呈现不同的形态特征，我们分别从点、线、面、体几个方面来重新认识和总结自然中的形态。[2]

自然界每天都有不同的样式，一年四季、黑夜白昼、风雨雷电等，这些变化莫测、趣味横生的自然现象都可能是设计师的创作灵感，人类从有意识的初级造物到今天成熟的艺术创作，其中很多创作灵感都源自大自然的恩赐，自然形态的构成形式、表皮肌理等，无时无刻不影响着艺术设计的发生。自然形态是从大自然中提取出来的艺术设计元素，从远古时期的壁画上可以看出原始先民将自然界中的动物、植物、日月山川符

---

[1] 汪军．设计中的形与态［J］．美术大观，2014（5）：124.

[2] 梁富新，等．立体构成［M］．北京：中国青年出版社，2015.

号化，用以记录生活，在现代的艺术设计中也不难发现以自然形态为设计元素的作品，可见自然形态语言在艺术设计中扮演着重要角色。

人们对自然形态的认识是基于人对形态认识的属性，人们在认识自然形态时，也发现了自然形态中孕育着很多规则的几何形态。在显微镜和望远镜发明以前，地上和河里的冰块中，有肉眼可以看到的几何形结晶体。显微镜和望远镜发明以后，在宏观世界和微观世界里可以看到更多的几何形体，这些几何形体是客观存在的，不是人们臆想出来的。从自然形态中的几何形式来看，自然形态中所显示出的几何形式具有很明显的组合特性。根据组合几何来看，很多自然形态均是利用自身类型的简单结构而组合的。在生物世界里，人们发现了各种标准化的构成成分，如微观的生物细胞的组合体，植物中石榴、玉米形态的组合体，昆虫中蜜蜂蜂巢的组合体，动物中皮毛斑纹的组合体等。有些自然的组合体还显示出了构造的层次，有些小的形态成分可以被组合成较大的单元，而这些较大的单元又可以很容易地被组合成更大的整体。立足于自然环境取材，能够使最终的作品更具情趣化和个性化，同时也让观者体验自然元素带来的亲切设计理念。

近年来，随着对环境问题的日益重视，人们回归自然的愿望也在日渐高涨，很多服装设计师对自然景物的形态及肌理进行模仿，通过对自然中景物的提炼得到新的启发，运用扭曲、夸张、变形等解构思维对自然生物形态进行重塑，表现于服装的廓型或细节上，产生新的视觉效果。这些运用仿生设计的服装作品，以“形”传“意”的表现形式体现了一种与大自然共处的和谐之美，表达了对大自然的崇尚和对美好生活的向往。

2. 几何形态

几何形态是构成天地万物的最基本形状，如圆形、方形、三角形等。因此，几何形态作为造物的基本元素显得尤其重要，是组成各种形态的基础。在自然界中的一切物体，凡是肉眼能看见的，都有可能转化成为几何形。而且不同的几何形态在设计作品中可以表现为不同的视觉感受和情感语言。现代设计随着现代技术语言的不断更新与丰富，始终摆脱不了几何形态的象征、解构、符号、概括等基本手法，在信息时代的设计中显得十分重要。一些视觉性刊物，如杂志的封面上都纷纷运用了几何图形。平面设计中，几何形态化给人带来了视觉的多元需求，中西方对几何形态的美学研究中表明，几何形态所具有的美学价值具有普遍性与广义性。在标志的设计中，需要我们用简洁明了的几何图形来表达整个标志群体的理念。[1]

几何形态造型设计是对数学中的几何形体，如立方体、圆球体、圆锥体等元素进行组合，使之打破原有的单一形态，寻求新的造型和空间的组合规律。通过焊接、切割、变形等手法，使这些形体元素在空间中进行组合。在建筑设计中，利用几何形体的组合叠加，设计出的代表作有美国建筑师奈特的流水别墅。其利用简单的长方体的积聚错位排列，使建筑物显得格外简单大方，最主要的是跟周围环境合二为一，成为建筑史上的经典之作。[2]勒·柯布西耶（Le Corbusier）在《走向新建筑》一书中提出“几何学是人类的语言”。自20世纪20年代以来的极少主义，对传统的建筑、家具、产品设计、绘画、雕塑等艺术形态进行了一系列颠覆性运动，艺术形式也被抽离成最基本的几何样本点，或称为“元素”。艺术设计者正是利用和借鉴了这些几何样式或者几何元素，在产品和工业设计中对艺术造型重新组合排列，设计成简单的结构，更突出了功能的应用性，美学设计更为统一，将产品的造型简约化到极致。产品的形态设计是产品设计中的最基本表现，不仅最能体现设计者的设计意念，而且反映出的产品信息最能为消费者所直接感知。在设计领域，很多设计师一直以几何元素作为其构思和表现的形式。无论是产品形态的分割还是积聚，都是从几何形态出发，或局部或整体，进行艺术的再创造，使之成为较为复杂的立体形态。

---

[1] 李园园．现代平面设计艺术［M］．长春：吉林美术出版社，2018.

[2] 陈亚斌，等．立体构成［M］．成都：西南交通大学出版社，2013.

3. 具象形态

具象形态是依照客观物象的本来面貌构造的写实，是接近自然或人的生活经验的形态。它的特点是建立在人类共识的基础上的，与实际形态相近，是能被直接识别辨认出来的。它通过直观的形象，反映出物象的真实细节和典型性的本质真实。例如一幅写实的人像油画，它反映的是模特的具体相貌及体态特征；或者是实际物体的具象写生，也是对实际形态、光影、肌理和质感的直接表现。❶

具象形态还包括理想化的形式，其轮廓和比例经过艺术家的加工，具有完美的品质，如米开朗基罗的《大卫》代表着男性古典美的典范。那些具有高度风格化因素的作品由于从现实出发，也被视为具象作品。❷

4. 抽象形态

抽象形态是对具象形态的升华和概括，并非自然形的再现，而是在对宇宙的认识过程中，由感性到理性发展的视觉创造。抽象，作为形态构成的一种观念，它追求“物质的抽象、自然规律的抽象，抽象的点、线、面、色同样能激发人们的情感，如抽象形态中的明与暗、强与弱、轻与重、刚与柔、动与静、聚与散等同样给人带来不同的感受，有崇高、雄伟、优美，也有滑稽、忧郁、悲哀等”。例如，瑞士设计师尼古拉斯·特罗斯勒的海报设计，即以近乎抽象的线条传达爵士音乐的乐感和激情。通过对符号个性的归纳探寻其构成特征，简化提炼、去伪存真便能产生新的面貌。在抽象素材的基础上，我们可以根据需要对其进行有目的的再构，或者融入其他要素进行同构，这样经过再构和同构就会产生新的形象，赋予新的概念。❸

抽象形态是人类认知过程中的一个高级阶段，正确掌握它便能够准确地抓住形态的本质特征，把握形态的造型规律。抽象形态是从自然形态过渡到人化形态的中间阶段，人类从自然形态中发现并总结提取出抽象的概念，最终转化成人化形态。抽象使人类脱离了自然，通过抽象的发端，设计才衍生出来，可以说设计的过程就是一个抽象转化的过程，这种能力是自然界任何一种其他生物所不具备的。❹

康德曾说“没有抽象的视觉谓之盲，没有视觉的抽象谓之空”。抽象形态是一种有意义的形式，形式赋予艺术作品更多的生命力和吸引力，赋予作品独特的视觉语言，使作品更具表现力。作品脱离了艺术形式的表现，再好的语言都显得苍白无力。抽象形态到底是什么呢？在艺术语言中，形态由上帝或人类创造，包括抽象形态和具象形态。偶然形式、不规则形态、有机形态、几何形态是塑造抽象形态的特殊形式语言，是抽象形态的表现形式。与计算机创作图形不同的是，抽象形态是生活中偶然出现的形态，换言之，是充分利用身边一切可以创造形态的材料、工具，体验行为本身的过程以及偶然之间发生的视觉效果。我们应该积极探索现实生活中的物质材料，善于开发和丰富材料，积极探索、转化和利用，丰富视觉形式，使视觉艺术更具表现力和生命力。中国现代艺术大师齐白石对艺术有深刻的见解：“艺术妙在似与不似之间，太似则媚俗，不似为欺世。”他讲述了非常重要的艺术美学原则，艺术赋予了人们在相似与不同之间的想象空间，这与中国人含蓄、中庸的性格特征相符，讲究意味的传达，这在作品的表现上更加贴切。

三、灵感板制作

（一）灵感板

参见第二章“第四节交叉·融合”的相关内容。

---

❶ 胡璟辉. 三维形态构成基础［M］. 上海：东华大学出版社，2014.
❷ 程静. 三维造型基础：立体构成［M］. 南京：东南大学出版社，2013.
❸ 魏毅. 视觉传达设计原理［M］. 北京：高等教育出版社，2016.
❹ 梁富新. 立体构成［M］. 北京：中国青年出版社，2015.

（二）灵感板排版要求

参见第二章“第四节交叉 · 融合”的相关内容。

（三）灵感板的内容提取与分析

灵感板的内容提取与分析参见第二章“第三节自然 · 仿生”和“第四节交叉 · 融合”的相关内容。

四、作业

（1）选取自然形态、几何形态或者抽象形态，或者直接用成品来完成灵感板。
（2）分析灵感板，从中提取两三个关键词，做“头脑风暴”练习。
（3）运用数字化逻辑及设计方法，通过计算实验得出合理的数据，并用计算机作图。
（4）充分发挥想象力进行关键词表达，要求不少于20个面料小样。
（5）绘制不少于30张设计草图，根据设计图完成纸衣服的创作。

五、形态专题教学案例

案例一：螺 · 语 01

1. 创意构思

人类对海洋的探索从未停止，广阔且神秘的海洋孕育着非常多的生物。本主题以海螺的造型作为创作灵感，海螺的造型种类非常多，选择绮蛳螺的原因是它有独特的花纹。绮蛳螺的贝壳呈圆锥形或塔形，缝合线通常较深，螺层膨圆。贝壳的表面有或强或弱的片状纵肋，呈阶梯状排列。绮蛳螺的贝壳整体看来，像是天然隐藏着某种螺旋状的参数结构，这样的特征比较符合此次实验性设计的参数化主题。另外它表面的白色立体花纹本身也很美，给人感觉很雅致，如同蛋糕表层的奶油一样，一层层的覆盖非常有趣味。

解决问题

① 如何从身边的事物中获取灵感图片；
② 对绮蛳螺贝壳的形态进行观察与分析，对绮蛳螺贝壳的盘旋结构进行有效的数据分析。

涉及的相关技术问题

① 如何分析绮蛳螺贝壳形态中的盘旋结构并获取有效数据；
② 用AI软件绘制绮蛳螺贝壳的旋转形态；
③ 运用激光切割机雕刻绮蛳螺的形态。

2. 创作过程

（1）获取灵感。观察绮蛳螺并获取灵感图片（图3-1）。

（2）灵感板的制作。首先搜集各式各样的海螺贝壳图片，特别是具有旋转结构的海螺贝壳，组成灵感板图片（图3-2）。观察海螺贝壳的结构与造型特征，特别是其中的花纹、肌理等，为后续形态研究做好资料梳理。

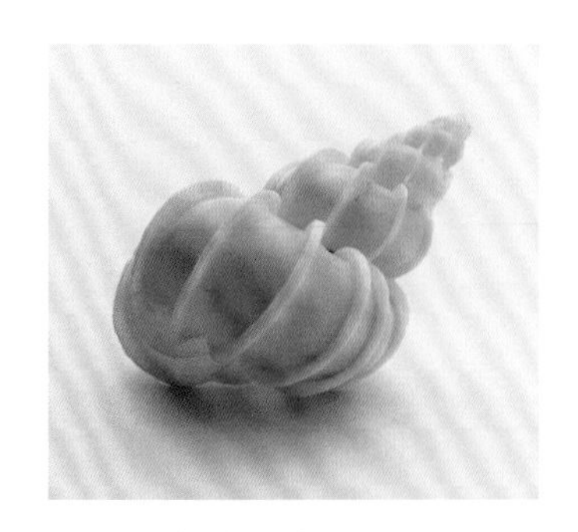

图3-1　绮蛳螺元素的图片

（3）关键词提取。绮蛳螺的贝壳形态结构比较明显，有独特的盘旋结构，对不同的绮蛳螺特征进行分析，选取比较理想的结构，对其特征进行概括，精准地提炼出关键词。绮蛳螺贝壳的外形是盘旋的结构，由大到小、由疏到密，分析其中的规律和数据，从不同的视角考虑解构绮蛳螺的贝壳，保留其形态特征（图3-3）。提取的关键词为：盘旋、折叠、疏密。

图3-2　多种海螺元素的灵感板

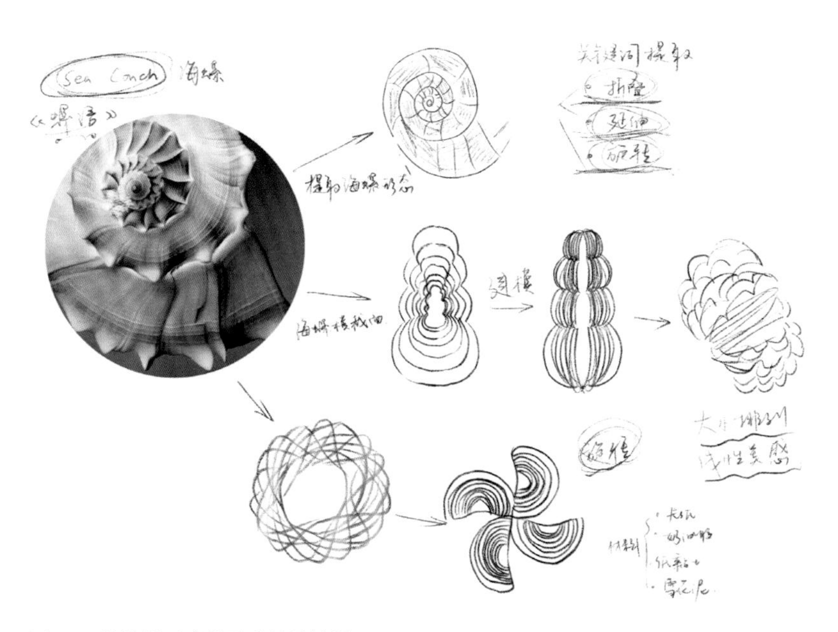

图3-3　绮蛳螺元素的灵感板关键词

（4）关键词表达。

① 根据海螺的造型结构，选取海螺贝壳形状的相关图片，把海螺纹路的横截面作为基本元素，选取中轴线的长度为x，并以x为基本单位，运用数列70%x，80%x，90%x，…，或者运用x-1，x-2，x-3，…，进行递增排列，形成叠加的丰富形态（图3-4）。

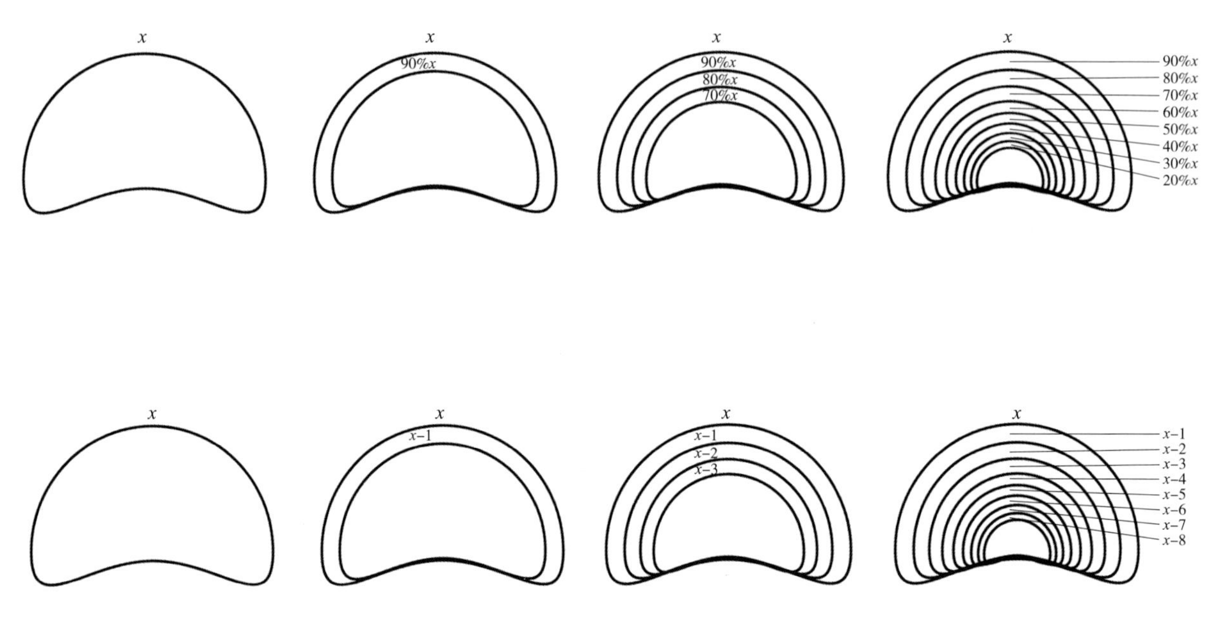

图3-4　绮蛳螺元素的关键词表达1

② 用海螺的横截面造型作为图案研究的基础，发现其中有多种形态可以拓展延伸，通过不同的视角观察，以旋转渐变的方式对海螺的横截面进行图案设计，使其视觉上有丰富的层次感（图3-5、图3-6）。

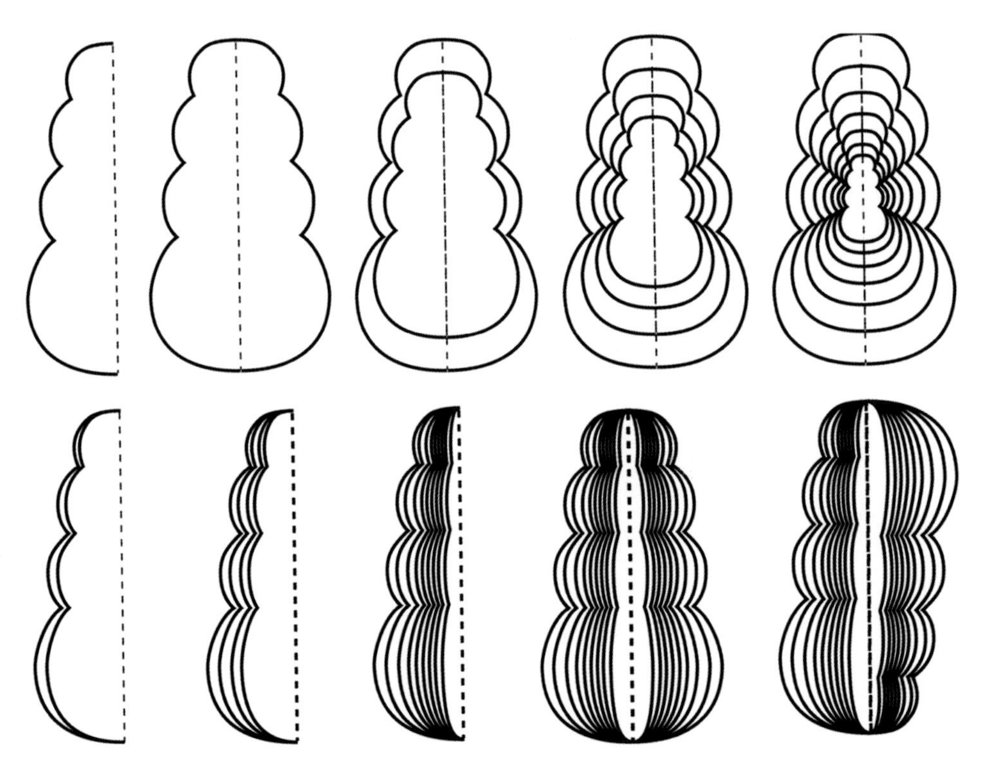

图3-5　绮蛳螺元素的关键词表达2

图3-6　绮蛳螺元素的关键词表达3

（5）形态研究。绮蛳螺贝壳的盘旋结构是形态研究的重点，对其结构和肌理进行提炼、重构可得到新的图案，产生新的视觉效果。对形态的模仿，可以选择相应的服饰材料，结合扭曲、变形等手法来重塑形态，表现出服装的廓型和细节，使得整体形态具有较强的视觉冲击力，从而达到重塑"回归自然"之美。在初期研究阶段，还尝试过打印纸、硫酸纸、奶油胶、纸黏土、雪花泥、纸浆泥、卡纸、PVC纸等很多材料。另外对图案的研究也尝试过多种方式，如镂空、挤压等手法进行海螺的图案创作。不仅如此，还可以直接用海螺的横截面进行图形的获取（图3-7）。

图3-7　绮蛳螺元素的形态研究

（6）纸衣服的创作及作品展示。确定了造型要素，并用其制作一个单位的小样，然后对其进行建模，再通过大小排列形成一个立体海螺造型，结合人体结构，考虑形态在人体不同部位的运用，并考虑形态的大小、疏密的对比关系，运用一定数列进行形态的渐变排列。同时考虑体量感和线性之美。堆叠的整体造型，不能有臃肿质感，体现了海螺元素在塑形过程中的数与形的关系。体现出纸衣服形态上的自然之美，表现出人与自然之间的和谐之美（图3-8、图3-9）。

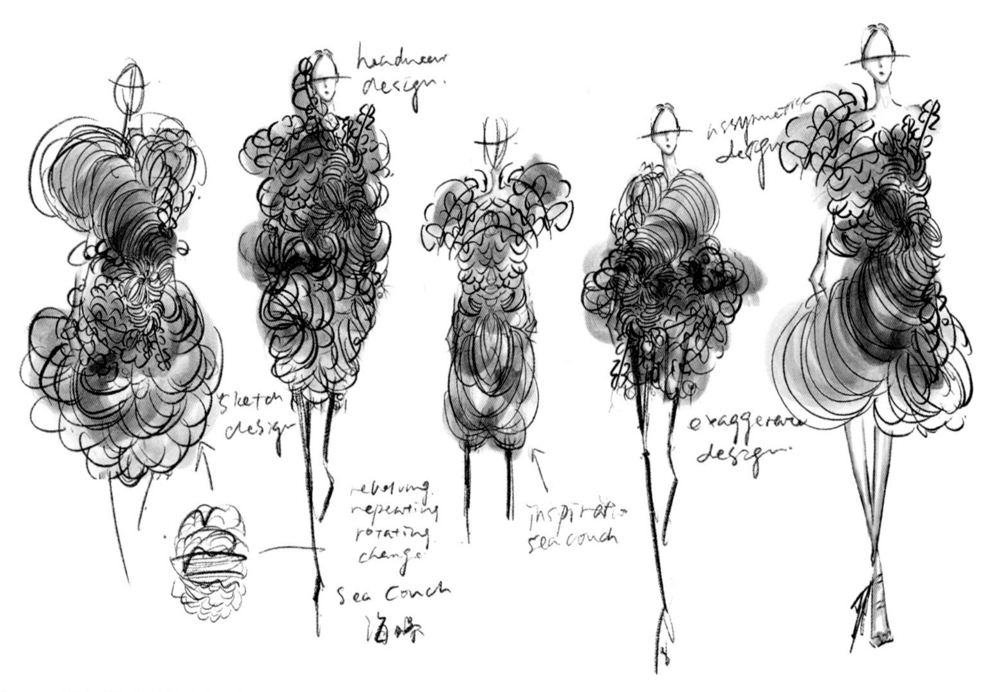

图3-8　绮蛳螺元素纸衣服的设计效果图

图3-9　绮蛳螺元素纸衣服的成品效果展示（作品来源：陈铷倩）

02

案例二：网

1. 创意构思

灵感源于日常对身边事物的观察，本主题研究的是蜘蛛网的形态。通过观察发现蜘蛛网的形态十分有规律，且线状多样，有器皿状的、有帐篷状的、有漏斗状的、有车轮状的。蜘蛛织网是一种本能，且织网的本领非常高超，乍一看似乎杂乱无章，其实它是有一定的规律性的，且很“参数化”。绘制出蜘蛛网的结构，但线性的结构并非理想的形态，设计师希望通过增加块面来造型，因此，可以在研究网状结构的同时，思考线与线之间的面积问题。

解决问题

① 如何拍摄理想的蜘蛛网的结构并获取漂亮、清晰的图片；
② 对蜘蛛网的形态进行观察与分析，对蜘蛛网形态的大小渐变进行有效的数据分析。

涉及的相关技术问题

① 如何从蜘蛛网的结构中分析有效的数列或参数；
② 如何应用AI软件制作蜘蛛网的矢量图，并运用激光切割机实现其图形。

2. 创作过程

（1）获取灵感。蜘蛛网的确随处可见，但要拍到清晰一点的图片还不是太容易，一般室内的蜘蛛比较小，它们织出来的网也比较细，户外应该有大一点的蜘蛛。但课程的时间安排比较紧凑，没有机会去慢慢找，所以只能在网络上找来部分蜘蛛网的图片，只要清晰即可（图3-10）。

图3-10　蜘蛛网元素及类似形态的图片

（2）灵感板的制作。以蜘蛛网的图片为灵感，组织灵感板内容时，考虑到蜘蛛网一般也不是孤立存在的，经常会和墙壁、树木、草丛等联系在一起，这样组织画面内容，可以把蜘蛛网与大自然中的物体联系起来，在丰富画面结构、肌理等内容的同时，也充实了灵感板的设计。蜘蛛网的网形态是主题研究的基础形态，然后通过数据上的变化，改变蜘蛛网形态的大小，为各种排列做好形态基础（图3-11）。

图3-11　蜘蛛网元素的灵感板

（3）关键词提取。分析灵感板的图片信息，根据蜘蛛网的形状、结构，获取关键词（图3-12）。提取的关键词为：发散、交叉、网。

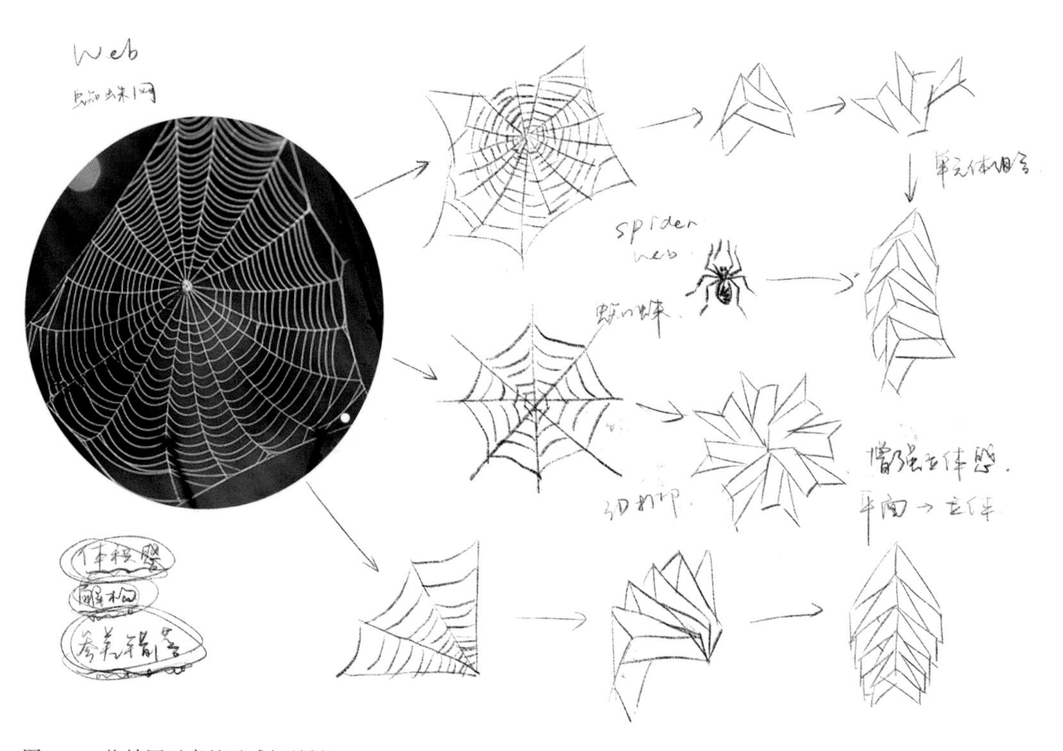

图3-12　蜘蛛网元素的灵感板关键词

（4）关键词表达。关键词表达的重点是要把握特征，用线模仿蜘蛛织网肯定是缺少创新的，因此考虑换一个视角，研究网之间的空白图形，这样就演变为用块面来做上面的图形，即符合了构思阶段准备做块面的想法（图3-13、图3-14）。

① 选择蜘蛛网之间的任一个空隙，并用纸张模仿成形，为了增加空间感，对其进行折叠，折叠后就形成了三维空间的模块，这样模块的边缘线就形成空间中的线条，用这样的模块进行形态的构成，自然就能做出比较立体的造型。以这个模块为基本元素，结合网状结构进行形态研究。假定这个基本模块的中轴线长度为x，以x为单位，运用数列的方式$x+1$，x，$x-1$，…，进行排列，结合关键词发散、交叉的特征，使其形态更加丰富。

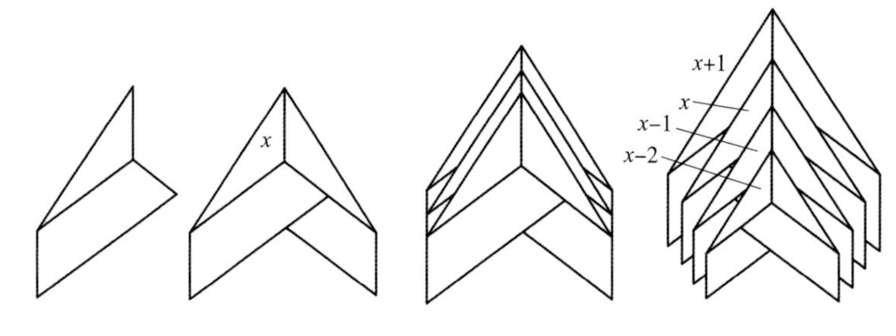

图3-13　蜘蛛网元素的关键词表达1

② 前一步骤可以得到一个层次丰富的叠加形态，但形态具有中轴对称的特征，比较稳重，缺少蜘蛛网的灵动，因此需要继续拓展形态设计。这个阶段的重点就是改变对称的问题，考虑对中轴线进行适当的扭曲、旋转，从而产生相对动感的形态。

图3-14　蜘蛛网元素的关键词表达2

（5）形态研究。尝试像蜘蛛网那样的织网，用铁丝、胶管等一系列材料进行造型尝试，结果不尽如人意。之后将蜘蛛网的核心结构提取出来，重新进行组织。由于蜘蛛网给人一种拉丝感，且有一定的光泽，所以选用了3D打印笔直接绘制，最终采用了这种方案（图3-15）。

图3-15　蜘蛛网元素的形态研究

（6）纸衣服的创作与作品展示。以立体的网状造型作为纸衣服的基础模块，结合人体的结构，考虑造型的相互连接方式，尝试纸衣服的廓型以及相关形态的设计。在进行纸衣服的廓型设计时，需要参考最新的流行趋势，这样做出来的纸衣服更加符合当下人们的审美需求。然后需要绘制设计草图，把设计构思尽可能多地用草图的形式表达出来。一般情况下，需要绘制一个系列的设计草图，感受不同廓型结合形态的效果，从中选择一件制作实物（图3-16、图3-17）。

图3-16 蜘蛛网元素纸衣服的设计效果图

图3-17 蜘蛛网元素纸衣服的成品效果展示（作品来源：仇佳）

案例三：Square

03

1. 创意构思

创作灵感源于绣球花，绣球花的形态圆润、饱满，非常漂亮，但是绣球花这种外形特征过于常见，容易产生“世俗”感。通过观察，发现绣球花表皮上面的冰晶体，进而对冰晶体的横截面进行观察，感觉很有新鲜感。然后开始寻找类似的灵感图片，在各种查阅、搜索后，视线集中到了铋晶体的形态上，这种元素是熔化的高纯度金属铋在缓慢冷却时结晶所得到的形态，一般有着复杂且规则的形态结构。

解决问题

① 如何从观察微观的物体结构中获取灵感图片；
② 对铋晶体的形态进行观察，分析结构特征，并进行有效的图形绘制和数据获取。

涉及的相关技术问题

① 较小物体、微观形态的图片拍摄；
② 铋晶体的形态表现用AI软件绘制矢量图。

2. 创作过程

（1）获取灵感。铋元素符号为“Bi”，在元素周期表中的原子序数为83，属VA族金属元素。铋晶体一般有复杂而规则的形状，是熔化的高纯度金属铋在缓慢冷却时结晶所得到的（图3-18）。

图3-18 铋晶体元素的图片

（2）灵感板的制作。以铋晶体的形态结构作为创作基础，确定图形的样式，按照不同的规则进行排列堆叠，塑造出立体的造型。形态是构成肌理美的一个重要因素，因此，材料的肌理美感可以体现在形态即表皮的纹理上。铋晶体具有稳定的结构——正方形的盘旋结构，视觉上具有参数化的美感，紧致的线条具有天然的肌理，丰富的形态和肌理正是一个好课题的开始。灵感板的构成主要依靠铋晶体的形态，当然它的形态是固定的，为了增加画面感和艺术效果，只能在拍摄阶段选择不同的观察角度，这样就可以全方位地观察铋晶体的形态特征，同时也能够组织好相对丰富的灵感板画面（图3-19）。

图3-19　铋晶体元素的灵感板

（3）关键词提取。观察灵感板图片，对图片中的铋晶体形态进行仔细分析。这里有非常多的信息需要筛选，可以抓主要的特征，如正方形盘旋结构、排列整齐的线条、渐变的台阶等，都是铋晶体自身具有的特征，但不能看到什么都拿来用，有的信息属于无效信息，只有相对准确地分析出主要特征，才能有效地提取关键词（图3-20）。

提取的关键词为：排列、镂空、立体。

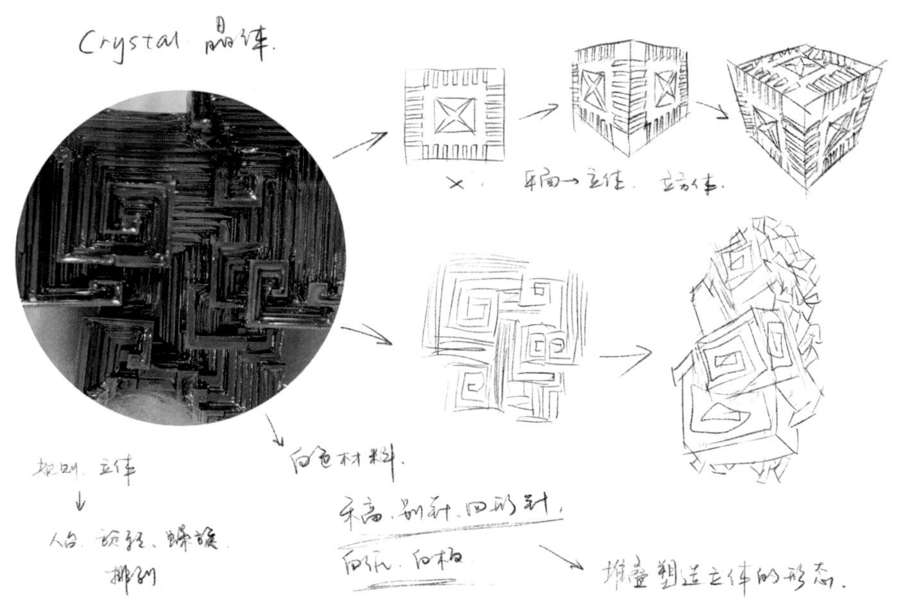

图3-20　铋晶体元素的灵感板关键词

（4）关键词表达。

① 关键词的表达选择铋晶体的一个立面，以镂空的手法表现形态的基本特征。选择单个晶体形态作为基本元素，以它的中轴线长度为x，以x为单位，运用数列的方式x，65%x，45%x，…，进行递减排列，形成多个立体方形组合（图3-21）。

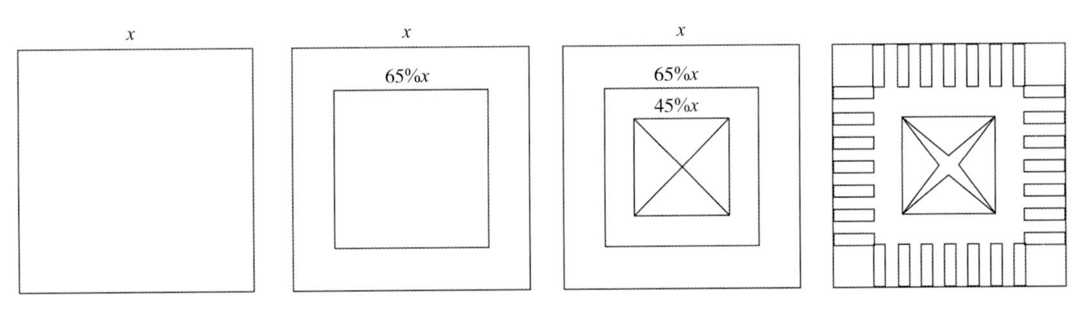

图3-21　铋晶体元素的关键词表达1

② 利用镂空手法表现出来的铋晶体形态具有空间感，有虚实、阴阳的对比效果，显得非常精致。然后对其进行组合，组合是根据它的堆叠的形态展开的，以大小不同的正方体进行组合排列，并按照一定的规则逐步调整形态关系，从视觉上给人一种既有规律，又有律动的感觉（图3-22）。

（5）形态研究。灵感图片中的铋晶体，最明显的特征就是它的表面有一种镂空的形态，让人自然联想到乐高玩具，可以任意组装尝试一种螺旋结构的造型。另外，还可以尝试用一些白色材料，如回形针、白纸、白板等，展开相关形态的联想，进行一系列的形态实验。然后利用已经选择好的材料，做出造型小样，确定该元素的表面图案，并将图案排列在同一大小的A3打印纸上，按照自然数列1，2，3，…，n或尝试某种数列进行排列，然后感受其形态的变化关系。这样的图案是比较有规律的，需要采用激光切割机辅助加工，在材料的选择上，经过切割后的效果比对，最后选用铜版纸，将图案打印在铜版纸上，然后剪切下来，用胶水将需要粘的地方粘住，形成一个正方体，再把剪好的地方向里面推，就做出如图3-23所示的形态。

（6）纸衣服的创作及作品展示。确定了基础的造型形态后，设计师还需要结合人体结构以及灵感板中的关键特征进行综合分析，考虑立方体的特点，进行服装廓型与结构的研究。经过上述阶段的实验，绘制出设计草图，然后再结合上述过程中造型表达的形态，完成成衣的设计制作（图3-24、图3-25）。

图3-22　铋晶体元素的关键词表达2

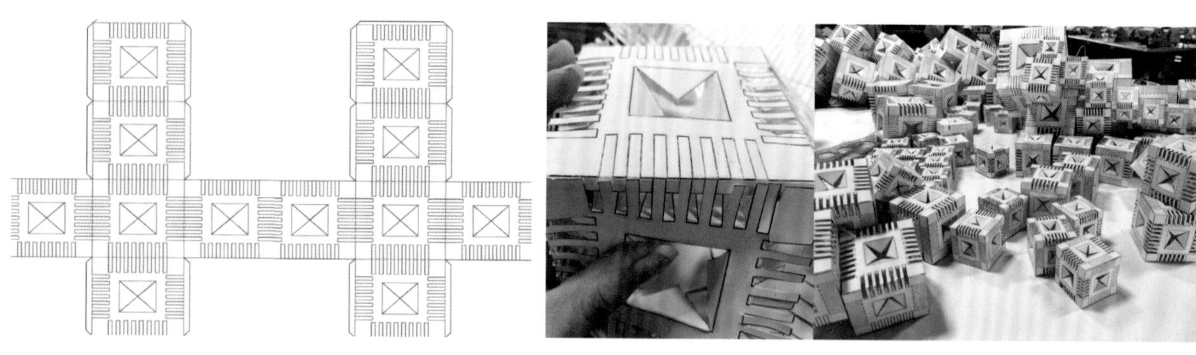

图3-23　铋晶体元素的形态研究

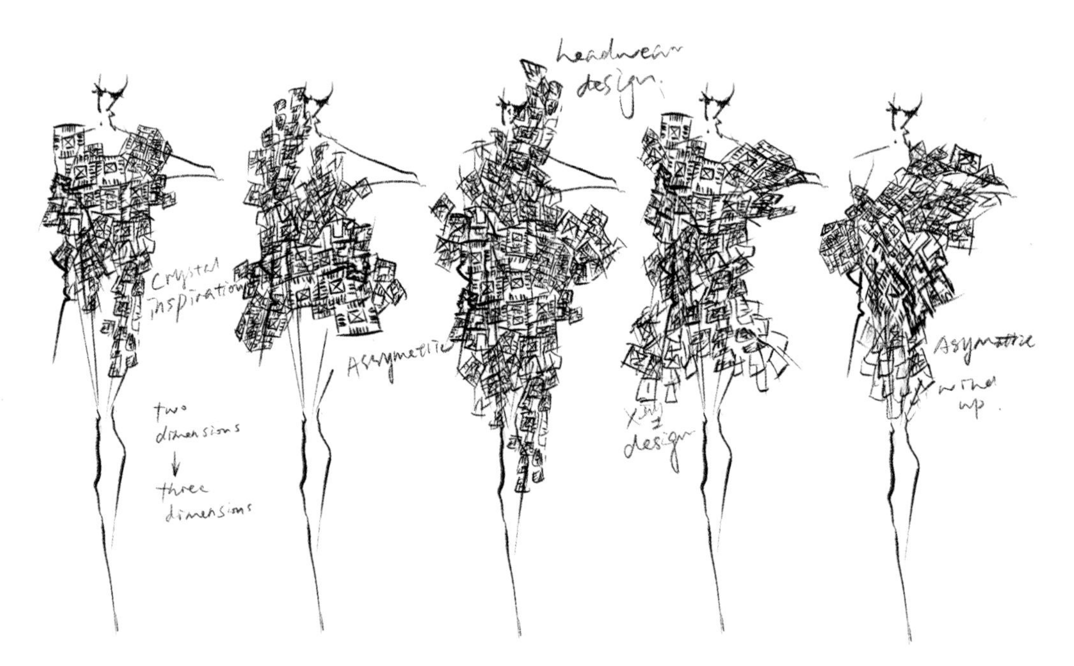

图3-24　铋晶体元素纸衣服的设计效果图

图3-25　铋晶体元素纸衣服的成品效果展示（作品来源：吴路路）

表 2-1 自然·仿生专题教学进度表

时间安排	第一周	第二周	第三、四周	第五、六周	第七、八周
课时	12课时	12课时	16课时	16课时	16课时
内容	认识课程 掌握基本理论 了解任务 收集、制作主题资料并分析、讨论	提炼关键词 明确研究方向 深入收集资料并分析、解读、讨论	关键词表达 尝试用不同材料、手法以及方法来深入表达关键词 对前期过程进行讨论	研究的深入阶段，重点是对关键词表达的分析与讨论	继续完善对关键词的研究及表达 汇总前期研究成果并做汇报交流

二、自然形态与仿生、变形

（一）自然与自然形态

1. 自然

“自然”一词在中国古代美学——诗学概念中有两种含义：一是指一种最高的艺术境界。这源于老子的思想。老子认为，“道”是宇宙万物的本体和生命，而“道”是自然而然的，“道法自然”。所以老子以自然为贵。刘勰论文，也讲“自然之道”。锺嵘论诗，推崇“自然英旨”。到了唐、宋，“自然”成为文学家、艺术家推崇和追求的一种最高的艺术境界。例如，李白在诗中赞美“清水出芙蓉，天然去雕饰”（引自《经乱离后天恩流夜郎忆旧游书怀赠江夏韦太守良宰》）。又如，张彦远在《历代名画记》中把画分为五等：自然、神、妙、精、谨细，而把“自然”列为最高一等。他说：“夫失于自然而后神，失于神而后妙，失于妙而后精，精之为病也，而成谨细。自然者为上品之上，神者为上品之中，妙者为上品之下，精者为中品之上，谨而细者为中品之中。”宋代姜夔在《白石道人诗说》中也把“自然高妙”作为诗的最高艺术境界。二是指一种艺术风格。司空图《二十四诗品》中有“自然”一品，并且作了如下说明：“俯拾即是，不取诸邻。俱道适往，著手成春。如逢花开，如瞻岁新。真予不夺，强得易贫。幽人空山，过雨采苹。薄言情悟，悠悠天钧。”这里显然也有老子思想的影响。“自然”的上述两种含义是相通的。

“自然”是人们既熟悉又陌生的词，自然是设计永恒的表现主题之一，也是我们取之不尽、用之不竭的灵感来源。人类生活的自然环境里，天空、海洋、树木、花草，后又多了很多人工环境。当然，人工环境也是存在于大自然中。因此，我们并不需要去硬性界定这个词语，但需要大概了解，“自然”原指由自然环境与自然现象变化所共同构成的规律系统。如草原、山水、树木、森林以及风、雨、雷、电、阳光等自然现象，这些都是孕育人类生存和发展的基础。

2. 自然形态

自然界每天都有不同的样式，春、夏、秋、冬、阴晴圆缺、风雨雷电等，这些变化莫测、趣味横生的自然现象都可能是设计师的创作灵感。人类从有意识的初级造物到今天成熟的艺术创作，其中很多创作灵感都源自大自然的恩赐，无论是形态的构成形式还是表皮肌理等，无处不见自然的痕迹。所以说，大自然无时无刻不影响着艺术设计的创作。自然形态是从大自然中提取出来的元素或符号，从远古时期的壁画可以看出原始先民将自然界中的动物、植物、日月山川符号化，用来记录生活，在现代的艺术设计中也不难发现有很多作品是以自然形态为创作灵感或创作元素的，可见自然形态的形式语言在艺术设计中扮演的重要角色。

人们在观察自然时发现了自然中孕育着很多有规则的几何形态。在显微镜和望远镜发明以前，地上和河里的冰块中，就有肉眼可以看到的几何形结晶体。显微镜和望远镜发明以后，在宏观世界和微观世界里可以看到更多的几何形体，这些几何形体是客观存在的，不是人们臆想出来的。从自然形态中的几何形式来看，自然形态中所显示出的几何形态具有很明显的组合特性。直觉告诉我们，很多自然形态均是利用自身类型的简单结构而组合的。在生物世界里，人们发现了各种标准化的构成成分，如微观的生物细胞的组合体，植物中石榴、玉米形态的组合体，昆虫中蜜蜂蜂巢的组合体，动物中皮毛斑纹的组合体等。有些自然的组合体还显示出了构造的层次，有些小的形态成分可以被组合成较大的形态，而这些较大的形态又可以很容易地被组合成更大的整体。

3. 观察

观察是了解自然的方式与途径，是获取创作灵感的重要环节，只有细心观察才能发现美、发现美的规则，有了美的规则，人类才有可能进行设计创作。人们通过对自然的观察，认识到自然界的变化和运动是通过相对立的要素相互作用而产生的。我们看到扔进了石头的池塘水面泛起不断向四周扩展的涟漪时并不会感到惊奇，因为大家知道，池塘里的水是一样均匀的，所以，投石泛起的涟漪也会一样均匀地向四周扩展。自然界中的花朵、贝壳和羽毛的形态也会因秩序令人陶醉，这些优美规律形态的产生，都是与自然物质的物理特性、自然物质的生存环境以及自然物质的形态属性分不开的。因此，观察是获得灵感的重要手段，是获得美和发现美的关键步骤。

4. 获取方法

对灵感的捕捉关键在于快，很多灵感是稍纵即逝的事情，所以如何能够在最短的时间里留住眼前的美景是一种需要训练的技能。对灵感的获取方式肯定不是唯一的，采用什么方式还是要因人而异，随观察对象而定。例如，我们观察花草、树木、山石等，用普通数码相机、手机都可以达到效果，那么如果是观察微观世界，只有通过放大镜、显微镜，才能看到事物或景象，即需要特殊的拍摄设备。另外，还有海底的珊瑚、海藻以及各种漂亮的海底生命，都是要通过特殊的设备和技术才能达到。当然，用词汇记录、语句描述、画笔描绘也是可以的。

（二）灵感板制作

1. 灵感板

灵感板的设计、制作是非常重要的，有故意而为之的美，也有顺其自然的美。灵感板是对自己灵感的定格，是美丽瞬间的永恒呈现，而不是一堆元素的堆砌，要反映出设计师的感觉、创作兴奋点等。好的灵感板能够呈现大量的信息，如意境之美、材质之美、造型感觉、肌理形态、抽象图形等。信息量大的灵感板一定可以有源源不断的素材呈现，使得后续的创作工作比较容易。

2. 灵感板的排版要求

灵感板的排版首先要考虑整体氛围，这个氛围可以是传达一个主题意境，也可以是一张有主色调的画面。因为，灵感板通常包含非常大的信息量，很容易产生混乱感，因此，灵感板的排版要有层次，尺寸一般可以选择90cm×60cm大小的KT板作为临时载体。当然这不是一定的，可以根据每个主题的实际需要寻找适合的尺寸和载体。

（三）灵感板的内容提取与分析

1. 头脑风暴

“头脑风暴”一词由美国现代创造学奠基人亚历克斯·奥斯本（Alex Faickney Osborn）提出。它是一种创造性思维能力的集体训练，一个小组围绕特定的兴趣点进行发散思维联想，在这个过程中会产生很多新颖的想法和观点。笔者所讲的“头脑风暴”是一种类似的主题联想法，即以主题关键词为中心，以某种内在联想为基础的发散性思考方式。头脑风暴是创意设计过程中非常重要的环节，创意本来就是创新的意识，在设计前期就要有好的创新的点子，头脑风暴就是解决没有想法或是想法简单的问题。其实在设计教学不成熟的年代，很多设计师的培养是从绘画的角度培养出来的，所以，他们的设计往往是从画草图和款式图开始的，缺少生成“点子”的过程。头脑风暴思维拓展方法，有利于激发学生对事物的兴趣点，学生可以对事物的直观感受进行联想，运用词组或语句进行描述，使研究范围由点开始扩散，学生会得出很多意想不到的创新思维。

2. 关键词分析与获取

关键词是对灵感板的意境、特征等信息进行分析与总结的结果，关键词可以是由一个或多个组成，同一主题的多个关键词使用要注意主次，关注主要关键词，但也不能疏忽次要关键词。关键词的获取并非易事，有些图片信息量很大，需要经过大量筛选和精确提炼，关键词的提取会直接影响到后续的研究工作，因此不能马虎。也碰到过一些同学急于求成，对关键词的提取并不认真，甚至随便找出几个词来，结果导致作品的效果很差，“词不达意”或是研究工作停滞不前等。

3. 造型表达

造型表达是对上一步骤所提取出来的关键词的演绎，主要解决的是造型与肌理的问题。造型表达的过程并不是做作品，而是寻求造型、肌理特征的过程，并在这个表达过程中，不断尝试新材料、新技法，或是探究不同材料和技法的组合效果。造型表达要求能够用身边熟悉的材料快速表达，这个过程的重点是要看你能够想出多少种表达方式，探寻可能性，探寻其中的形态及意味，能够表现出有意味的形态是非常重要的。一般这个研究过程至少要做出15～30个造型表达的小样，时间一般会持续2～3周。然后，再从中挑选出3～5个有意味的形态或肌理，如果能够做到这一点，就可以为本主题的形态创新开辟通道。

（四）仿生与变形

1. 仿生

仿生是自然物象对人类思维产生关联性的因素并刺激人类创造性的智慧，从而创造出原来没有的东西。仿生设计具有较强的交叉性特征，是生物学和技术学、设计学、美学等学科的综合。仿生学是以自然界中包括人在内的一切生物为研究对象，研究它们的外形、颜色、结构、声音、功能等。例如，苍蝇的振翅是“天然导航仪”，人们模仿它制成了振动陀螺仪。这种仪器目前已经应用在火箭和高速飞机上，实现了自动驾驶。蜻蜓的眼睛是一种复眼，人们模仿它制成了“复眼照相机”，由几百或者上千块小透镜整齐排列组合而成，一次就能照出千百张相同的相片。这种照相机已经用于印刷制版和大量复制电子计算机的微小电路，大幅提高了工作效率。甲壳虫能将糖及蛋白质转化为质轻而坚硬的外壳，蜘蛛吐出的水溶蛋白质能变成不可溶的丝，而且丝的强度竟比防弹背心材料的强度还要坚韧，鲍鱼可将海水中的碳化钙结晶转化成强度高于陶瓷的贝壳。此外，自然界中还有许许多多具有神奇功能的普通生物。例如，锋利的鼠牙竟可以咬透金属罐头盒，犀牛角可以自然愈合……目前，科学家们正在生产各种各样的合成材料来模仿这些生物的某些特性。例如，科学家已经研制出一种定型材料——铝分子充满在碳化硼分子间，几乎已经达到类似鲍鱼壳中有机蛋白质的效果，美国海军对这种材料进行试验分析，并将其作为坦克外壳的新型材料。通过对动物蛋白质的研究，美国阿拉巴马大学生物物理学家丹·尤瑞合成了人工蛋白质，经试验证明它具有极好的抗手术粘连效果，现在已经推广其作为人工心脏的“外衣”。对这种人工弹性硬蛋白稍加修改，尤瑞又获得了另一种新材料，它极有希望成为受损组织的替代物。❶

2. 变形

“变形”在拉丁文中的词义是“歪曲”，指“改变对象的形式，使对象偏离自然形成的或通常的标准。在艺术中指有意识地改变（夸大、缩小或其他的改变）所反映的现实中的对象和现象的性质、形式、色彩，以达到使它们具有最大的表现力、对人产生审美感染力的目的。在各种不同的艺术种类、流派和体裁中，变形的用法也各不相同，这取决于艺术家的艺术方法和创作任务”。❷

变形的过程就是对形态特征进行提炼的过程，我们通过对原来的形态、动态、神态等因素的观察、分析、提炼、归纳，运用概括与抽象的手法来形成新的形态。❸变形是艺术设计的灵魂，是设计师必备的才能之一，也是产品、风格不断创新的关键所在。变形并非天马行空的创造，而是在一定基础和前提条件下的设计延伸，变形要符合形式美的法则。

三、作业

（1）获取自然界中一种物象的图片，也可以有部分实物，其图片的数量一般在30张左右，关键是要能够说明问题，用收集来的图片或实物材料完成一张灵感板。

（2）分析灵感板，从中提取2～3个关键词，做头脑风暴练习以及相关造型表达。

（3）运用数字化的演算方法，通过计算实验得出合理的数据，并生成想要的形态。

（4）充分发挥想象力，利用各种材料和技术手段进行关键词表达，做20个左右的面料小样。

（5）绘制30～50张草图，根据设计图完成纸衣服的创作。

四、自然·仿生专题教学案例

案例一：贪鳞 01

1. 创意构思

一直以来，自然界中很多事物的形态都给设计师提供了较为丰富的设计素材与造物法则，运用仿生设计手法设计的作品往往能以“形”传“意”的表现形式，体现一种形神兼备的和谐之美。设计师希望通过艺术的表现手法使纸衣服表面呈现出自然物体表面的纹理和起伏效果，诠释自然界的无穷魅力和万物之灵性。以蛇为灵感，因为蛇的身体上有非常多的鳞片，大大小小，非常有规律，应该隐藏着某种数的排列。

---

❶ 陈云金. 仿生与军事［J］. 科学世界，1996（1）：48.

❷ 奥夫相尼柯夫，等. 简明美学辞典［M］. 冯申，译. 北京：知识出版社，1981.

❸ 韩巍. 形态［M］. 南京：东南大学出版社，2006.

案例四：衍生

04

1. 创意构思

本系列作品的灵感源于成长过程中的向日葵，因为葵花籽在生长阶段是非常有规律地排列在一个花盘上，由大到小从中心向四周发散排列，长得很“理性”，也很“参数化”。可惜没有比较理想的表达方式。接着，设计师联想到了沙漠，广阔的沙漠与海洋一样具有吸引力，通常沙子被风吹后的纹理，使得沙漠表面有着丝绸般的质感，有一种流动性，但这种流动性的确存在造型表达上的困难，或是表达得过于简单。最后，设计师考虑用一种近似的菌类作为研究对象，这是一种可以药用的菌类，其形状是比较好塑造的，而且形状也很特别。这一路的思考过程，看似“无厘头”，其实很多设计师在创作初期都会存在这样的迷茫期。

解决问题

① 如何从熟悉的事物中获取想要的形态并获取灵感图片；

② 对向日葵的形态进行观察与分析，分析失败原因，寻找新的研究方向，并分析有效的数据。

涉及的相关技术问题

① 如何分析向日葵籽以及菌类中的共同特征；

② 分析菌类特征的形态，用AI软件绘制出图形。

2. 创作过程

（1）获取灵感。自然环境孕育了地球中的各种生命，同时也产生了形式多样的形态结构。自然界有取之不尽、用之不竭的资源，只要善于观察，就能得到不同程度的启示。随着人类社会的进步与科技的发展，有很多发明、创新都源于对自然的模仿。设计师需要不断从自然中吸取营养，从自然中获得较为丰富的原创灵感及造物素材（图3-26）。

图3-26　自然元素的图片

（2）灵感板的制作。构思阶段的思路比较多，方向比较散，在寻找图片资料的时候，偶然被菌的图片吸引，感觉菌的特征与之前构思的关键词有点相近，但又有自身的特点，而且也不常见到，陌生感更能吸引人们的兴趣。因此就顺着这个思路寻找菌的图片，然而这又是一个新的领域，显微镜下面的微观世界，有无数从未见过的形态，结合兴趣进行筛选，最终确定了几张图片，再结合画面的内容，考虑画面的视觉效果完成灵感板的制作（图3-27）。

图3-27　菌元素的灵感板

（3）关键词提取。从灵感板中展开分析，主要的物体是被放大后的菌形态。它是一种球体，其表面布满刺状柱体，而且刺状柱体的排列似乎存在某种规律，从视觉上，刺状柱体是以球体为中心向四周扩散的状态，进而提取出关键词（图3-28）。

提取的关键词为：发散、排列。

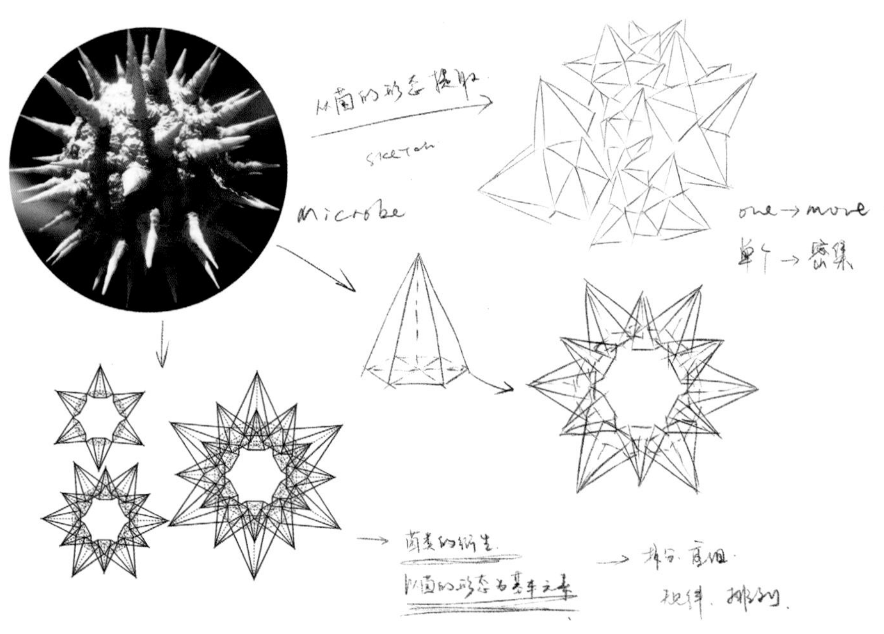

图3-28　菌元素的灵感板关键词

（4）关键词表达。每一个球形菌体都是构成整个纸衣服造型的最基本单位，选择单个球形菌体作为塑造的基本要素，选取中轴线的长度为x，以x为单位，运用数列的方式x，$x+1$，$x+2$，$x+3$，…，进行递增排列，形成多个衍生的形态（图3-29）。

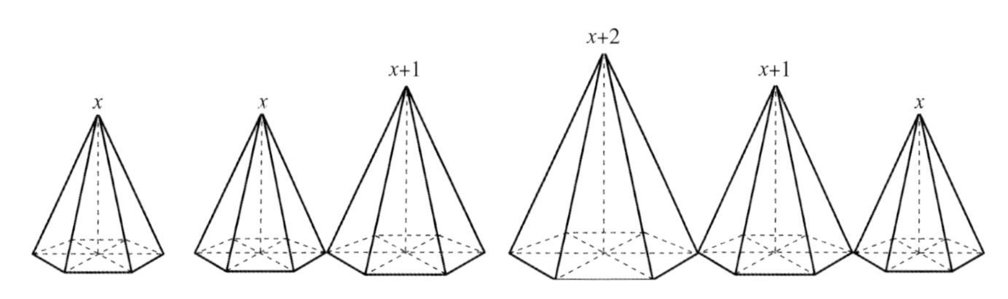

图3-29　菌元素的关键词表达1

由于是锥形体，并不能随意组合，需要寻找其中的规律，考虑用它的底部进行连接，这样就能形成一个球状的块面，不断尝试各种型号的排列，找出好看的形态（图3-30）。

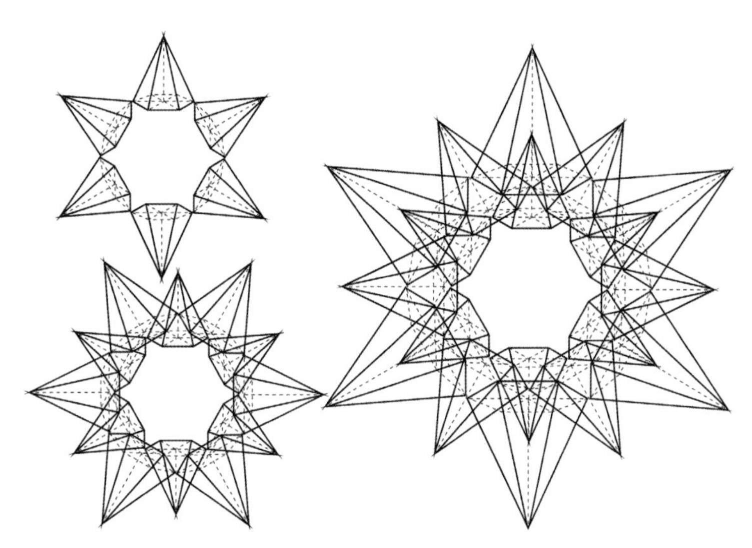

图3-30　菌元素的关键词表达2

（5）形态研究。对上述形态进行再次组合，考虑大小不同型号的渐变排列，由于做的造型都是不规则的，所以很难做出有规则的排列。这就需要重新赋予其某种规律，使它形成乱中有序的形态。因此，可以将单个球体通过连接地面不断扩展组合，形成一个大的形态模块。按照同样的思路不断尝试组合，通过调整角度和相互的接触面，最终形成多种形态，为纸衣服的设计与制作做好素材上的准备（图3-31）。

图3-31　菌元素的形态研究

（6）纸衣服的创作及作品展示。结合人体的结构，考虑锥体形态具有尖锐的感觉，排除满身的简单排列，希望能够体现出菌的活力感，所以应用了盘旋的曲线结构。参考流行趋势的基本廓型，并选择较短的款式，采用不对称的结构，尝试构思一系列纸衣服款式，并绘制出设计草图。在款式设计时从整体出发，分清主次，设计重点集中在上身的领口和肩部，做部分堆叠打破平衡，为纸衣服增加动感。另外，协调纸衣服前后片的效果，处理好形态大小的对比关系，以及细节与整体的形态呼应关系，在追求整体上统一的同时求得变化和动感，达到视觉上的和谐（图3-32、图3-33）。

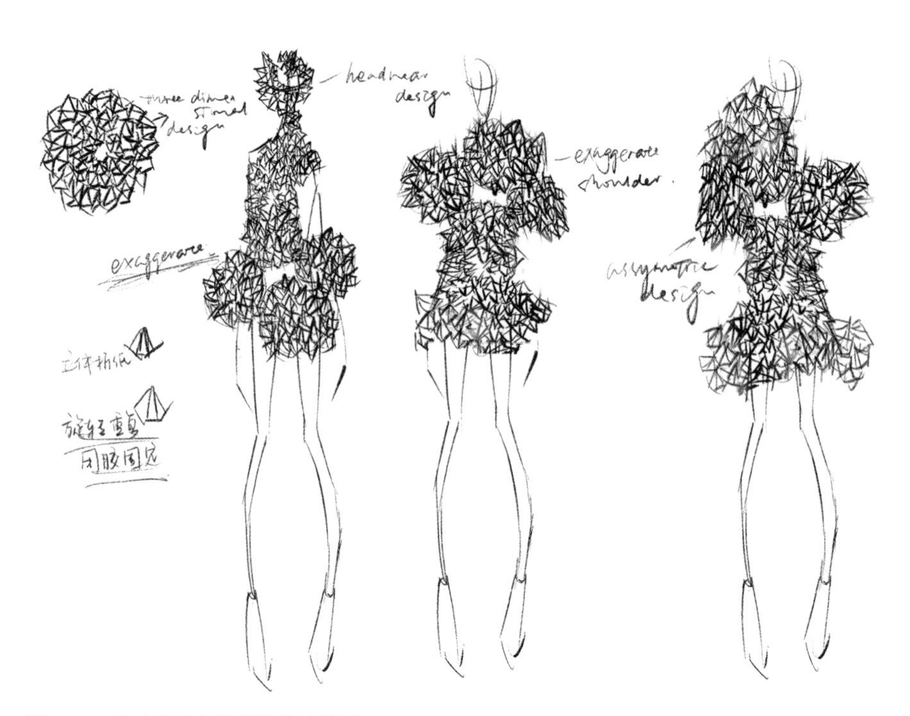

图3-32　菌元素纸衣服的设计效果图

图3-33　菌元素纸衣服的成品效果展示（作品来源：刘瑞）

05

案例五：雪花（Snowflake）

1. 创意构思

堆雪人、打雪仗……在雪地里拍照，几乎每个人都能找到爱雪的方式。雪也有很多故事，美丽的、浪漫的……当想表现雪的时候，才发现雪非常不真实，就像画家画雪景似的，雪其实是靠其他物体衬托出来的。雪本身只是白茫茫的一片，像棉被、像蛋糕上的奶油，其形态是随被覆盖物体的形态变化着的。那雪有细节吗？追溯雪的形成，它是冬季气温降低到0℃以下时，天空中的水汽在云层中凝结成的小冰晶，并且随温度的变化而变化，这些水蒸气在凝结的同时体积逐渐增大，就慢慢变成了雪花。雪花虽然都是六角形，但细分起来有20000多种具有微小差别的图案。本案例是以雪花为创作灵感，从雪花的形态出发，研究其中的特征，完成一件形态美观的纸衣服设计。

解决问题

① 如何观察雪花晶体，并获取灵感图片；

② 对雪花晶体的形态进行观察与分析，对雪花晶体形态的大小渐变进行有效的数据分析。

涉及的相关技术问题

① 分析雪花晶体的结构并从中获取相关数据；

② 用数据表现出雪花晶体的形态并推出几档大小，然后用AI软件绘制雪花的矢量图。

2. 创作过程

（1）获取灵感。自然环境中的一些物体，也许经常会出现在视野里，但不一定能够真正了解，对很多事物的了解会处于既熟悉又陌生的状态。其实，如果你能够仔细观察它们的表面质地、组织结构、形态纹理等，那一定会有惊喜。设计师可以从中获得灵感，结合审美进行创作，通过模拟物体表面的特征，呈现材料的表面肌理、形态和纹路等，可以带给人们不一样的审美体验和视觉效果。本主题的主要元素是雪花，雪花从空中飘落，其形虽说稍纵即逝，但只要想办法还是可以捕捉到的。本主题的雪花是飘落到玻璃表面的效果，因此可以观察到细节特征（图3-34）。

图3-34　雪花元素的图片

（2）灵感板的制作。通过上述方法可以获得一系列相对满意的雪花图片，然后把它们排列在一个图板上，就组成一个比较简单的灵感板，然后调整一下画面的主次以及细节关系。这个主题比较特殊，是对雪花单体形态的研究，因此，不需要太复杂的灵感板，重点是选取几个比较满意的形态进行研究（图3-35）。

图3-35　雪花元素的灵感板

（3）关键词提取。借助放大镜对雪花细节进行观察，可以清楚地看到雪花具有稳定的六边形结构，且中间有向外发散的构造，呈树状结构，六边形具有镂空的特征，有点像民间剪纸。但总体来看，雪花的内部结构具有一种渐变的、发散的排列关系。这一特征也非常符合现代人的审美，其中的内在结构关系也比较理性，似乎隐藏着某种数列，值得研究（图3-36）。

提取的关键词为：发散、镂空、网状。

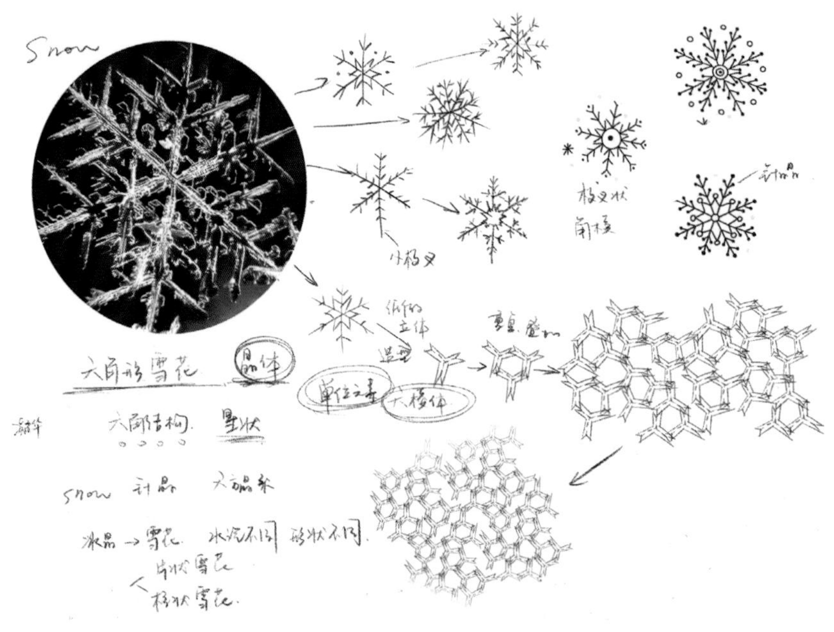

图3-36　雪花元素的灵感板关键词

（4）关键词表达。紧扣发散、镂空、网状这三个关键词，抓住雪花的形态特征，将其抽象概括成一个三叉的形状作为最小单位的形体，然后用纸张随意地剪出此形状，观察是否符合上述特征，逐步调整、完善。这个三叉形便是构成整个纸衣服造型的最小组成单位，以三叉形的中心向外延伸，设定长度为x，然后以x为基本单位，运用数列的方式x，90%x，80%x，…，进行递减排列，形成多个型号的三叉形（图3-37）。

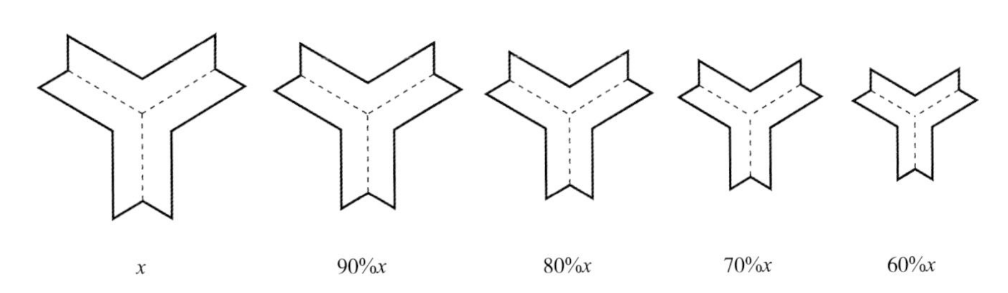

图3-37　雪花元素的关键词表达1

雪花的形状具有很强的结构性，满足了人们对美的追求，端庄、大气，被放大了的雪花结构给人一种新鲜感，尝试将上阶段推算出来的形态进行各种组合，目的是连接成更大的体块。连接过程要考虑镂空的效果，这样由点到面就能丰富其形态。当然，不同的组合能够带来不一样的视觉体验，然后再进行逐一筛选，保留两三个比较理想的连接方式，为下一步形态研究打好基础（图3-38）。

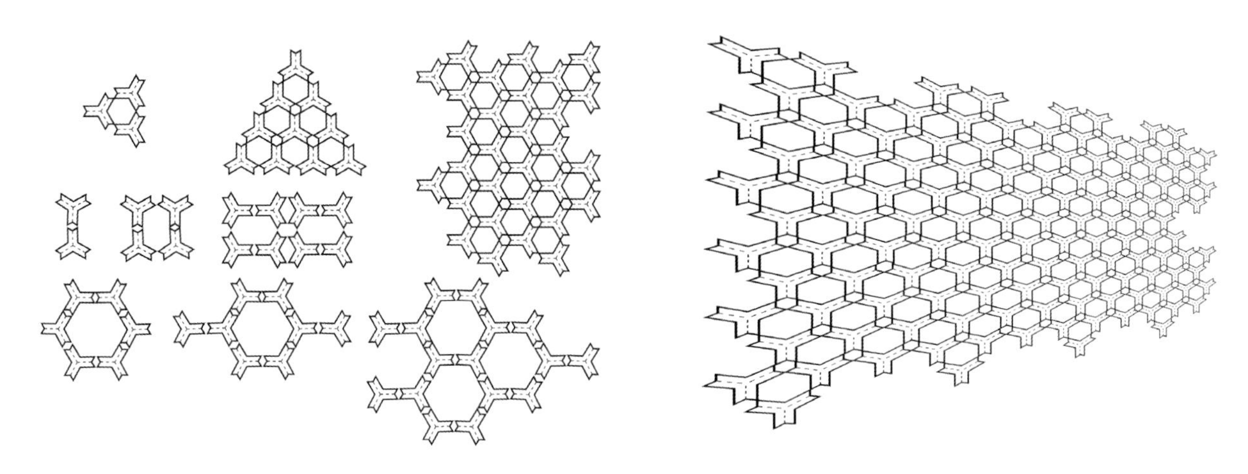

图3-38　雪花元素的关键词表达2

（5）形态研究。好的形态是纸衣服成功的前提，也是设计的重点，整个研究过程确保对主题关键词的准确表达。那么形态的模仿，特别是对形态“神”的模仿，是设计师学习大自然的最有效的途径，正如齐白石所讲：“妙在似与不似之间”，模仿自然绝不是抄袭，相反是原创的基础。人类的很多发明创造都来源于对自然的模仿。由于雪花具有非常工整的结构，貌似非常“理性”，仿佛是机器生产出来的。因此，需要激光切割机切割成形，这样才能保证每一个小小的形体都是一样的形状。形态研究是一个不断拓展、完善的过程，在连接三叉形的过程中，感觉过于“平”，受到雪花插片玩具的启发，于是进行一些空间形态组合，因此，得到了一些更加立体的造型（图3-39）。

（6）纸衣服的创作及作品展示。纸衣服的款式设计受到雪花飘落、覆盖人体的思路启发，结合人体的结构，开始进行纸衣服的款式设计。首先用草图的形式不断记录零星的想法，考虑下雪的场景以及雪花的立体形态，最直接的表达就是用雪花覆盖上半身，这很容易实现，只要在技术上解决雪花之间的连接问题，处理

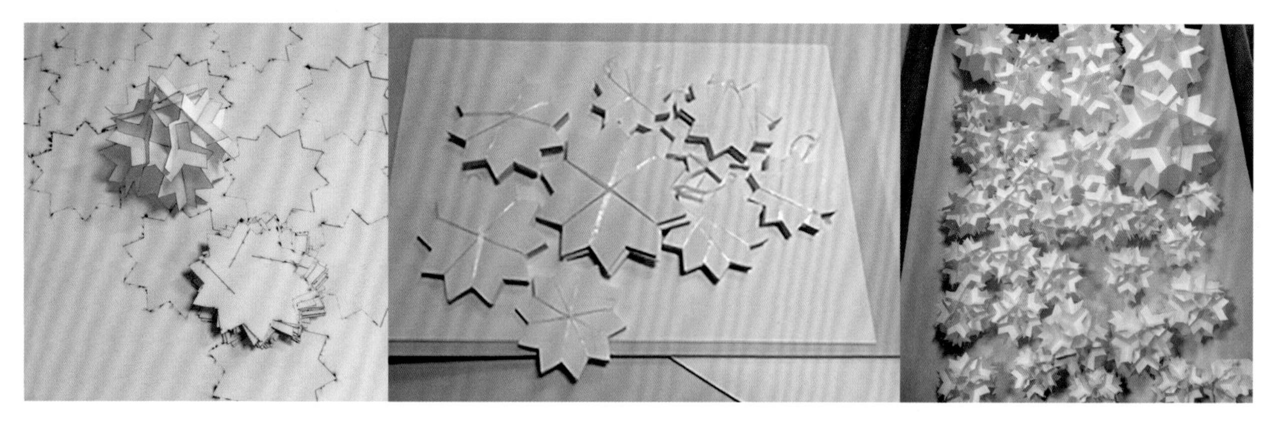

图3-39 雪花元素的形态研究

好几个型号的渐变关系即可。由于雪花造型比较立体，而且有很多尖角，很容易扎到人的皮肤，考虑穿着者的感受，只好先做个基础保护身体，因此，整个过程如同盖房子一样，雪花的形态其实就是一个表皮。最终，纸衣服的廓型显得非常饱满、流畅，为防止过于琐碎，可以采取上下对比的手法，即上松下紧的结构。从整体上看，整件纸衣服仿佛被飘落的雪花笼罩，貌似一个圆弧形的建筑覆盖着厚厚的雪花，具有庞大的体量感，但并不臃肿，呈现出建筑的美感（图3-40、图3-41）。

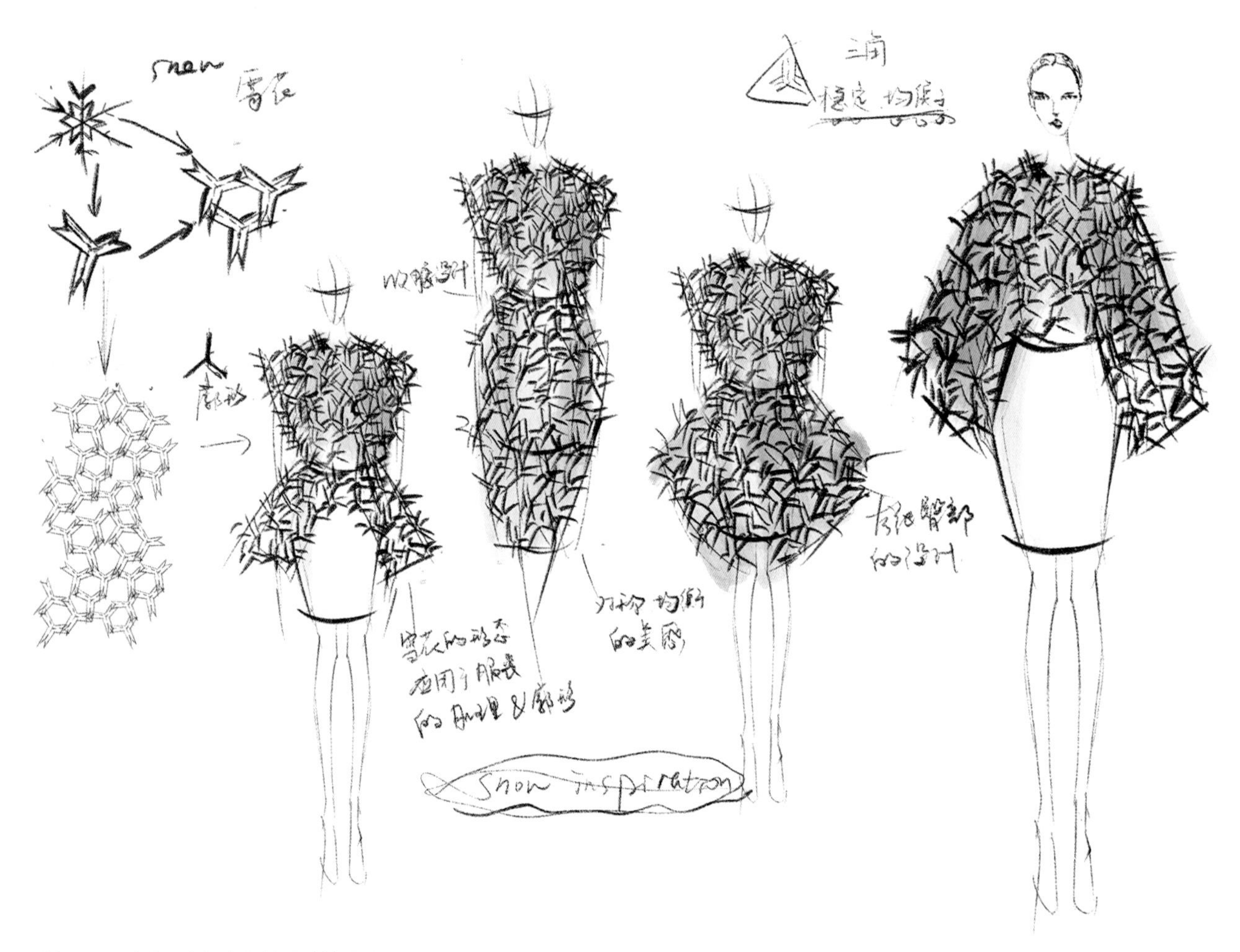

图3-40 雪花元素纸衣服的设计效果图

图3-41　雪花元素纸衣服的成品效果展示（作品来源：刘婷玉）

案例六：分裂

06

1. 创意构思

人类从未停止过对未知世界的探索，也许正因这一本能，人类进入太空、潜入海洋……探索更广阔的空间。伴随着科技的进步，人类借助显微镜发现了微观世界的生物、细胞、结构等肉眼无法观察到的东西，陌生的形态给人们带来一种新鲜感。灵感来源于在显微镜下观察到的细胞分裂的图片，活细胞的繁殖一般都是倍量增长的，它是由一个细胞分裂为两个细胞，再由两个细胞分裂为四个细胞的倍量增长过程。细胞的分裂正如参数化的分形理论，因此需要对一些细胞横切面进行观察，对其结构、形态以及质地进行模仿、变形，并分析其关键特征，运用变形、强调、解构、重组等设计手法，对观察到的细胞切片形态进行重塑，用于纸衣服的廓型或细节，模拟细胞的组织结构，塑造一种相对陌生化的服饰形态。

解决问题

① 如何从微观世界中获取灵感及其图片；

② 对细胞的形态进行观察与分析，对细胞形态的大小渐变进行有效的数据分析。

涉及的相关技术问题

① 怎样才能观察到细胞的分裂并采集相关数据；

② 使用AI软件绘制细胞结构的分裂、扩散的形态。

2. 创作过程

（1）获取灵感。借助显微镜对细胞横切面进行观察，发现不同物体都有不一样的组织结构，不断重复这个观察的过程，记录观察的结果，然后筛选出比较有特点的图片，作为纸衣服创作的灵感图（图3-42）。

图3-42　细胞元素的图片

（2）灵感板的制作。整理上一步骤中比较感兴趣的图片，对其特征进行分析，通过灵感板尽可能地展示出细胞横切面的精彩图像。灵感板内容应包含细胞横切面的整体与局部的图像，一是用来处理灵感板的主次信息和疏密关系，二是用于丰富灵感板的艺术效果（图3-43）。

（3）关键词提取。观察灵感板，分析细胞横切面的组织结构，这些细胞组织天生具备图案的属性，有的像蜂窝、有的像网状面料的肌理、也有的像镂空的图案，无论像什么都具备审美的要素，这里充满了美的密码，如何获取、转译这些密码，将是本主题的关键。通过对细胞组织结构的分析，总结了一些关键词，如圆形、分裂、扩散、渐变、疏密、大小、镂空等，通过比较最终保留了三个关键词用于造型表达（图3-44）。

提取的关键词为：分裂、疏密、渐变。

（4）关键词表达。从细胞的横切面分析、提取一个最小单位的造型，并把它作为构成整个纸衣服造型的最基本的组织结构。本主题是以圆形为基础，以提取的最小圆形为x，运用数列的方式x，110%x，120%x，…，进行递增排列，形成渐变的效果。圆形细胞的重组，呈现给人们一种动感与活力，但这个过程需要尽可能多地表达、尝试、感受。这也是实验性设计的主要目的，实验性设计就是要在通过探索、实验的过程中，拓展思维，感受材料和工艺的可能性，因此，需要对更多细胞的横切面形态进行概括和重组，以求达到最佳效果（图3-45）。

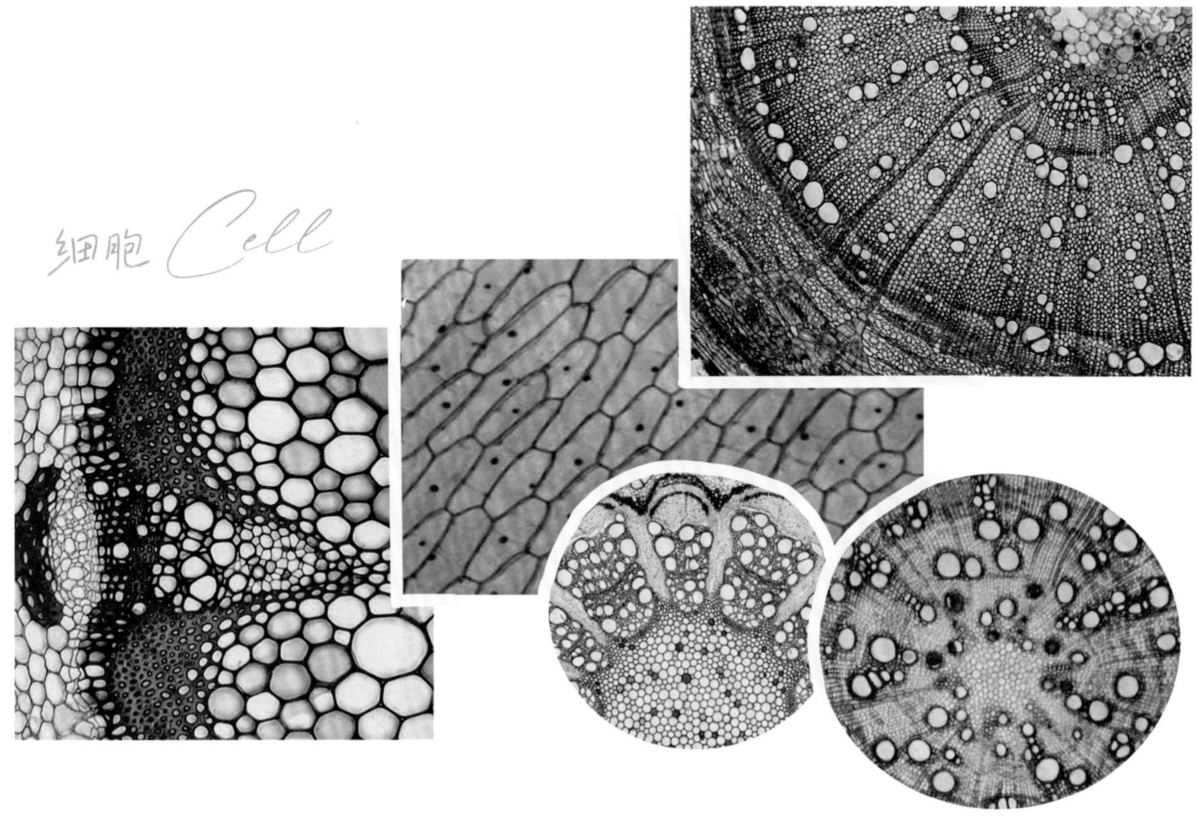

图3-43 细胞元素的灵感板

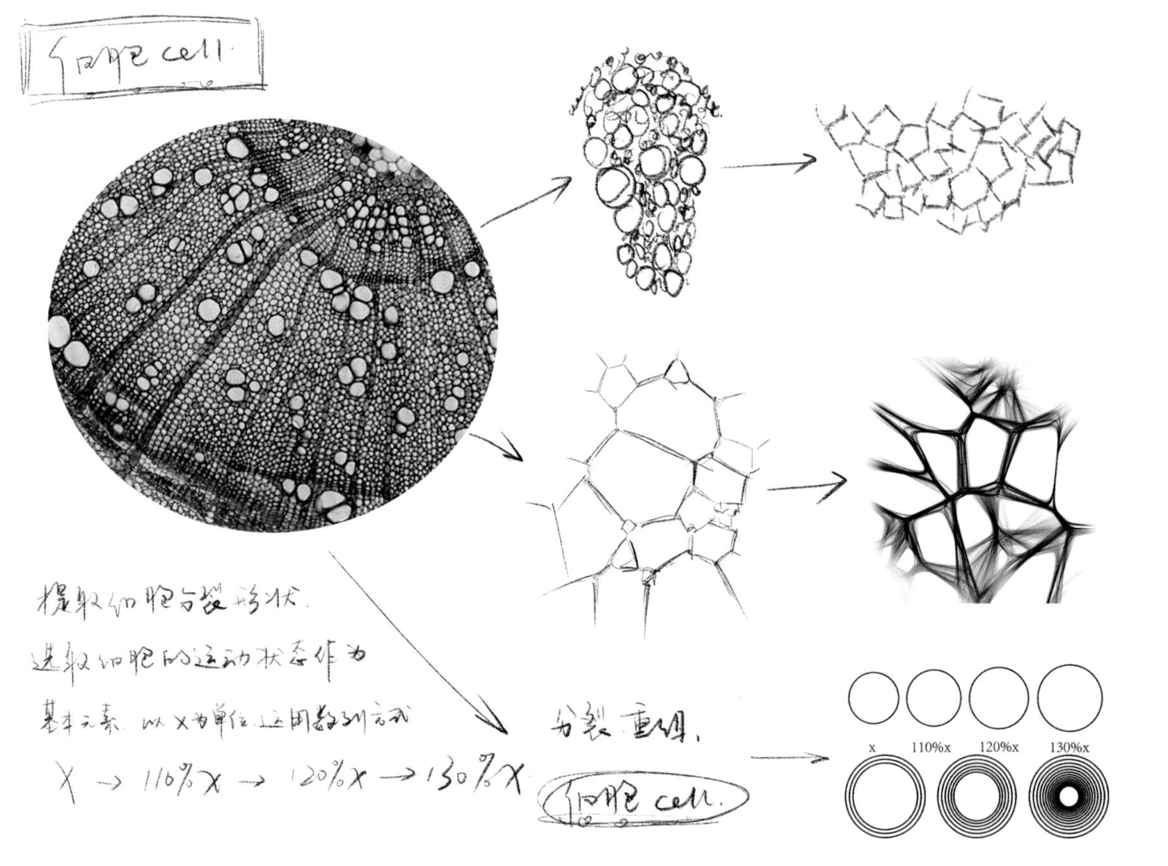

图3-44 细胞元素的灵感板关键词

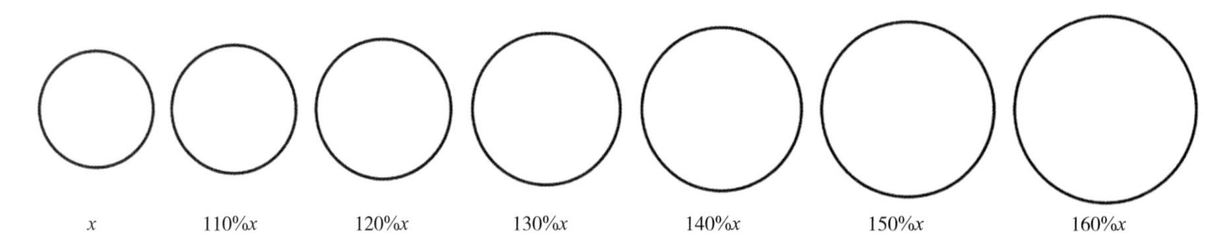

图3-45 细胞元素的关键词表达

（5）形态研究。本阶段是设计师能够运用不同材料去实现效果、比较效果的过程。首先寻找几种不同质地的材料，尝试用不同方法来表达细胞的造型。例如，先用普通的纸张折叠出造型，然后再进行多种组合，但总觉得简单不够分量，于是尝试新的方式。再用塑料条表现，但是又显得粗糙不够精细。最后选用了木板条来组合、排列成基本框架，以一种有规则的组合，再利用超轻黏土作为内部的细胞结构，表现分裂的细胞形态（图3-46）。

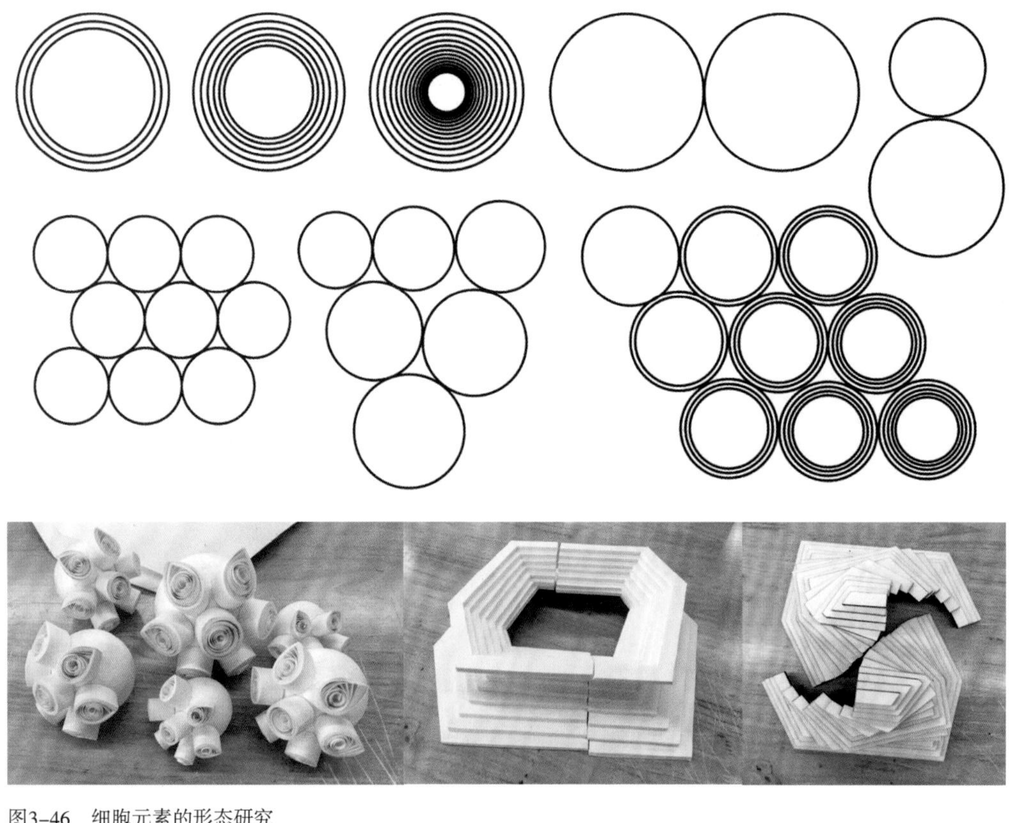

图3-46 细胞元素的形态研究

（6）纸衣服的创作及作品展示。确定了基本形态就可以进入纸衣服的造型设计，开始模拟细胞表面的组织结构、形态和纹理，表现其自然形态。考虑到细胞横切面是一个平面，需要增加立体感来打破这个平面效果，所以大胆地从廓型开始设计，塑造一个空间的细胞形态，结合人体的特征，把两种不同的表现形态组合在一起，以线条为主，然后运用圆形的形态增加其中的活力和动感。纸衣服的材料考虑运用多种材质来塑造细胞结构的丰富性，款式以动静结合的理念达到对细胞结构的理解，最终完成一件既安静又带有动感的纸衣服形态（图3-47、图3-48）。

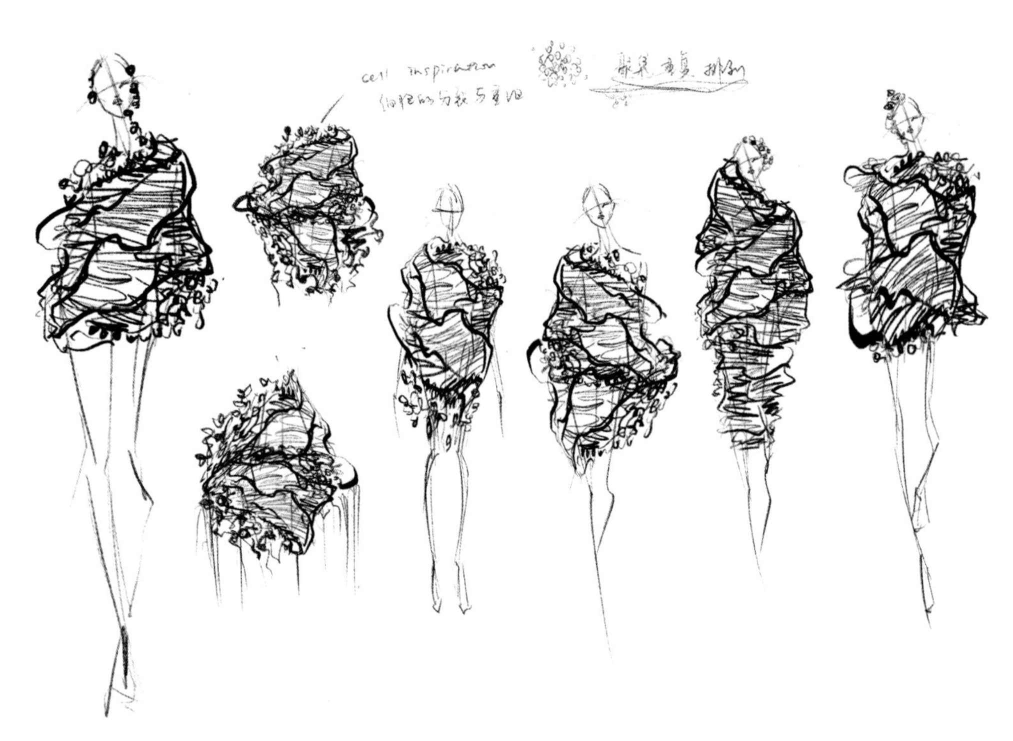

图3-47　细胞元素纸衣服的设计效果图

图3-48　细胞元素纸衣服的成品效果展示（作品来源：许梦怡）

07

案例七：空间（Space）

1. 创意构思

“空间”这个概念大家应该并不陌生，我们好像都生活在一个空间里，但这个空间是什么，好像又说不明白。“空间”可以是实体存在，也可以是一个概念，如果没有空间，我们就无法存在。那么，“空间”究竟是什么呢？如果是物质存在的形式，就应该有长度、宽度、高度，就会有一个体积，这个体积就是一个空间。另外，还有很多抽象的空间，如虚空间、动态空间、移动空间、母子空间、交错空间、结构空间等，带着疑问就进入了对空间的学习，本主题希望结合光影来表现对空间的理解。

解决问题

① 对“空间”概念的理解，并进行视觉呈现；
② 对不同空间形态的理解与分析，对光影空间的解读。

涉及的相关技术问题

① 如何把抽象的空间呈现出来；
② 用AI软件绘制想要表达的空间概念。

2. 创作过程

（1）获取灵感。对于空间的认识有很多不同的理解，常见的空间一般为实体，如一间房屋的内部空间、一个盒子的内部空间等，但也有的空间是由运动产生的。本主题就是对一种空间的解读，这个空间是由单一形态在运动中产生的空间形态（图3-49）。

图3-49　空间元素的图片

（2）灵感板的制作。以图3-49所示的三张海报里的空间形态作为创作灵感，可以联想到一些海螺的空间形态，收集相关的图片资料，汇总分析，选择几张能够感觉有创作价值的图片，组织成为本主题的灵感板。这类图片都有一种螺旋结构，有一种渐变、扩散、大小对比的关系，能够呈现出空间的螺旋结构和曲线美感（图3-50）。

图3-50　海螺空间元素的灵感板

（3）关键词提取。灵感板由上述海报中的图形以及几只海螺图片组成，用这些图片主要是因为它们有相似的形态特征。例如，观察海螺的边缘线条，它构成了一个由上到下的螺旋空间。无论是海报里的图形还是海螺，它们都有类似的关键词，螺旋、发散、层叠、渐变、律动等，因此需要适当地筛选，选择两者特征相近的词。

提取的关键词为：螺旋、层叠、律动、渐变。

（4）关键词表达。

① 螺旋渐变的外轮廓线是主要特征，取其最小的形态作为整件纸衣服造型的基本单位，即一个弧形线段，也可以把弧形线段进行反复叠加，达到丰富层次，强化关键词的效果。选取最小的弧线形态，假设它的中轴线长度为x，以x为单位，运用数列的方式x，110%x，120%x，…，进行递增排列，形成多个弧线层叠的效果（图3-51）。

② 层叠出来的形状具有空间层次感，在视觉上给人一种强烈的秩序感和规律性。以曲面堆叠的方式将材料组合在一起，营造一种神秘空间，其渐变、扩散的形态也产生了韵律之美（图3-52）。

（5）形态研究。对螺旋形的结构进行内在的参数演算，重点是对不同参数下产生的形态变化，以及相对应的透光程度的观察，选择比较理想的排列，并以此作为纸衣服形态的基础，运用纸质材料对此进行形态的实验。

（6）纸衣服的创作、制作及作品展示。有了前面的形态，就可以进入纸衣服的款式设计。结合人体的结构，尝试立体形态在人体上塑形的可能性，同时思考如何突出纸衣服的空间感。在款式设计过程中，重点把

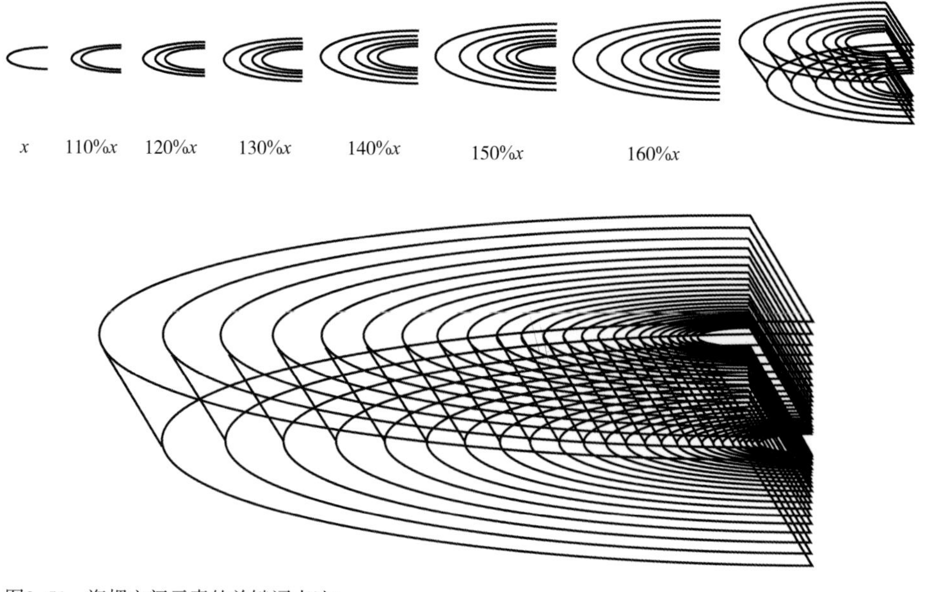

图3-51 海螺空间元素的关键词表达1

图3-52 海螺空间元素的关键词表达2

握服装的廓型和人体自身曲线的变化，以弧形纸张弯曲成为曲线块面，使得看起来饱满、流畅，用这样具有弹性且形态饱满的曲线块面来表现纸衣服的廓型，从而达到塑造服装空间的目的。在空间塑造过程中借鉴建筑的结构，通过对内部结构的设计来支撑外部立体的造型，成为设计制作过程中的主要问题。结合前期的实验，以及经验分析，把空间、光影的概念运用到服装廓型上，使服装产生很强的空间感和透光效果。纸衣服在设计整体上能够展现空间感，且具有建筑的硬挺和庄重之美，从而使得纸衣服在结构和造型上能够做到独树一帜，因此本款纸衣服的重要理念是把自然形态与建筑结构融合起来，用建筑的语言和形式来塑造比较立体的服装形态，这也比较符合设计界的跨界整合的设计思想（图3-53、图5-54）。

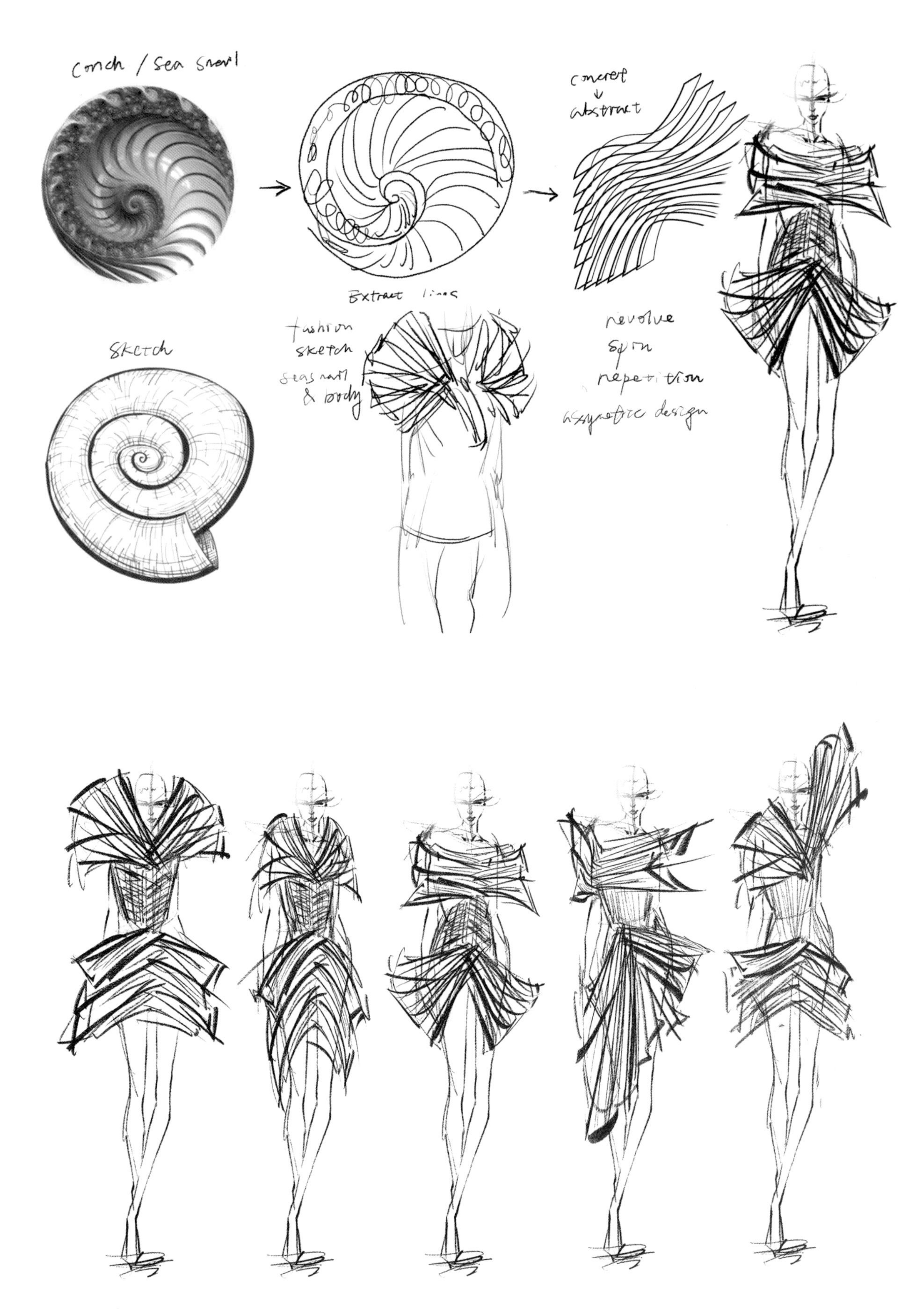

图3-53 海螺空间元素纸衣服的设计效果图

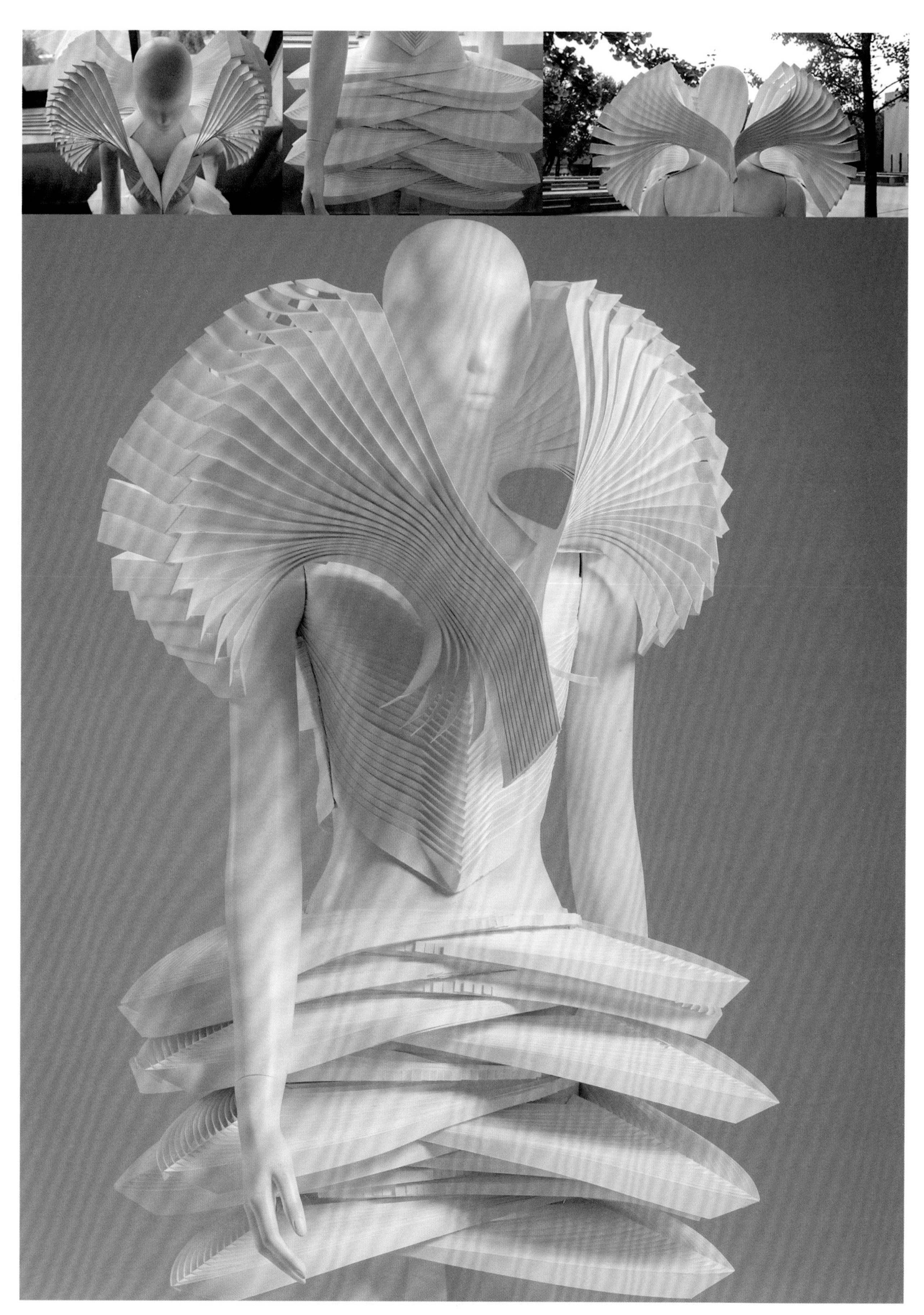

图3-54 海螺空间元素纸衣服的成品效果展示（作品来源：杜加欢）

08

案例八：构·架

1. 创意构思

美不是恒定的，也没有统一标准，完美是一种美，残缺不一定不美，正如断臂维纳斯，尽管她双臂残缺，但仍然使人感到完好无损，给人完整的美感。同样，装修豪华的建筑和裸露结构的建筑，各有各的味道，都能彰显独特的美，在体育场馆、展览馆，我们经常可以看到裸露的钢架结构，非常震撼，富有结构的美感。由此联想到南京长江大桥，它是一座双层通行的大桥，在下层结构上有大量裸露的钢架结构，非常有意思。随着思路继续搜索更多的带有钢架结构的图片，结果被埃菲尔铁塔所吸引。埃菲尔铁塔整个都是由钢架结构组成，形成了错综复杂的空间构成，如同一个大型的艺术装置。因此，无论是南京长江大桥还是埃菲尔铁塔，都有着裸露的钢架结构。对不同建筑的钢架结构进行比较和分析，最后找出自己想要的一种空间结构形式，研究其中的排列和渐变，分析其中的数列关系，这便是本主题的研究重点。

解决问题

① 从复杂的钢架结构中分析出最基础的构成形态，并找出其中的规律；
② 研究钢架组成方式、连接方式等重要技术问题，对其结构的大小渐变进行有效的数据分析。

涉及的相关技术问题

① 钢架结构的支撑、连接方式；
② 涉及空间旋转结构的形态构成以及用AI软件制图等。

2. 创作过程

（1）获取灵感。首先要翻阅大量资料，寻找关于空间结构的图片并慢慢产生灵感（图3-55）。

图3-55　空间结构元素的图片

（2）灵感板的制作。以埃菲尔铁塔为灵感源，获取不同角度拍摄的图片资料，然后逐步筛选，保留其主要特征，注意画面内容的主次，强调埃菲尔铁塔的构成以及连接方式，调整画面的构图和疏密关系。使得灵感板在保证色调、氛围的同时尽可能多地展示出埃菲尔铁塔的结构之美（图3-56）。

图3-56　埃菲尔铁塔元素的灵感板

（3）关键词提取。通过观察灵感板中埃菲尔铁塔的结构，并对其在空间的构成、连接方式、产生的光影效果等方面进行全面分析，其结构错综复杂、疏密有致，充满了一种力量和美感。埃菲尔铁塔高300米，天线高24米，相当于100层楼高。铁塔是由很多分散的钢铁构件组成的，看起来就像一堆模型的组件。其中，钢铁构件有18038个，总重达10000吨，施工时共钻孔700万个，使用铆钉250多万个。从塔座到塔顶共有1711级阶梯，塔身用去钢铁7000吨，12000个金属部件。埃菲尔铁塔简直就是用钢铁构建起来的巨型装置，它在阳光的照射下充满了力量感，更是展现出无限的艺术感染力（图3-57）。

提取的关键词为：排列、交错、韵律、渐变。

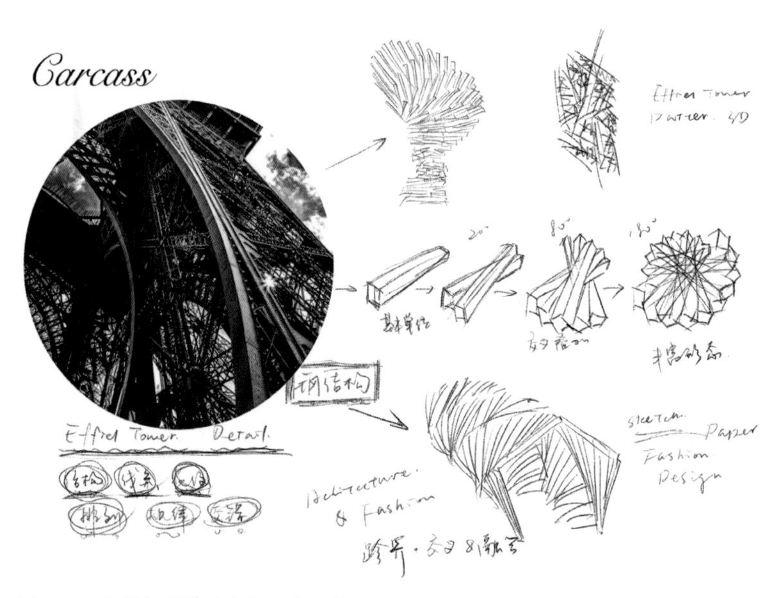

图3-57　埃菲尔铁塔元素的灵感板关键词

（4）关键词表达。

① 单个柱体的位移产生了动感，形成了一个渐变的排列，固定其形态，把它作为构成整个纸衣服造型的基本形态，选择从四边形到三角形，或者五边形到三角形，运用角度变化使得柱体产生位移，并且有序叠加，表现出既有交叉又有叠加组合的复杂形态（图3-58）。

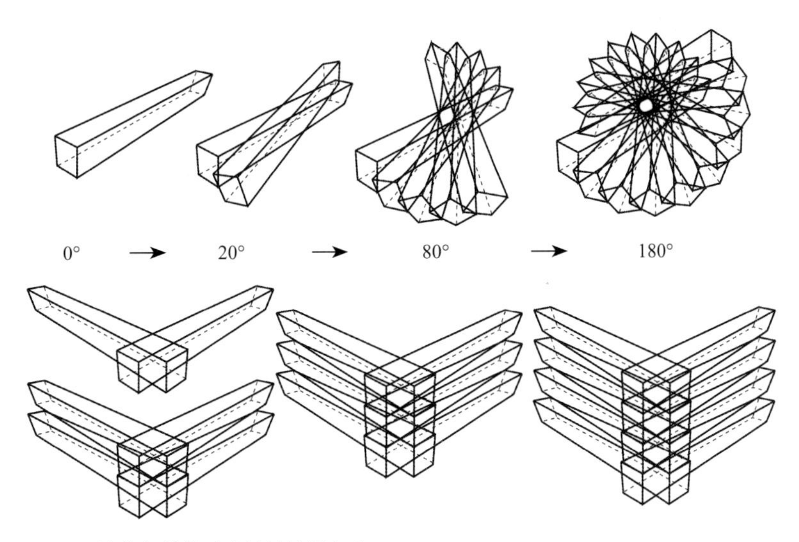

图3-58　埃菲尔铁塔元素的关键词表达1

② 对柱状体进行各种组合实验，选择一种作为基本形态，尝试从不同角度促使形态产生渐变，探索其中的参数变化，运用计算分析出比较满意的角度，然后再把柱状体进行叠加，形成具有建筑感的形态，不断重复、大量调试，感受形态的变化，为后续形态设计做好准备工作（图3-59）。

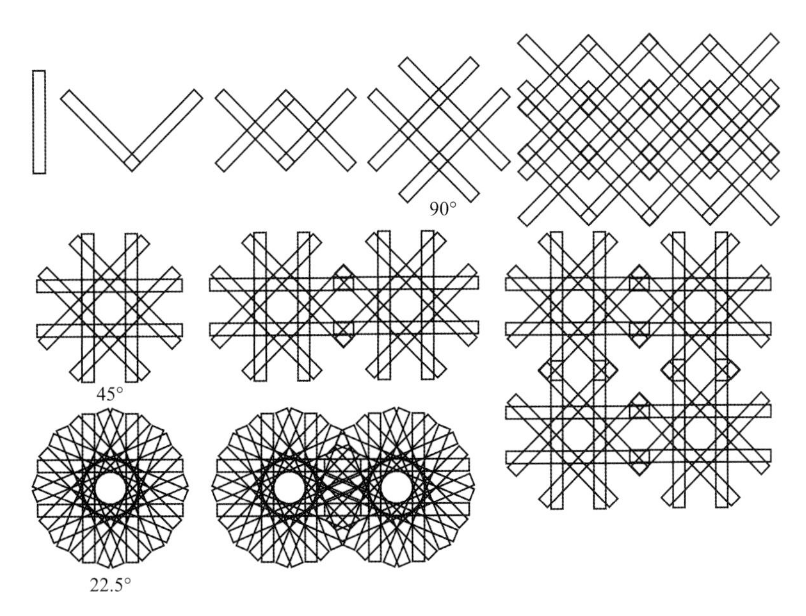

图3-59　埃菲尔铁塔元素的关键词表达2

（5）形态研究。形态研究的重点是要解决造型、材料与工艺的一系列问题。开始阶段首先尝试使用空心塑料管进行搭建结构，但是效果不太理想，有点廉价的感觉，于是计划换一种材料，用方形木棍来做搭建实验。在形态研究过程中需要大胆实验，要敢于突破固有的思维模式，不破不立，一定不能太局限，要对自己的构思充满信心，然后再想办法实现，这是实验性课程的关键，这样才能融入更多种材料与技术，形态创新才有可能实现（图3-60）。

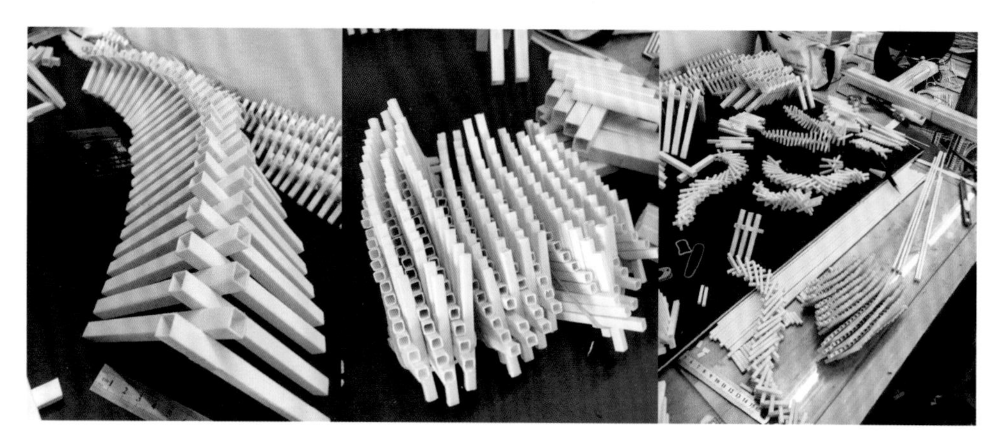

图3-60 埃菲尔铁塔元素的形态研究

（6）纸衣服的创作及作品展示。确定了单位形态和连接方式，结合人体结构和款式的流行趋势，进行相关的纸衣服廓型和结构设计，保证纸衣服的设计能够体现出交错、叠加的关键词。然后，用草图的形式来表现出设计的构思。在制作纸衣服的过程中发现，ABS方管不能达到转弯的效果，很多地方的排列实现不了，于是选择了另外一个方案，即把3根小方管组合成一个山字结构，并以一种数列的变化使其具有渐变起伏的效果。另外还尝试旋转角度，改变十字结构的形态，使得看似稳重的十字形变得具有韵律和动感。过程中还得不断改变观看角度，调整叠加的效果，确保在不同的角度都能够看到满意的效果。最后，选择一个相对复杂的方案，即用5根小方管来构成造型，并对此进行弯曲变形，使之变化为弧形。虽然手法简单，但是经过反复排列，而且有粗细、大小之分，使得纸衣服的最终效果并不单调，同时也能呈现出建筑独有的结构之美（图3-61、图3-62）。

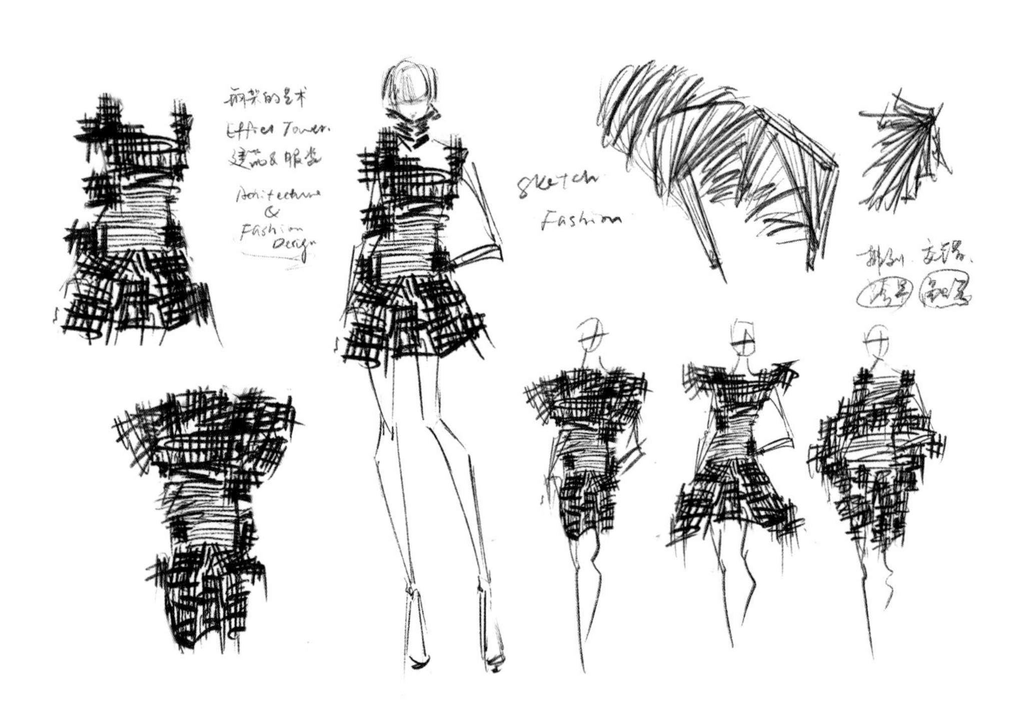

图3-61 埃菲尔铁塔元素纸衣服的设计效果图

图3-62　埃菲尔铁塔元素纸衣服的成品效果展示（作品来源：谢嘉宝）

第三节

肌理

一、教学进度

肌理专题的教学进度可参考表3-2，教案参见附录六。

表3-2　肌理专题教学进度表

时间安排	第一周	第二周	第三周	第四周	第五、六周
课时	10课时	10课时	10课时	10课时	20课时
内容	认识课程 掌握基本理论 了解任务 收集、制作主题资料并分析、讨论	提炼关键词 明确研究方向 深入收集资料并分析、解读、讨论	关键词表达 尝试用不同的材料、方法来深入表达关键词 对前期过程进行讨论	研究的深入阶段，重点是对关键词表达的分析与讨论	继续完善对关键词的研究及表达 汇总前期研究成果并做汇报交流

二、肌理

（一）肌理的概念

“肌理”一词在《中国工艺美术大辞典》中解释：a.原指人的肌肤组织、形态特征。杜甫《丽人行》诗中云：“肌理细腻骨肉匀”。b.清代翁方纲的一种论诗主张，指诗的义理和文理而言。c.现代设计中指材料或描刷地纹的质感和纹理。有的也称“物肌”。本文中的“肌理”指物质的表皮，是用来表现物质表面形态的客观存在。肌理直观地体现了最外层材料的质感，也是我们认识一种物质的最直接方式，是融合了视觉与触觉两种感知性的集合。肌理的存在让美感更多元、更立体。

在服装设计过程中，面料的选用是一项重要的环节，它能够强化服装的风格、特征及效果。在服装造型设计中，服装肌理与面料的统一，更是可以为整件服装设计作品增添无穷的审美趣味性，从而表现出该服装设计作品的个性和魅力。

面料的肌理是指材料表面所呈现出的纹理、质地。不同材质的面料本身就有相异的天然品质，当它们制成面料后自然会产生不同的肌理效果。而且，同样的素材由于织造方法的不同，也会出现不同的肌理效果。例如同样是用蚕丝织成的面料，缎子的表面十分光滑，几乎看不出任何纹理，而且有比较强烈的反光效果；而双绉则不同，它的表面显现出凹凸不平的细微颗粒状，手感也不光滑，没有任何的反光效果。面料的肌理能给服装带来出人意料的美好效果，为此科学家在天然素材的基础上又不断开拓创造。在20世纪初期、中期陆续发明了品种多样的再生纤维、合成纤维，它们与天然纤维交织、混纺，产生了面料质感上的粗与细、厚与薄、闪光与无光、平面与浮雕、粗糙与滑爽、柔软与挺拔等对比效果，更加丰富了服装设计师的设计思路和灵感来源。[1]

不同种类的服装面料都会有不同的面料肌理，不同质地的服装面料能够带给人们不一样的穿着体验，肌理效果强的面料能够被人们的触觉轻易地感受到，是影响面料选取的关键因素。在考虑服装面料肌理特征的时候，首先要注意不同面料的纤维原料所具有的不同肌理效果，如棉织物与麻织物、天然纤维与化学纤维的区别，这些纤维原料的差异都需要进行仔细的观察。其次要注意面料织物内部的组织形式也有所不同，通常来说，平纹比较朴素，而缎纹则比较华丽，织物之间织纱的粗细和捻度也存在着差异，这在进行服装风格设计时一定要充分考虑到。另外，面料所采用的生产工艺也很重要，针对不同肌理的面料常常有不同的工艺流程，如是粗纺就要重点展现原始的美感，而精纺经过加工则具有柔和、飘逸的质感。

面料肌理的艺术性不但体现在肌理的秩序感上，同时也体现在面料肌理的节奏和韵律之中。面料肌理的设计制作是将简单的基本元素重新排列、组合在板式结构中，在整体上完美而富于变化，使作品韵味无穷且极具节奏和韵律。节奏和韵律是音乐的术语，指声音的强弱或长短交替出现并合乎一定的规律。而面料肌理中的节奏的表现形式与音乐节奏之间并没有直接的关系，但是从其内涵来分析，它们之间又有着诸多的相似之处。面料肌理作品中的节奏表现为造型要素有秩序地进行诸如起伏、渐变、交错、重复等有规律的变化。肌理构成中的节奏还包含整体布局中各个部分之间的有机变化规律。[2]

在纸衣服创作中，纸的各种形态可以形成不同感觉的面料肌理，进而影响整体的风格，如三棱锥的造型给人感觉稳定而坚固，可以塑造威武严肃的将军形象，有弧度的纸板则比较灵动，可以塑造流线型的建筑感

---

[1] 史林．服装设计基础与创意［M］．北京：中国纺织出版社，2006．

[2] 郑彤．服装设计创意方法与实践［M］．上海：东华大学出版社，2010．

的纸衣服，而以一些动物造型为基础的单元纸板，塑造出的纸衣服则充满了生机和活力。

（二）肌理的设计手法

1. 加法设计

加法设计，是一种通过对服装面料的各种元素进行叠加处理，创造出风格多变、纹理丰富、质感饱满的设计手法。常见的有缝绣法、编织法、贴补法、扎结法、堆叠法、印染等。对面料褶皱表现手法的不断创新不仅拓宽了服装面料的使用范围与表现空间，还能彰显出设计师的个性魅力与创造能力。服装中应用的浮雕式褶皱造型通过肌理形态传达视觉美感。利用纤维材料的柔软可塑性，根据设计的需要来选择恰当的肌理褶皱造型方法，是丰富设计表现力、增添服装立体层次感的艺术装饰手段。[1]

其中，堆叠是指面料堆叠聚集在一起形成褶皱的效果。堆叠既可以用于服装的局部，如领、袖，突出局部大而夸张的造型，堆叠出宫廷的奢华，同时又可用于服装的整体，利用针织毛线的质感，堆叠出建筑般的服装廓型。[2]

另外，编织工艺也是面料肌理成形的重要手法。通常所讲，编织法是指编与织相互交叉使用。面料肌理也因编织工艺、原料、色彩、装饰手法的不同形成了天然、朴素、清新、简练的艺术特色。手工编织工艺在我国民间有着悠久的制作历史，是中华民族文化艺术的瑰宝，其精湛的技艺、丰富的门类是几千年来形成的文化积淀，是中华民族的一大特色产业。[3]早在旧石器时代，人类即以植物韧皮编织成网来盛放石头、辅助捕猎。那时编织的主要工艺是较为简单的手法，后来逐渐出现了竹编、藤编、草编、棕编、柳编、麻编、麦秆编等编织物品，其中主要是日用品和生产工具，如篓、篮、箩、筐、簸箕等。[4]那么，编织工艺虽然具有悠久而灿烂的历史，作为一门古老的工艺技术，在今天同样能够表现出现代化的气息，仍会受到潮流追逐者的青睐。

2. 减法设计

减法设计，是通过对服装面料的元素进行剥离、抽取处理，常见的有破坏法、腐蚀法、抽纱法、切割法等。破坏法，是减法设计手法中最为常用的设计手法，通常有撕裂法、裁剪法、磨洗法等，通过将原有面料撕裂、裁剪破坏或磨洗做旧等追求一种豪放、粗犷的不修边幅之感，从而形成一种所谓的非主流肌理。腐蚀法，是利用面料中不同纤维原料的性能差异，对一种或几种纤维进行变色、起毛起球、缩绒处理等以形成烂花效果。抽纱法，是按照一定的规律将服装面料中的纬纱或经纱有序地抽取，形成起伏有序、虚实相应的效果。抽纱一般分为只抽一个方向纱的直线抽纱和各方向同时抽纱的格子抽纱。切割法，是减法设计手段中技巧最多的一种技法，包括挖花法、切花法、镂空法等以设计表现空、透、通之感。通过上层面料的镂空处理与下层面料不同颜色之间的叠加效果会展现出别样的形态，设计应用实践中的镂空造型手法借鉴的是雕刻艺术或者剪纸艺术，其目的是使服装能够在视觉上给人以透空的感觉，强调了服装的轮廓特征，丰富了服装的装饰效果，提升了服装的穿着魅力。从技法上来讲，镂空的前提是设计好镂空的图案，以面料为纸在上面镂空剪刻，使其显现出所要表现的形象。[5]

---

[1] 张彤．服装立体造型表现［M］．北京：中国轻工业出版社，2013.

[2] 宋晓霞，王永荣．针织服装色彩与款式设计［M］．上海：上海科学技术文献出版社，2013.

[3] 罗向东．鞋靴装饰设计［M］．北京：中国轻工业出版社，2016.

[4] 黄俊．编织［M］．长春：吉林出版集团有限责任公司，2013.

[5] 李彦．服装设计基础［M］．上海：上海交通大学出版社，2013.

三、灵感板制作

（一）灵感板

参见第二章“第四节交叉 · 融合”的相关内容。

（二）灵感板排版要求

参见第二章“第四节交叉 · 融合”的相关内容。

（三）灵感板的内容提取与分析

灵感板的内容提取与分析参见第二章“第三节自然 · 仿生”和“第四节交叉 · 融合”的相关内容。

四、作业

（1）选取一种肌理感较强的事物，收集10张左右的图片，完成一张灵感板的制作。
（2）分析灵感板，从中提取两三个关键词，做头脑风暴练习。
（3）运用数字化软件，通过计算实验得出合理的数据，并用计算机作图。
（4）充分发挥想象力进行关键词表达，要求表现不少于20个面料小样。
（5）绘制不少于30张设计草图，根据设计图完成纸衣服的创作。

五、肌理专题教学案例

案例一：起与浮 01

1. 创意构思

设计师通常会回到大自然中寻找创作灵感，从石头的纹理、树叶的筋脉纹路、花瓣的形状等事物中寻找。从前期获取的灵感元素中选出树叶的脉络作为灵感图片进行延伸设计，树木是人类在自然环境的生存下不可或缺的元素，它让人们能够呼吸新鲜的氧气，也可以吸收部分的二氧化碳，又可以在日常环境中增添美感，它坚韧，但也脆弱。树叶的纹理形态千差万别，正如人们常说的世上没有两片完全一样的树叶。因此，设计师计划从树叶脉络纹理出发，提取造型要素进行纸衣服的创作。

解决问题

① 观察树叶的组成找出可以表现的点；
② 根据树叶的筋脉走向，研究树叶塑形的可能性。

涉及的相关技术问题

① 树叶筋脉纹理的提取；

② 树叶形态变形过程中的参数与形态的关系。

2. 创作过程

（1）获取灵感。走进自然，感受自然，这是保证作品能够原创的前提。闭门造车一定不会有很生动、很鲜活的作品，甚至连原创都很难保证。只有走进自然，才能得到意外的惊喜（图3-63）。

图3-63　树叶元素的照片

（2）灵感板的制作。自然万物都可以成为创作的灵感，但也需要进行筛选，不是所有图片都能带来大量的信息。这里的信息是指服装设计需要的有用信息。根据兴趣和审美，选择了一些热带植物作为创作灵感要素，因为这类题材也是比较热门的，算是跟上时尚的节奏。通过各种渠道收集资料，并选择几张肌理、形态要素比较符合构思的图片，进行组合排版。图片的植物都具有肥硕的叶片和清晰的纹理，具有较强的视觉冲击力，希望能够重塑“回归自然”的状态，表达自然之美（图3-64）。

图3-64　树叶元素的灵感板

（3）关键词提取。观察灵感板，主要是对树叶的形态特征进行分析，不是完全模仿，重点是把第一感觉、主要特征概括出来。例如，肥硕的叶片、大小渐变的叶片、发散的叶片结构等，从第一感官体验中提炼一系列的关键词（图3-65）。

提取的关键词为：线性、扩散、排列、渐变。

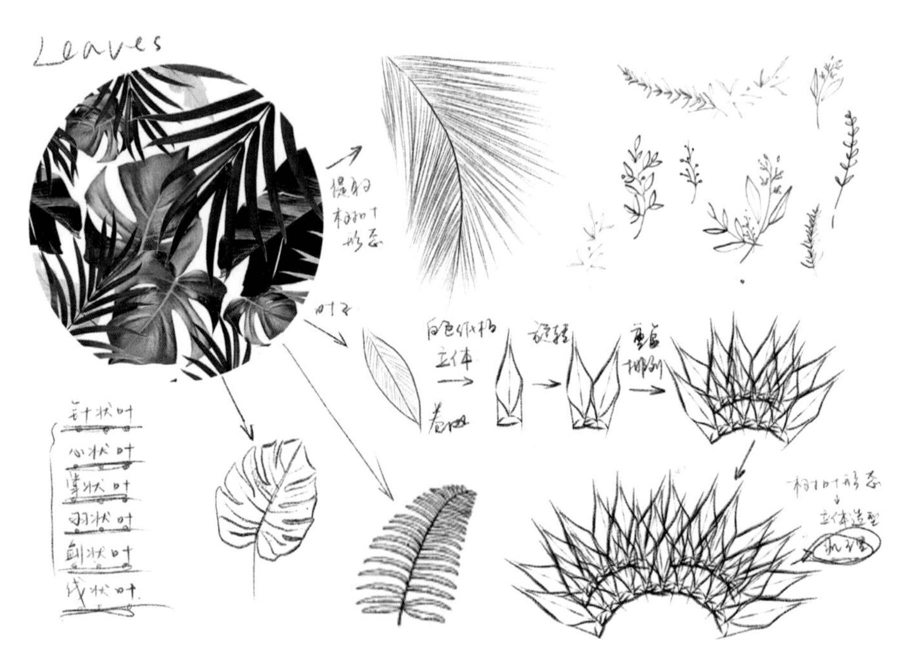

图3-65 树叶元素的灵感板关键词

（4）关键词表达与形态研究。对树叶脉络特征的分析、提炼，结合相关参数可以重构出新的图案与造型，产生新的视觉效果。对形态的学习并非简单直接的模仿，而是要通过高度概括，对关键词进行巧妙的演绎。

树叶的形态是构成整件纸衣服造型的最基本单位，选择一片树叶，以它的形态为x，结合一个简单的数列110%x，120%x，130%x，…，进行变化，运用叠加排列的方式，从而形成相对复杂的造型（图3-66）。

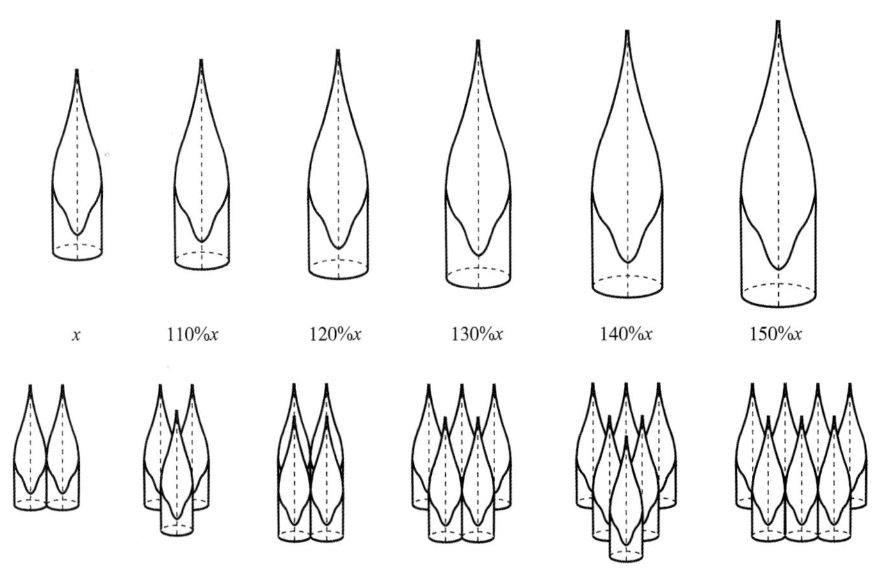

图3-66 树叶元素的关键词表达1

树叶形态通过上述数列演变成为几个型号，然后从小到大进行排列，视觉上能够给人一种理性的感觉，比较符合数字化的特征。树叶形态可以使人联系到自然，感受到自然之美，同时也表达出一种复杂的数字化所带来的不同视觉感受，既有理性设计的痕迹，也有自然的气息。形态的复杂性给人带来强烈的视觉冲击力，同时也丰富了服饰的肌理，达到装饰的目的（图3-67）。

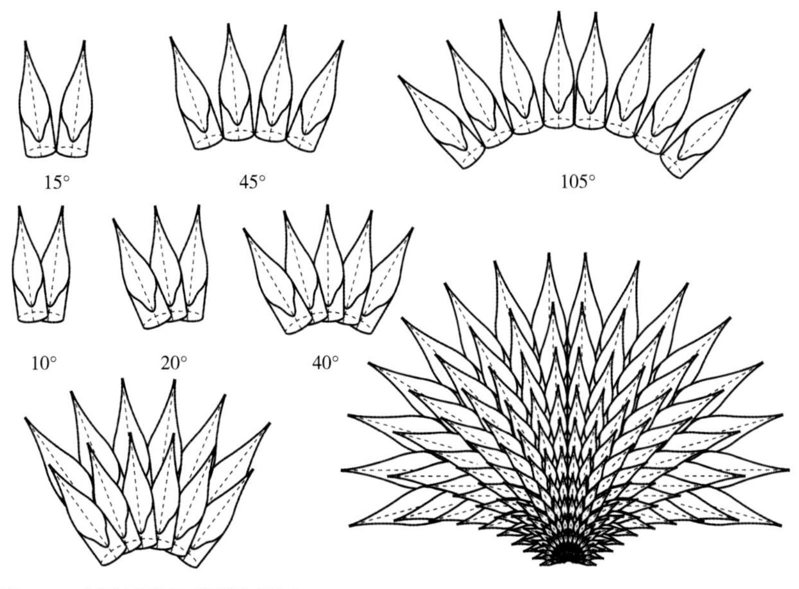

图3-67 树叶元素的关键词表达2

（5）纸衣服的创作及作品展示。本款纸衣服没有传统的服装面料和工艺，取而代之的是由树叶形态构成的廓型及肌理。这件纸衣服的造型是由无数个独立的树叶组成，由于组合得比较合理，形成了一个有机整体，使整体造型在视觉上显得十分饱满。造型的肌理构成十分丰富，节奏感强，且不失其韵律美，使服装层次极具观赏性，视觉效果比较理想能够达到预期效果，同时也改变了人们对纸衣服比较单薄的印象。特别是树叶排列中运用了数列关系，增强了纸衣服的理性成分。本系列纸衣服较好地演绎了感性与理性的关系，体现出自然元素与现代技术的结合（图3-68、图3-69）。

图3-68 树叶元素纸衣服的设计效果图

1.灵感源：植物形态
2.关键词：线性、扩散、排列、渐变
3.表现手法：用塑性纸模仿生物的形态，先用塑性纸捏成单个造型元素进行黏合，再用剪刀修饰造型，考虑到形态的变化，从小到大有规律地进行组合进而使作品有韵律感和空气感。

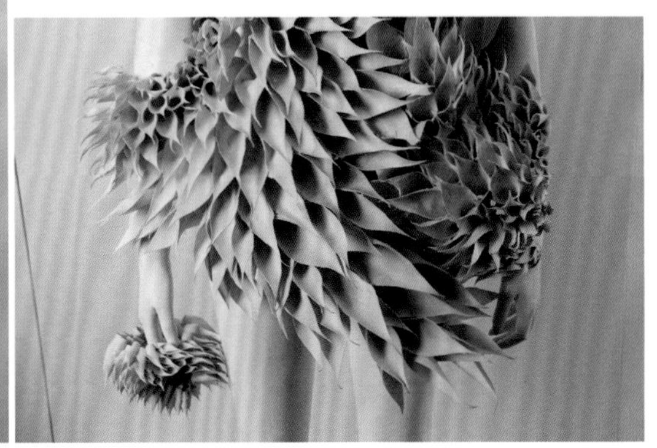

图3-69　树叶元素纸衣服的成品效果展示（作品来源：顾彩云）

案例二：起与浮 02

1. 创意构思

灵感源于一张人体解剖图，从图上可以看到复杂的肌肉组织、内脏器官以及神经系统。其实设计师并不需要像医生那样对人体内部结构有太深刻的认识，而是对观察的结构和形态进行分析，并由此能够触发创意即可。肌肉是人体的重要组成部分，人类的各种运动都与肌肉的收缩、拉伸有关，更重要的是，肌肉还象征着力量与美。

解决问题

① 对人体肌肉组织的特征提取；

② 关于肌肉的结构和韧性的抽象表达。

涉及的相关技术问题

① 借助AI软件绘制人体的肌肉组织，并带入参数，演算出一系列大小变化的肌肉模块；

② 考虑用什么样的材料或工艺使得纸衣服也具有一定韧性的感觉。

2. 创作过程

（1）获取灵感。对比医用和艺用的人体解剖图，选择几张相对感兴趣的图片，当然健美运动员的图片也是不错的选择，他们的肌肉充满了力量之美（图3-70）。

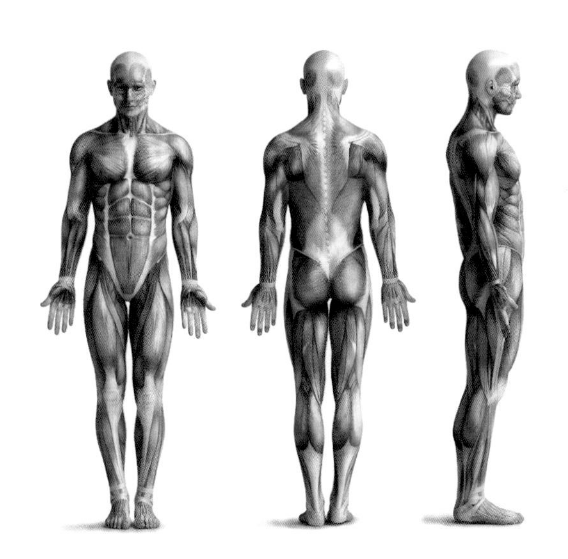
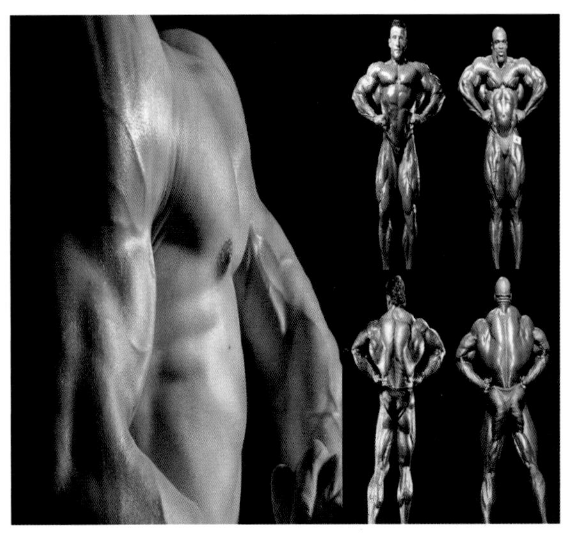

图3-70　肌肉元素的图片

（2）灵感板的制作。收集一些医用人体解剖图，有正面、背面以及局部肌肉组织的图片。分析图片中的信息，选择人体肌肉形态比较清晰的用于灵感板的制作，同时考虑画面的整体性和氛围（图3-71）。

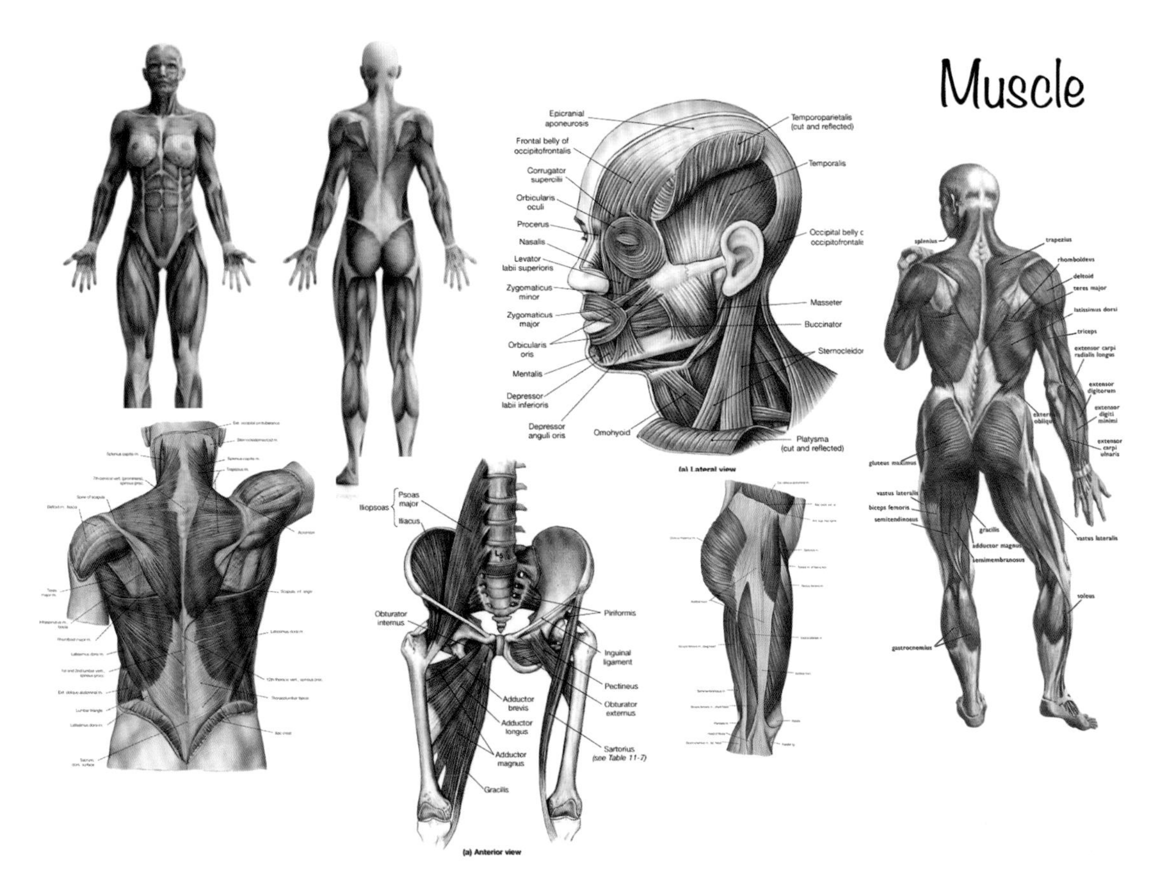

图3-71　肌肉元素的灵感板

（3）关键词提取。人体肌肉的韧性呈现出流线型的外观，且不同部位的肌肉形态和大小也不一样，有的向外伸展成扇形、有的细长成线形、有的坚硬、有的粗糙且纹路清晰……通过观察发现，肌肉的形态非常丰富，具有研究价值，进而对肌肉的特征进行关键词的概括（图3-72）。

提取的关键词为：线条、起伏、松紧。

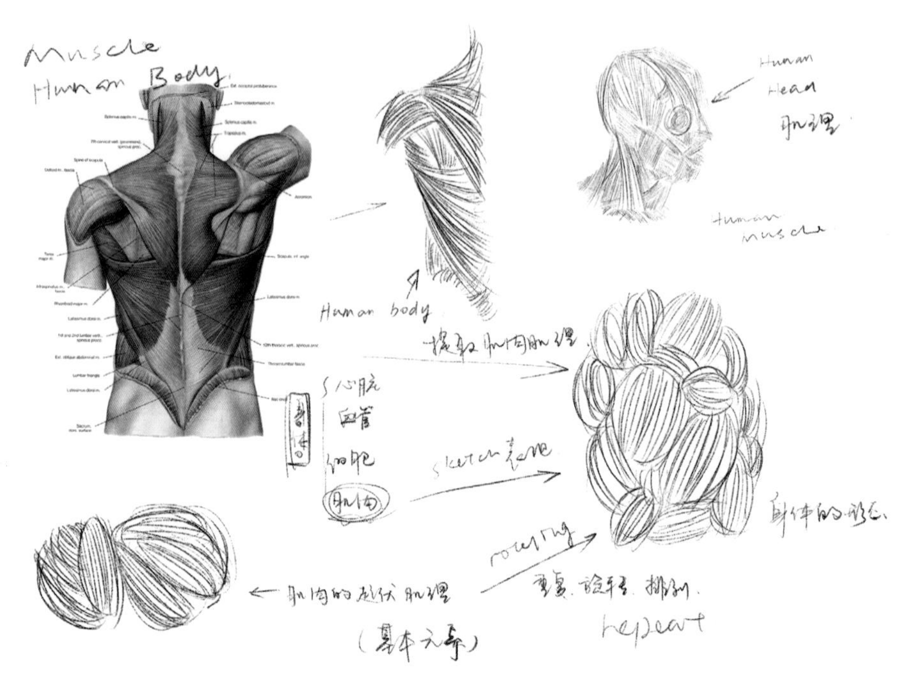

图3-72 肌肉元素的灵感板关键词

（4）关键词表达。关键词的表达重点落在对肌肉形态和韧性的处理上。当然，韧性只是一种感受，这里需要利用人对外在物象的通感体验，即从视觉效果上让人感觉有一种韧性即可。对人体的肌肉形态进行高度概括，模仿其特征，注意对肌肉纹路的细节表现，并制作一个小的模块，把它作为制作纸衣服的最小组成单位。利用角度变化的方式，带入一定的参数移动角度，如0°，15°，60°，…，进行形态生成，从而形成肌肉的形态以及纹路研究，最终达到对肌肉形态和力量的表达，凸显数字之美（图3-73）。

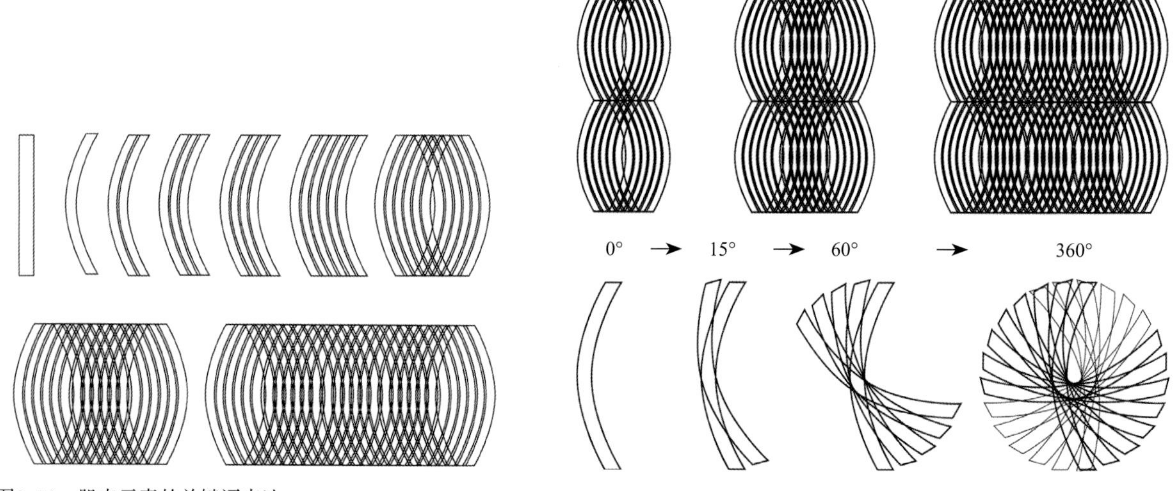

图3-73 肌肉元素的关键词表达

（5）形态研究。首先尝试绳子、藤条等软性材料进行编织，从而模仿肌肉的纤维组织，表达肌肉的形态特征，但由于绳子和藤条之类的材料做出来的形态特征容易“糊”到一起，后来还是选择了卡纸，用卡纸来表现肌肉的形态、结构和线条感。在一系列的尝试之后，最终选定了一种白色的厚卡纸，因为它既有一定的厚度也带有一定的弹性，这样做出来的肌肉形态，能够达到预期效果。在此形态出来之后，主要工作就是如何使这些元素成为有机整体（图3-74）。

图3-74　肌肉元素的形态研究

（6）纸衣服的创作及作品展示。在确定基本形态之后，可以进入款式设计阶段。那么，肌肉结构有个明显的特征就是中轴“对称”，但这不是设计的重点，因此可以作为次要信息直接过滤掉。因为“对称”追求的是一种安静、稳定、庄重之感，通常服装在特定需求的情况下才会用到这几个关键词。例如公职人员的制服、大型歌舞剧中的皇帝、皇后的服饰等。本款纸衣服仅为一般概念性服装，所以基本款考虑不对称结构，结合人体的结构，运用造型模块进行组合，从小到大，采用含有斐波那契的五组数列形态，8cm、13cm、21cm、34cm、55cm，从上往下延伸，注意主次以及疏密关系，并把所有的构思用设计草图的形式表现出来，最后选择一款比较满意的款式，结合前阶段的材料、形态，进行实物制作（图3-75、图3-76）。

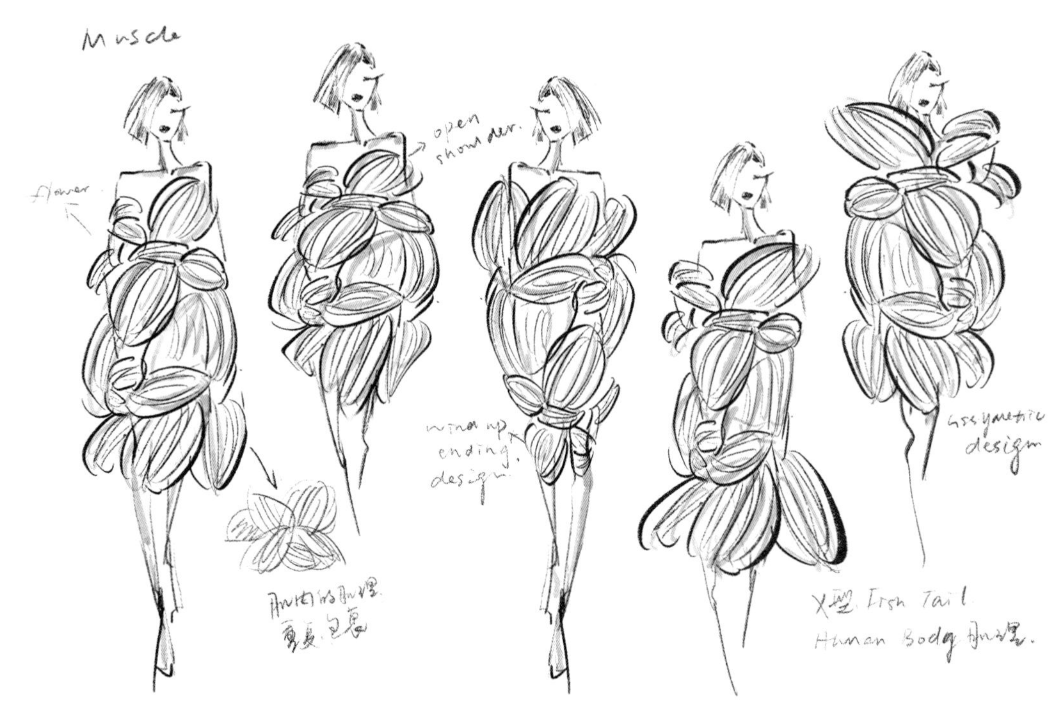

图3-75　肌肉元素纸衣服的设计效果图

图3-76 肌肉元素纸衣服的成品效果展示（作品来源：李文艺）

案例三：鱼 03

1. 创意构思

鱼的种类非常丰富，通常是以飘逸的身姿、斑斓的色彩以及清幽娴雅的神韵出现在我们眼前。本主题通过观看《蓝色星球》《深蓝》《海洋绿洲》等纪录片，并寻找鱼类题材的相关摄影作品、文献资料等，获得大量与鱼相关的资料，然后再进行分析、筛选，这样就能慢慢获得创作灵感。了解鱼身体的基本构造、皮肤特征等，对鱼类的动态特征与运动轨迹进行线性描绘，使之图形化，而非瞬间的视觉体验，然后对线条进行提取，运用参数化软件，结合不同参数的带入，感受其形态的变化，最终选择其中一种方案，制作实物。

解决问题

① 鱼形态特征的设计语言表达以及相关的参数化演算；

② 选用何种材料对鱼身体的表面肌理进行表现。

涉及的相关技术问题

① 运用AI软件绘制矢量图；

② 学习并运用Rhino软件进行数字化立体建模。

2. 创作过程

（1）获取灵感。第一步，观看相关纪录片、摄影作品，从中获取不同种类鱼的形态特征，包括：鱼鳞、鱼鳍、鱼尾等；第二步，选择感兴趣的品种，观察其动态变化，如旋转、跳跃等动作特点；第三步，描绘其运动轨迹，包括速度与节奏给人的意象感受等（图3-77）。

图3-77　鱼元素的图片

（2）灵感板的制作。以鱼为灵感源，收集不同种类的鱼进行分析比较。鱼的种类包括鲨鱼、金鱼、鲫鱼、鳗鱼、鲤鱼、斗鱼等，通过收集，对鱼的身体结构、游动形态、鱼鳞形状排列方式、鱼尾及鱼鳍等各个部位的形状，进行对比并提取感兴趣的元素进行设计（图3-78）。

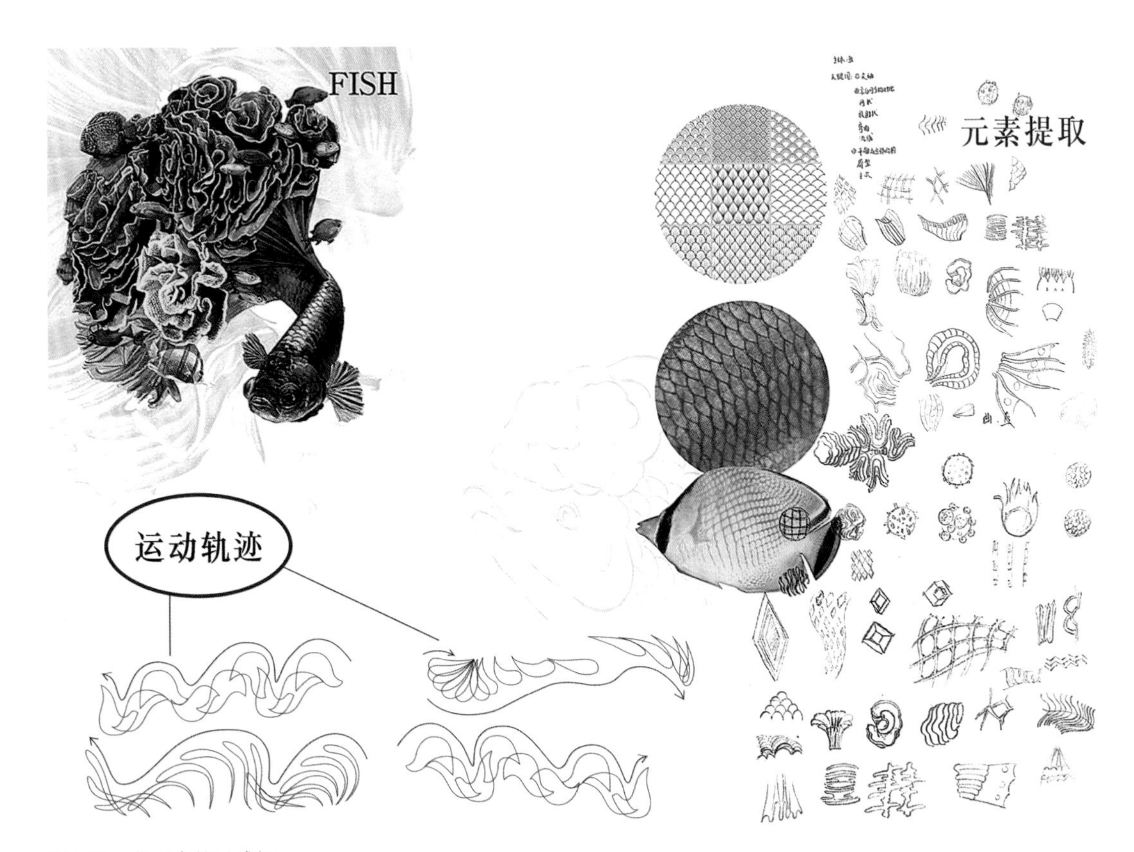

图3-78　鱼元素的灵感板

（3）关键词提取。对灵感板中所包含的图片信息进行特征提炼，并用词语表达出灵感板中的主要关键词。提取的关键词为：反复、渐变、流线型。

（4）关键词表达。在设计过程中，对鱼的各种形态、特征元素等部件进行分层，对鱼的形态进行简化、抽象等多种表现，从而得出以圆形为基础的单位元素并进行演绎（图3-79～图3-84）。

① 将圆形进行分割、折叠，使其形成连续折叠、连续折面，即表面经过多个维度上的连续折叠形成了开放的、流动的空间。高度方向上的连续性和底面的非水平性，使围合的服装空间在流动性的基础上发展出可塑性和延展性，连续折面的不同体块的增加与削切，生成相互影响的集合体。

② 鳞片的形状光滑圆润，从视觉上给人灵动且变化的感觉，以渐变的方式、折叠的手法将多个不同大小的鳞片组合在一起，从视觉上给人以流动之感。

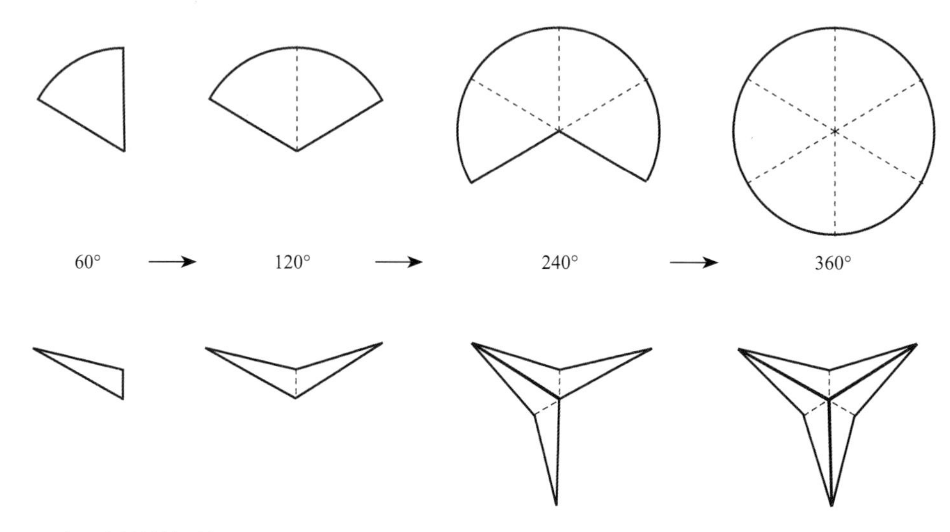

图3-79　鱼元素的关键词表达1

图3-80　鱼元素的关键词表达2

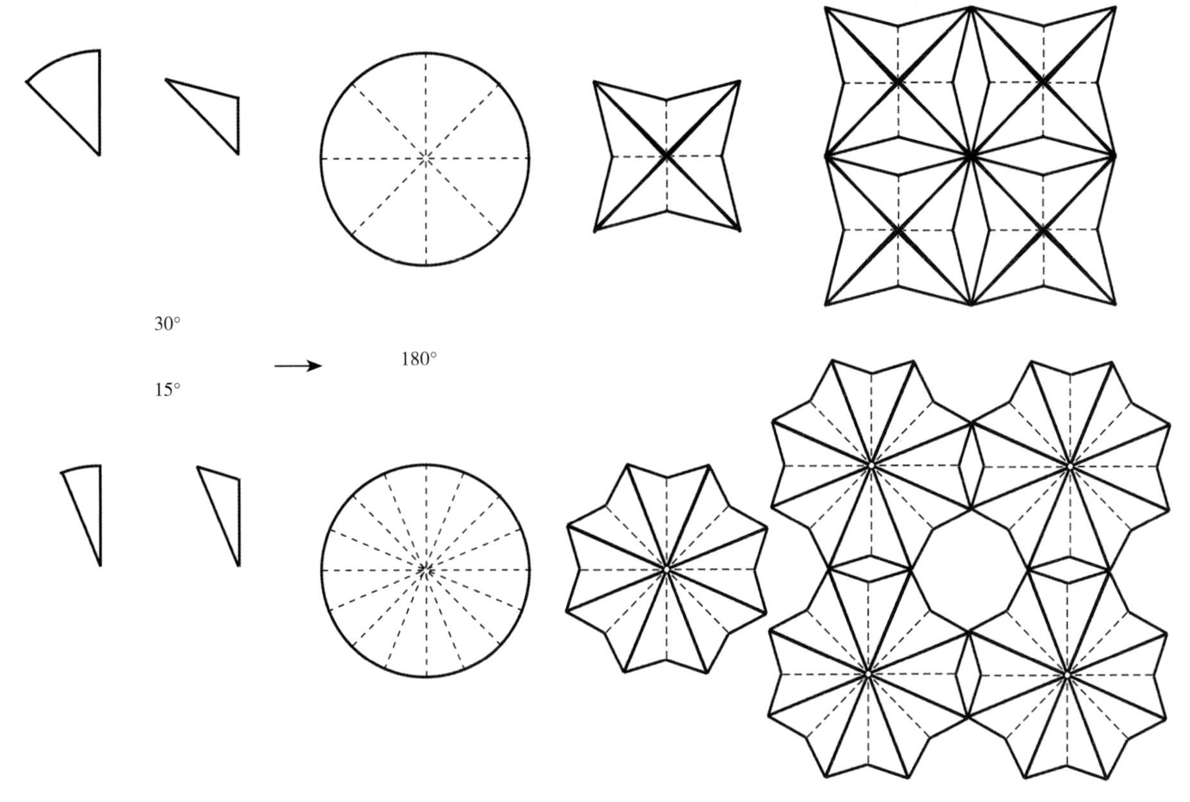

图3-81　鱼元素的关键词表达3

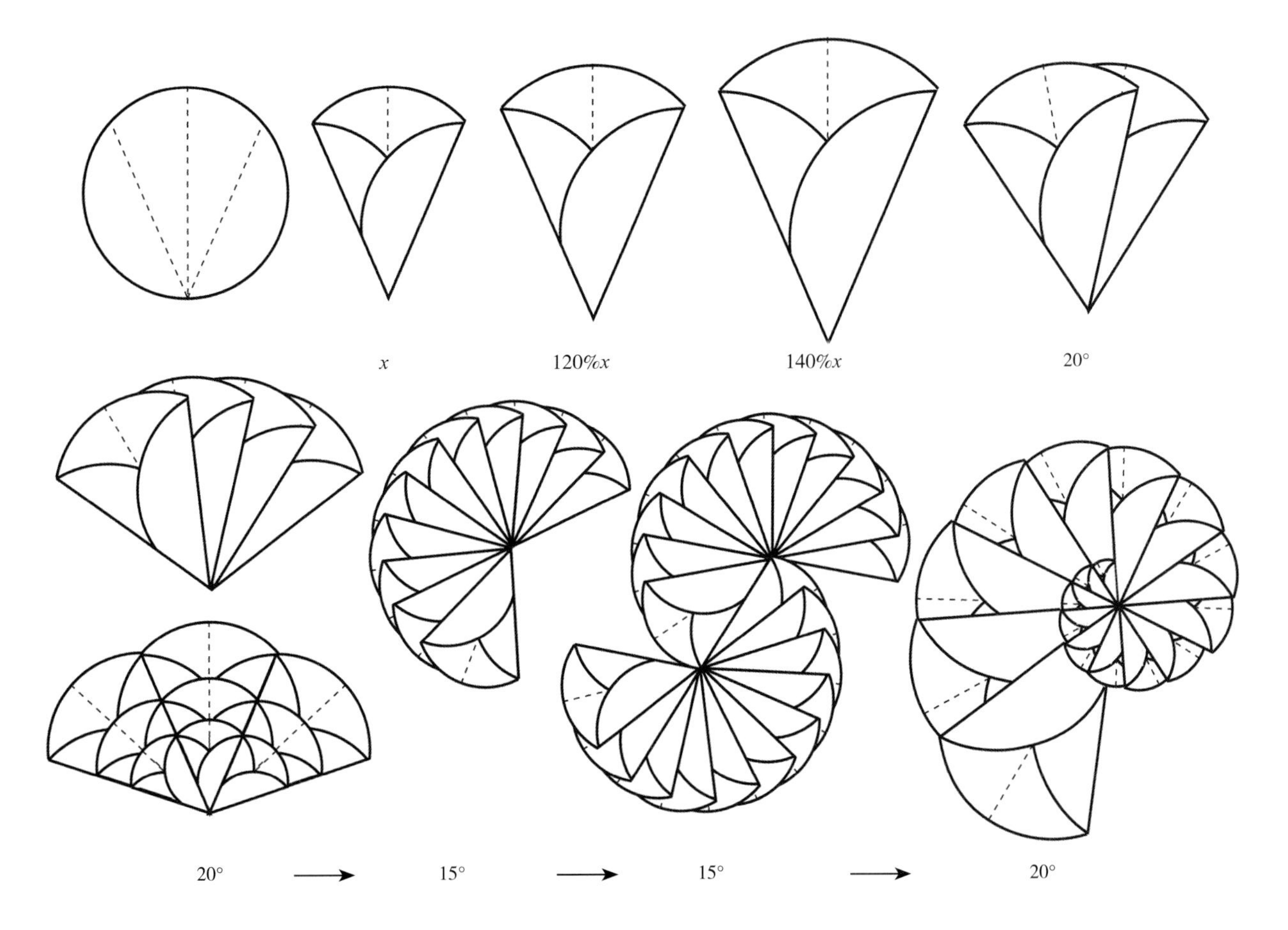

图3-82　鱼元素的关键词表达4

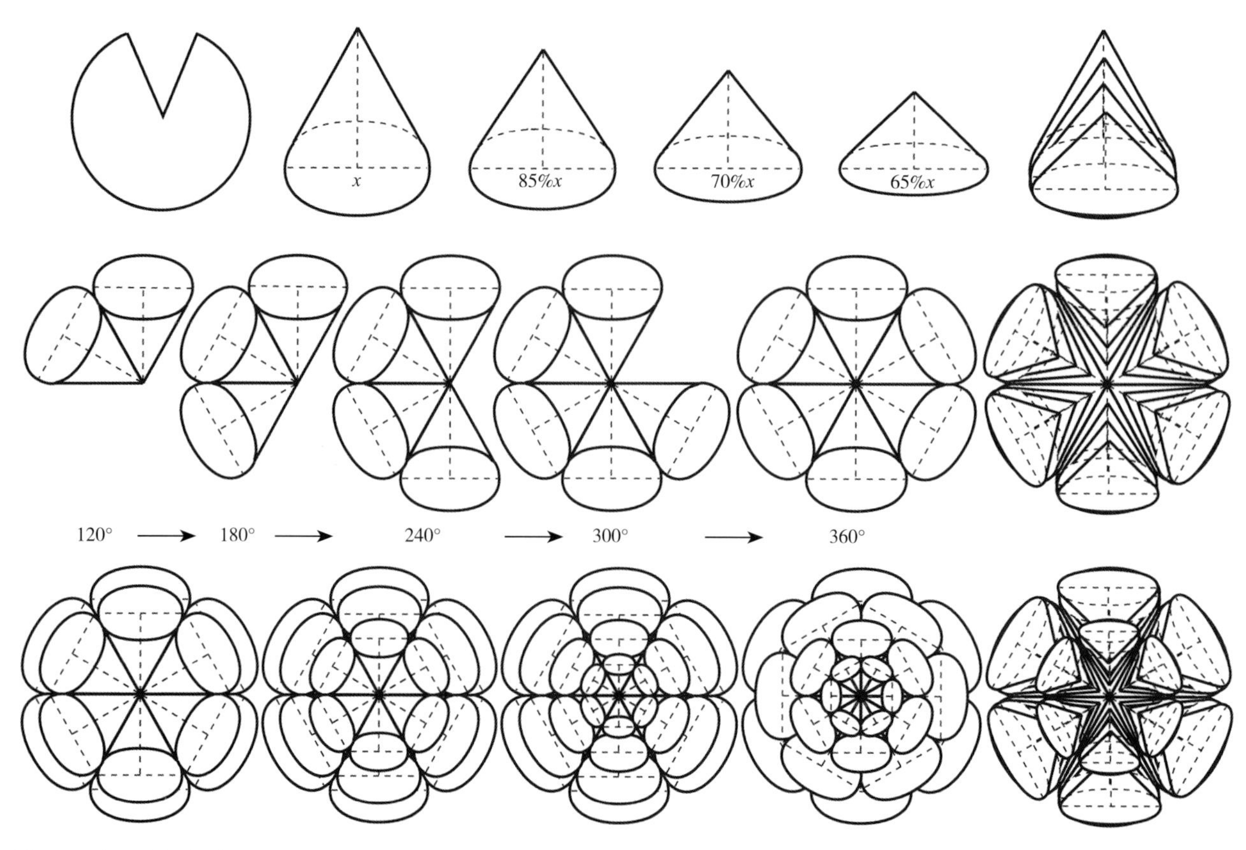

图3-83　鱼元素的关键词表达5

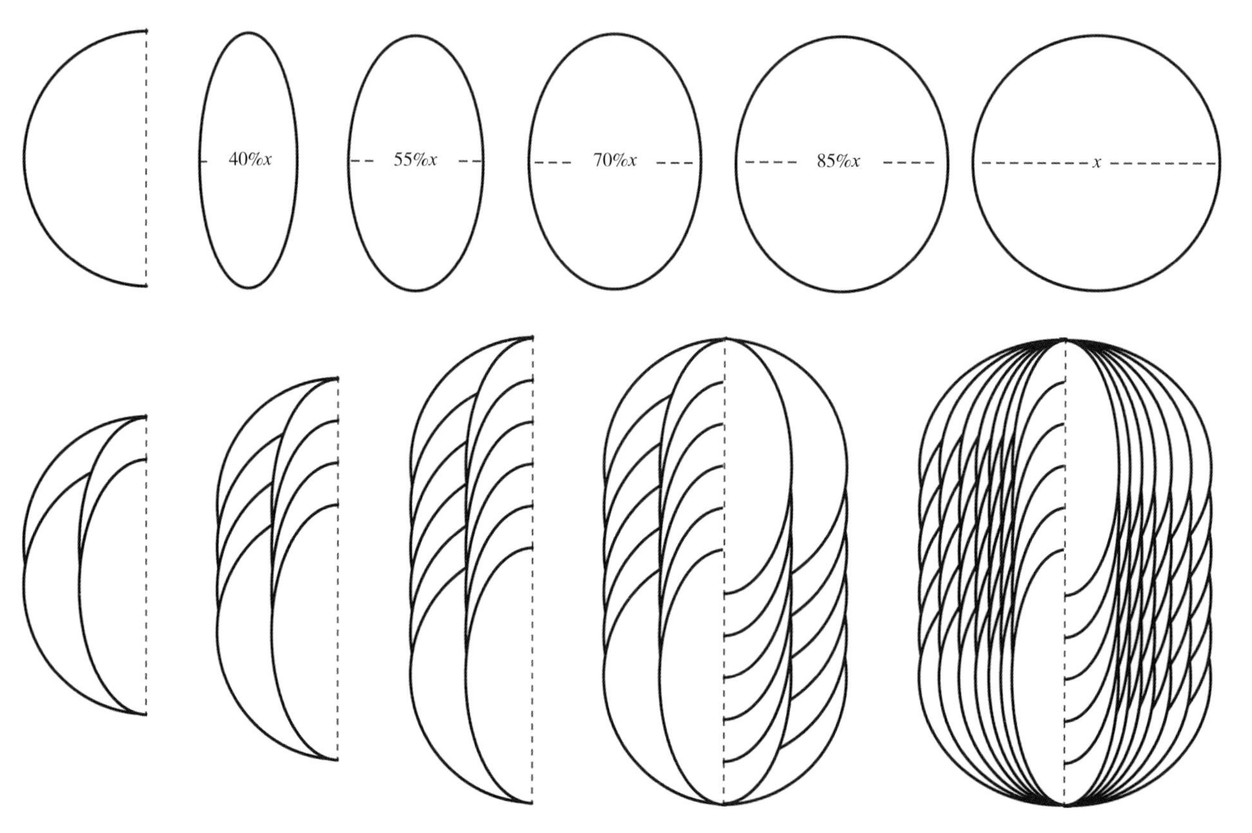

图3-84　鱼元素的关键词表达6

（5）形态研究。根据鱼鳞的外形、构造和发生的特点，鱼元素的形态研究可以分为以下三种类型（图3-85～图3-87）。

① 盾鳞由真皮和表皮联合形成，包括真皮演化的基板和板上的齿质部分，即埋藏在真皮中的硬骨质的圆形或菱形基板和突出于表皮以外尖锋朝向体后而中央隆起的圆锥形的棘（齿质）。

② 硬鳞由真皮演化而来的斜方形骨质板鳞片，表面有一层钙化的且具有特殊亮光的硬鳞质，叫作闪光质。

③ 骨鳞由真皮演化而来的骨质结构，类圆形，前端插入鳞囊中，后端露出皮肤外呈游离状态，相互排列成覆瓦状。根据游离后缘的形状不同分为圆鳞和栉鳞。圆鳞的游离后缘光滑圆钝，常见于鲤形目、鲱形目等较低级的硬骨鱼类。栉鳞的后缘有锯齿状突起，多见于鲈形目等高级鱼类。不管圆鳞或栉鳞，表面均有同心圆的环纹，称年轮。与植物茎的年轮一样，可依此推测鱼的年龄、生长速度及生殖季节等。

（6）纸衣服的创作及作品展示。选择油画布作为材料，油画布凹凸的肌理感与鱼表皮给人的视觉有相似之处，将单元元素角点相连成块面，整体采用不对称的方式，使之跟随人体的形态变化弯曲形成流线型的造型，各个角度呈现出不同的形态（图3-88、图3-89）。

图3-85 鱼元素的形态研究1

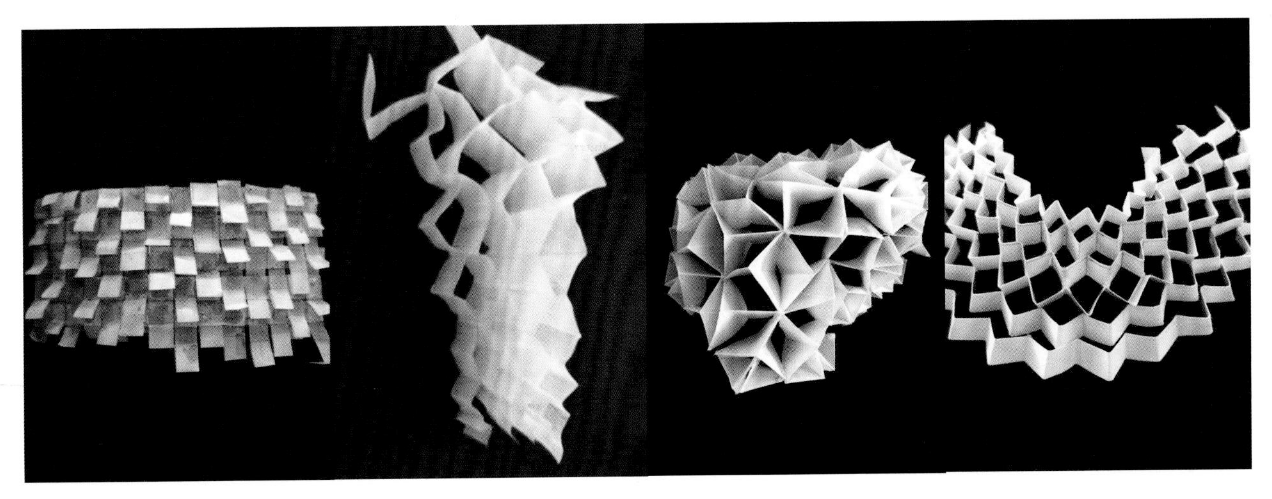

图3-86 鱼元素的形态研究2

图3-87　鱼元素的形态研究3

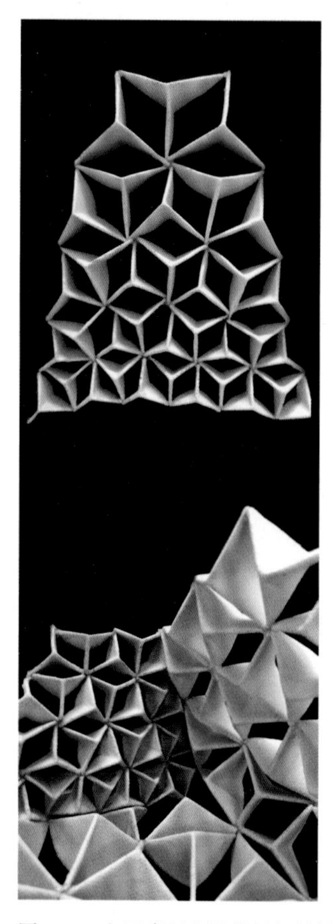

图3-88　鱼元素纸衣服的局部材料

图3-89　鱼元素纸衣服的成品展示效果（作品来源：朱佳瑜）

第四节

材料

一、教学进度

材料专题的教学进度可参考表3-3，教案参见附录七。

表3-3 材料专题教学进度表

时间安排	第一周	第二周	第三周	第四周	第五、六周
课时	10课时	10课时	10课时	10课时	20课时
内容	认识课程 掌握基本理论 了解任务 收集、制作主题资料并分析、讨论	提炼关键词 明确研究方向 深入收集资料并分析、解读、讨论	关键词表达 尝试用不同的材料、方法来深入表达关键词 对前期过程进行讨论	研究的深入阶段，重点是对关键词表达的分析与讨论	继续完善对关键词的研究及表达 汇总前期研究成果并做汇报交流

二、材料

在《现代设计辞典》中，关于材料是这样描述的：材料是制作工具、产品等的物质，但它不包括制造消耗品的物质。它是造型的要素之一，设计中的功能或形态都必须由加工后的材料得以维持。材料的品种繁多，根据不同的出发点有多种分类方法。

常用的分类方法有以物质结构分类、以加工程度分类与以形态分类三种。

第一种以物质结构分类，大致分为金属材料、非金属无机材料、有机材料、复合材料四大类型：a.金属材料，无机材料中属于按金属键相结合的物质。它包括众多的金属元素、各类合金与金属间化合物等。b.非金属无机材料，主要是指窑业材料，包括各类陶瓷、水泥与玻璃等。近年来，国际上正出现以陶瓷材料或窑业材料的名称替代非金属无机材料这一名称。c.有机材料，以构成生命体的主要物质如碳化物、碳氢化合物及其衍生物等高分子物质构成的材料。有机材料中有天然的，如木材、竹、橡胶等，也有人工合成的，如各类树脂等。d.复合材料，是由两种以上的材料组合而成，具有单元材料无法实现的新功能的材料。例如胶合板、钢筋混凝土与各类玻璃钢等。作为单元材料，前三类一般被称为设计的三大材料。

第二种以材料形成的加工程度分类，有天然材料、人造材料以及介于两者之间的加工材料：a.天然材料，未经加工或几乎未经加工的情况下即可作为材料使用的材料。这类材料又分为有机的与无机的两类，如竹、木、橡胶、丝绢等属于前者，而石材、黏土等属于后者。一般这些材料的性能、纯度的偏差大，并有地域差，有形状与数量的限制。天然材料是手工工艺的上乘材料。b.人造材料，完全出于人手制作的材料，也分为两类。其一是以天然材料为蓝本，以克服天然材料的缺点为目标而制成的材料，如人造革、人造大理石、人造花岗岩、人造象牙以及与天然材料几乎无异的人造橡胶、人造钻石等；其二是自然界中并不存在的材料，如部分金属、各种合金、塑料、玻璃等。c.加工材料，介于自然材料与人造材料之间，它克服了天然材料的部分缺点，并且成本又较人造材料更低，所以被广泛应用。常用的有胶合板、纸、混凝土与陶瓷等。

第三种以材料的形态分类，a.颗粒状材料。b.线状材料。c.膜状材料。d.块状材料。

其中，按物质结构的分类是最本质、最重要的分类。常说的设计三大材料就是指这一分类中的金属材料、非金属无机材料与有机材料。

然而，无论是建筑设计、工业产品设计还是服装设计，材料都是设计师表达内容的载体。不同的材料，其形状、纹理、色泽等都蕴含着表达情感和思想的设计语言。随着现代高科技的迅猛发展，服装材料也呈现出由低级、单一型向高级、多元化的发展趋势。特别是服装材料质地结构的重组、面料组织构造的创新、传统工艺传承及再设计等新观点、新形式为设计师的产品设计研发提供了更多的稳步发展空间，使服装面料在制作过程中呈现出之前单一面料无法完成的效果，为服饰设计增加了新的视觉效果和艺术内涵。技术的进步，促使新型面料不断被开发出来，同时也提高了生产效率。未来织物的开发潜能是无穷的，新型服装面料和面料再造技法的出现无疑给服装设计制作行业带来了新的生机。大量出现的服装新型材料和制造工艺，为时尚界带来了一场颠覆性的、以科技手段改造面料的、全新的艺术效果。例如，应用机器低温压褶的方法直接依照肌体曲线调整裁片及褶痕，其裙子的材质不会随之缩减、变形、扩展，使其造成更丰厚的曲面以及立体美学的实际效果。

（一）常见的服用材料

常见的服用材料是指人们日常着装所用的服饰材料，一般有棉、麻、丝绸、毛皮等。这类材料一般具有很好的保暖性、透气性、亲和性，且具备便于加工、价格便宜等特质，适用于不同季节和环境。当然，这是最简单的表述，如果要对常见的服用材料进行细分，还是有非常多的分类方法。例如，根据材料的加工工艺不同，常见的两大类就是机织面料和针织面料；根据加工性能不同，可分为机织物、针织物、高支织物、粗支织物、薄型织物、厚型织物等；根据织物的组织不同，可分为平纹织物、斜纹织物、缎纹织物、双层织物等。另外，面料从门幅的宽窄程度上可分为窄幅织物、宽幅织物及双幅织物等。因此，非面料专业的同学，在学习阶段很难全方位地掌握，这也不是太重要，因为通常设计师都会在日后的工作中、实践中逐步了解并掌握。但有部分材料还是需要熟悉掌握其特性，因为它们可以算是基础性的材料。例如，牛仔布、卡其布、灯芯绒、牛津布、泡泡纱、欧根纱、府绸、塔夫绸、乔其纱、皮革、空气棉、电力纺、棉麻类的面料，以及各种蕾丝等。

（二）非常规服用材料

非常规服用材料通常会出现在创意性较强的实验室、学生的毕业设计作品以及各大品牌的概念作品秀中等。虽然这类作品不能直接满足消费者，但是其价值不可小觑，因为对非常规材料的运用是一种超前的、预测性的、实验性的活动，是对未来各种可能性的研究，往往一个新材料的诞生和运用，能够影响几代人。当然，对非常规材料的实验会存在不成熟、不完善的现象，这些都是可以理解的。因为，人类很多发明和设计都是通过无数次的更迭才逐步完善的，任何推进都是难能可贵的。在此仅介绍本次纸衣服课程中遇到的部分材料。

1. 滴胶

滴胶在人类社会的生产生活中是一种常见的产品，其应用范围比较广泛，在其应用水平不断提高的情况下，不仅能够为其他产品提供良好的保护作用，还能够为人们的日常生活增添更多的美感。从滴胶材料本身所具有的特性而言，无论是软性滴胶还是硬性滴胶，都能够使服装材料在合理的设计方案应用下达到更好的应用效果。滴胶材料的应用，正是对面料进行再造的工艺手段。在未来的服装设计工作中，滴胶材料的应用必将从部分环节延伸到设计工作的全流程中。将滴胶材料应用于传统面料中，能够根据设计师的需要改变服装材料的原始面貌，使服装设计的传统文化与现代科技结合在一起，从而达到对传统面料进行二次创新的目的。将滴胶材料作用于传统面料上，能够更好地展现面料的肌理美和图案美。其表面肌理能够给人更加美好的触觉和视觉上的感受，能够更好地呈现设计师的创新理念。

2. 综合材料

传统的服装面料以棉、麻、毛、丝、化纤制品为主，通过面料染色印花实现服装面料的不同变化，而3D打印服装在制作过程中多以树脂、硅胶、塑料、纤维等构成的类水脂化合物为材料，设计师将这些特殊材料呈现的特殊肌理效果与科技相融合，多种材质混合搭配，创造出充满未来感的艺术时装。艾里斯·范·荷本在2018年秋冬高定“生物与科技的融合”（Syntopia）系列中，与荷兰阿姆斯特丹Studio Drift工作室的两位艺术家朗妮珂·盖亚恩（Lonneke Gordijn）、拉夫·娜奥塔（Ralph Nauta）携手，以编织为基点，将传统编织与先进数码设计编织工艺相结合，通过参数制图将激光剪裁的羊毛织入皮革。她还将折叠、涂层处理后的丝质欧根纱交错叠加，模拟成鸟类的飞行轨迹，通过3D打印技术，结合聚酯薄膜、欧根纱、丙烯薄片等材料，艺术地呈现了声波的图纹。2018年春夏“Ludi Nature”主题系列，运用了Foam-lifting与激光切割工艺，将图形热黏合到薄纱上，使裙上的鳞片随着模特的步伐轻盈流动。越来越多的设计师开始关注科技的影响力，利用3D打印、激光切割和数字打印等工艺技术打造时尚产品已成为流行趋势，新型材料的创新与传统面料的融合，均为服装带来了更多的可能性。

3. 非常规服用材料的处理手法

用非常规服用材料进行服装创意设计，也有一些约定俗成的手法可供借鉴。设计者可以根据所用材料的特性进行加工制作。例如，在做裙撑时，选用钢丝不用铁丝，是因为铁丝容易变形，支撑力度弱于钢丝；在塑造一些特殊造型服饰时，铁丝的易变形的特性又成了首选它的优点。在创作过程中，常用到的手法有如下几种：一是折叠法。折叠作为一种重要的装饰手法与形式语言，反映在现代服饰设计艺术上，具有直观的三维立体感。主要的折叠手法包括：堆折、叠折、抓折等。折叠法改变了传统服装的结构模式与形态要素，形成了细致、优雅、活泼、多变的设计风格。折叠法适用于布料、纸质材料、皮革、软质化纤板材料等。二是缠绕法。缠绕法主要是依靠材料的悬垂性或柔韧性进行创作，通过缠绕、包裹、扎系等方式将材料依附于人台或人体创作出各式各样的造型。缠绕法适用于布料、编结材料等。三是编结法。编结法是用布条或其他绳状物扭曲缠绕，然后按一定的规律进行编织，形成各种交叉纹理效果，给人以稳中求变化，质朴中透优雅的视觉享受。编结法适用于皮革、塑料软管、布料、各类织带等。四是绣缀法。绣缀法是利用材料的弹性，通过手工绣缀形成凹凸立体感强的纹样，将这些纹样装饰在服饰的领、肩、腰等部位，形成优雅别致的造型。此外，绣缀法也指用珠片、珠子等其他材料装饰面料的方法。五是立体堆积几何法。立体几何法是根据不同材料的特性构成不同几何体，给人以明朗的廓型形态和具有视觉冲击的力量感。常用材料堆积的手法来完成创意造型，堆积的几何体可以是圆锥体、球体、螺旋体、仿生体等。立体几何法可以是不同平面经纬分割、重组产生的新的造型，也可以是不同大小的空间重组，创造出新的造型。六是镂空法。镂空法是在材料上将图案的部分切除，造成局部的断开、镂空、不连续性，使其具有不规则、不完整、残破的特征。镂空的方法有两种：一是在面料上画好图案，用刀将需要镂空的面料切除，透出底层面料或人体肌肤；二是在进行其他造型时，不经意地留出间隙，从而露出底层面料或皮肤，产生服装透叠、多层装饰的效果。

三、灵感板制作

（一）灵感板

参见第二章“第四节交叉 · 融合”的相关内容。

（二）灵感板排版要求

灵感板的制作可参见第二章“第三节交叉 · 融合”的相关内容。

（三）灵感板的内容提取与分析

灵感板的内容提取与分析参见第二章“第三节自然 · 仿生”和“第四节交叉 · 融合”的相关内容。

四、作业

（1）选取一种肌理感较强的物体，收集10张左右的相关图片，完成灵感板。
（2）分析灵感板，从中提取两三个关键词，做头脑风暴练习。
（3）运用数字化的设计方法，通过参数化演算得出合理的数据，并用计算机制图。
（4）充分发挥想象力进行关键词表达，要求表现不少于20个面料小样。
（5）绘制不少于30张设计草图，根据设计图完成纸衣服的创作。

五、材料专题教学案例

案例：易鳞

1. 创意构思

本主题的灵感来源于一个放置在桌面上的矿泉水瓶，它在阳光的照射下，瓶里的水与光线产生了投射，并在桌面上留下美妙的光影。但这种光影仅是一种影像，而且此种光影效果是很难实现的，特别是无法提取出有效的基本形态，只好放弃。因此，只能换一个灵感源重新展开主题构思，经过一番资料的查找，把灵感锁定在一种鱼的鳞片上，由于鱼鳞的形态构成具有规律性，特别是鱼鳞的排列具有大小渐变的特征，如果分析出其中的数据关系，就能为后续形态设计打好基础。另外，再结合鱼生活的空间、环境，整个设计素材就应该非常丰富而且合理。

解决问题

① 鱼鳞片形态的再次演绎；

② 鱼鳞片形态的演变、建模以及3D打印的材料等。

涉及的相关技术问题

① 用犀牛软件建模；

② 鱼鳞片形态演变的制作工艺等。

2. 创作过程

（1）获取灵感。观察自然界中的事物，并从中获取灵感（图3-90）。

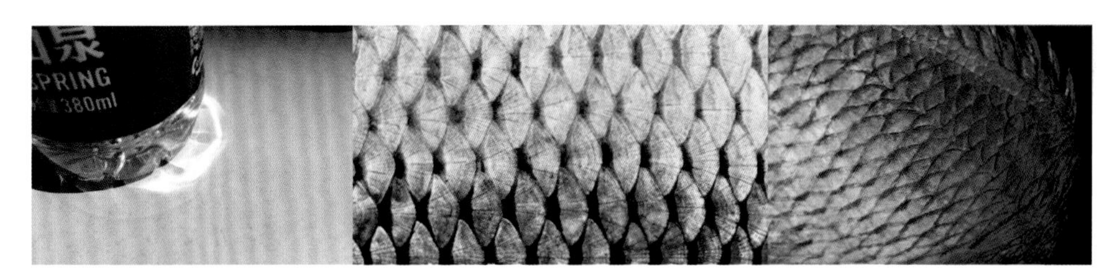

图3-90　自然界中的灵感图片

（2）灵感板的制作。收集一些感兴趣的图片，主要包括鱼及其鳞片等，考虑图片的大小主次进行简单排列，关键是鱼本身的形态要具有研究价值，并且姿态要优美（图3-91）。

图3-91　鱼鳞元素的灵感板

（3）关键词提取。仔细观察图片，分析鱼的形态和肌理，并从鱼鳞出发，做一些形态联想，模拟鱼鳞表面的肌理特征。可以提取的关键词有很多，如排列、渐变、扇形、光滑、镂空等，结合自己的兴趣点和可能发展的方向选取关键词（图3-92）。

提取的关键词为：扇形、排列、镂空。

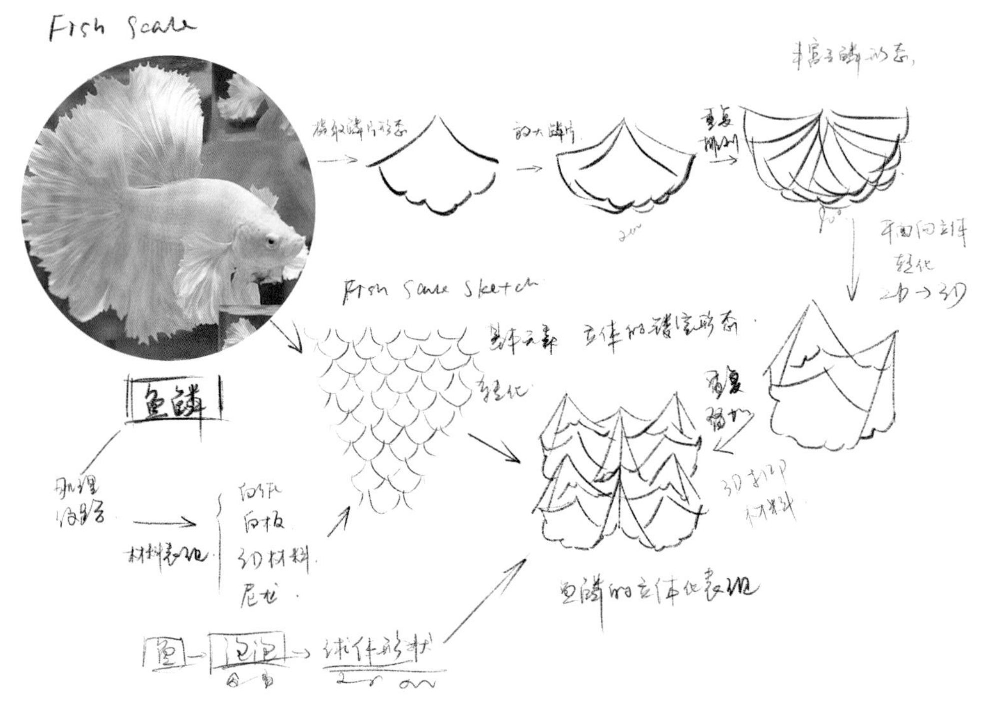

图3-92　鱼鳞元素的灵感板关键词

（4）关键词表达。扇形鳞片是构成整件纸衣服造型的基本形态，结合提取的关键词，对鱼鳞的渐变排列进行参数分析。在实践过程中，发现鱼鳞的排列比较单调，应该在保留特征的前提下，增加一些变化，因此考虑尝试用角度变化的方式，0°，20°，80°，…，进行递增排列，表现不同的鱼鳞排列形态。在实验过程中为了改变鱼鳞本身比较平面的问题，希望增加立体的成分，因此对扇形结构进行折叠，出现了比较立体的形态。此时的鱼鳞元素已经演变为另外一个有趣味的形态，而且是一个镂空的形态，这样三个关键词就都能体现出来了（图3-93）。

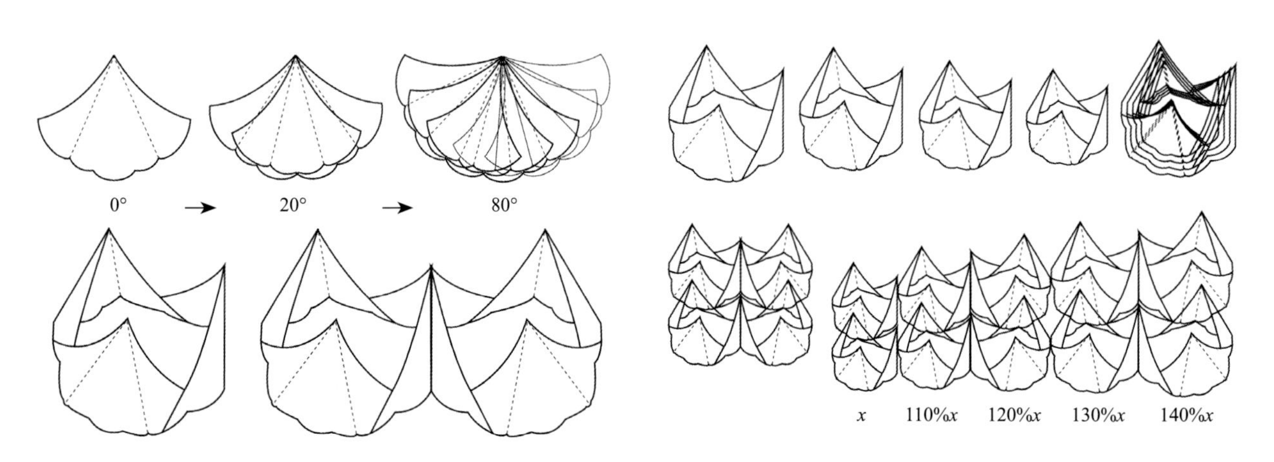

图3-93　鱼鳞元素的关键词表达

（5）形态研究。由灵感图片而联想到的几何形态，再由几何形态发展出实验性小样。利用犀牛软件给鱼鳞形态进行建模，再通过3D打印的方式成形，为了丰富细节，尝试展开鳞片，并利用激光切割机切割纹路，形成镂空的效果。另外，受到鱼吐泡泡的启发，又把前面打印出来的形态再次组合排列，最终形成比较复杂的形态（图3-94）。

图3-94 鱼鳞元素的形态研究

（6）纸衣服的创作及作品展示。确定了鱼鳞的排列形式，基本就有了纸衣服的创作基础，但鳞片比较小，很容易使服装廓型变得琐碎，也很难形成比较整体的造型，因此首先需要解决这个问题。考虑身体上面的起伏，尝试把立体元素的侧面进行面对面的连接，最终形成一个有弧度的形态。那么这个带有弧度的形态就比单个鳞片更加整体，然后再把这个形态在此组合做出更大的形态，有的类似于参数化的分析理论，好比一个树干分出树枝，然后树枝再分出更小的树枝。在此将这个思路反过来，最终做出大的形态。然后用草图的形式先勾勒出大概的效果，再结合人体结构，进行纸衣服的制作（图3-95、图3-96）。

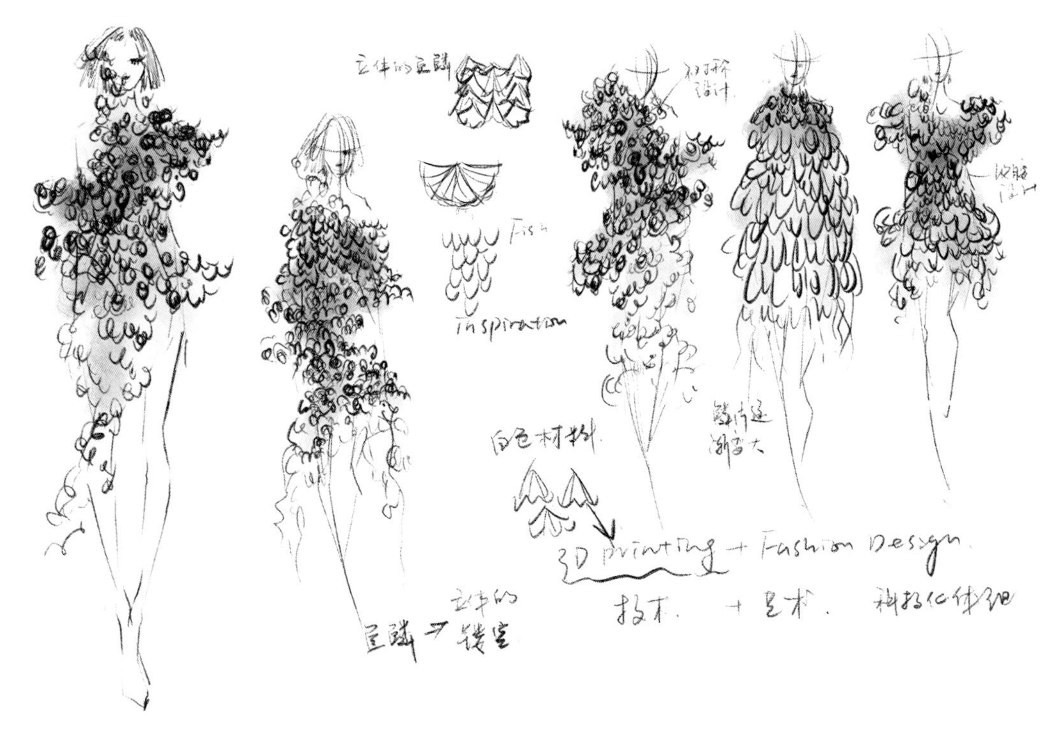

图3-95 鱼鳞元素纸衣服的设计效果图

图3-96　鱼鳞元素纸衣服的成品效果展示（作品来源：刘梦涵）

第五节

技术

一、教学进度

技术专题的教学进度可参考表3-4，教案参见附录八。

表3-4 技术专题教学进度表

时间安排	第一周	第二周	第三周	第四周	第五、六周
课时	10课时	10课时	10课时	10课时	20课时
内容	认识课程 掌握基本理论 了解任务 收集、制作主题资料并分析、讨论	提炼关键词 明确研究方向 深入收集资料并分析、解读、讨论	关键词表达 尝试用不同的材料、方法深入表达关键词 对前期过程进行讨论	研究的深入阶段，重点是对关键词表达的分析与讨论	继续完善对关键词的研究及表达 汇总前期研究成果并做汇报交流

二、技术

在《现代设计词典》中关于技术是这样阐述的：英文“Technique”，该词源自希腊语，意为与自然相对的人工之意。汉语的所指更为明确，所谓“技”，既指技艺或本领，也指掌握某种技艺或本领的人，即工匠；所谓“术”，是指实现这些技艺所采取的方法、手段或策略。所以一般的技术，是指人类为了实现某一目的所进行活动时采取的手段与方法。由于目的既有物质性的，也有精神性的；既有单一的，也有综合的。所以作为实现这些目的而采用的手段，虽不排除单一的，也有更多的是综合的、体系化的。技术中有如生产技术、工程技术等物质的、综合的、体系化的技术，也有如政治、教育等观念性、精神性的技术，而设计的技术是物质性与精神性相结合的综合性技术。在现代设计中，设计师对技术的关注与运用更是达到了极致，艺术与科技也是现代设计寻求创新、创意的重要突破口，很多现代艺术作品甚至是日常消费产品都充满了技术的痕迹。当然，各个领域的设计师对参数化技术的运用早已是热门课题，本书数字化纸衣服也得益于对参数化技术的运用。

（一）参数化概况

参数化设计作为一种设计方式，服务于设计师的思想与创意，参数化建模技术作为一种设计手段，将思想创意变为现实。近些年，参数化设计大多运用在建筑领域并引起强烈的反响。首饰、鞋品、服装设计等时尚行业也逐渐向参数化独有的繁复且多变化的风格靠拢。具有参数化风格的服装产品将随着3D打印技术的日渐成熟而更具有挖掘潜力和发展潜力。利用计算机建立的3D服装造型更具有逻辑性和秩序性。亚里士多德认为，美的主要形式是“秩序、匀称和明确”。3D软件建立的立体服装线条自然柔顺，曲率光滑连续。以荷兰女设计师艾里斯·范·荷本的作品为例，如图3-97所示，其披肩装饰造型即3D打印作品，披肩装饰的层叠褶皱弯曲自如、流畅匀称，并且左右对称。层层堆叠的褶皱变化丰富，疏密相间且详略得当。褶皱中的流线型线条通过3D建模技术进行参数化流动变化，理性地展现了褶皱造型的自然美。正如英国的博克认为“美大半是物体的一种性质，如小、光滑、逐渐变化、不露棱角、娇弱以及颜色鲜明而不强烈等”。这是在计算机3D建模技术的辅助下才能够做到的自然曲线，体现了在艺术与技术的结合下产生的新的美的形式。

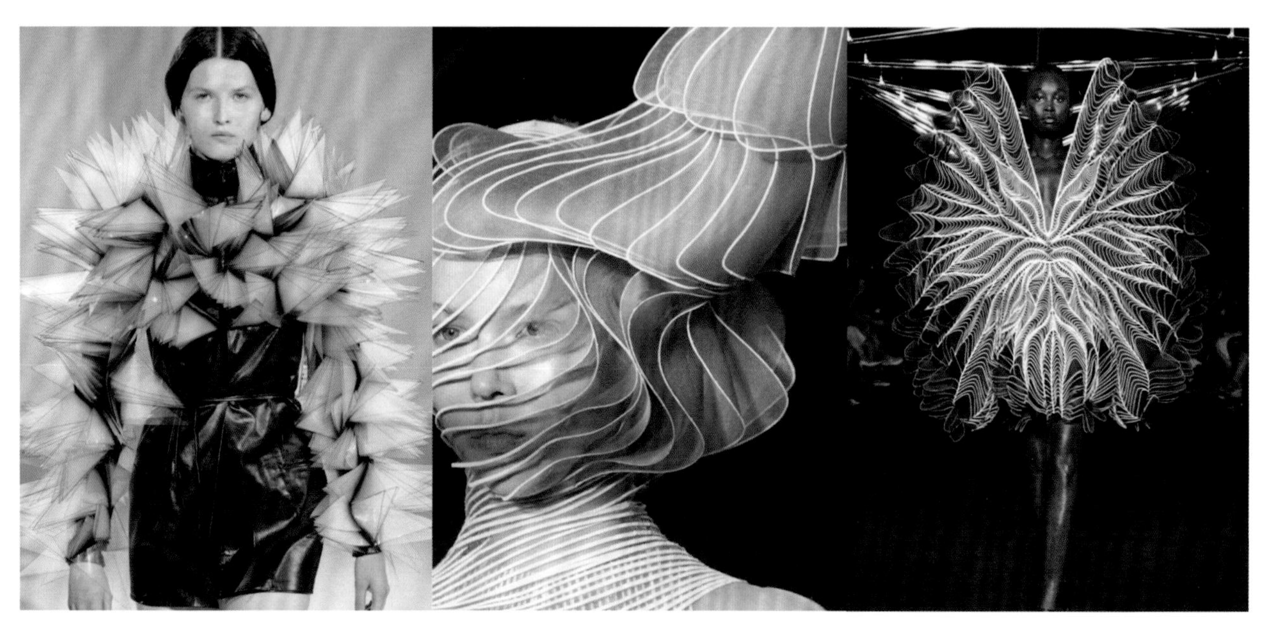

图3-97　艾里斯·范·荷本设计作品

参数化设计源于几何，其本质是在可变参数的作用下，系统能够自动维护所有的相关参数。参数化设计打破了现代主义反对的任何装饰的简单几何形状，通过逻辑建模，调节参数，迅速得到相应变化的模型结构，并且能够在短时间内利用其计算功能生成大量结果，以及对结果进行对比优先，有效地提高了工作效率。在参数化设计过程中的最大优势在于其直观性，可以边输入计算边输出结果，多以图形形式呈现，随时预览设计结果，方便快捷。参数化技术广泛应用于工业设计、生产制造、建筑等领域，早已形成成熟的应用体系。但在服装设计中的应用反而较少，这也正是服装设计跨界创新的发展空间。

参数化设计的核心是“逻辑建模”。例如，“两点相连成一条直线”这句话本身有一个逻辑在里面：两个有距离的坐标点（参量），互相联结（关系），形成一条直线（结果）。逻辑建模就是把建模过程中的三个因素分解开来：参量—关系—模型，而参量与关系都可以随时改变。当坐标点发生位移时，直线的长度、位置随之改变。加入参量变化即加入“干扰”体系。举几个典型的建筑案例来看，如立面上翻转的百叶、屋面上开合的洞口等各式各样的元素构件重复地组合排列都可以在建筑界面上，同样也可以运用在首饰表面或是服装衣片上。每一个构件元素看似相同，但细微之处都有着各异的变化，且程度深浅不一。这些构件在一种集群的逻辑控制下可以显得极具秩序感和韵律美。其中，“干扰”体系的三个组成要素分别是体形网架、构件单元和干扰参数。重复列阵的构件往往有一个变量输入端，可以让你自由地改变这个构件的形态。例如，图3-97中艾里斯·范·荷本设计的一款服装，即为多个菱形构件组成的重复列阵。最后，干扰参数则可以通过这个变量输入端对整个单元群组进行集群式的干扰控制。所谓“干扰”，即用一组有递变规律的参数变量来宏观调控指定网架上每个单元变化形式的一种生成思维。理解这个“干扰”体系，便能从变化莫测的肌理中找到它们的核心逻辑骨架，也能够更简单地破译它们的生成逻辑。

总之，参数化设计是有诸多优点的，其最显著的一项便是软件带来的联动性，只需调整每一帧上的函数公式或函数变量，整个关联电路便会根据变量进行整体性的变化，也可通过限制输入与输出的路径，控制整体或局部的变化。参数化设计在基本造型上不断叠加变量、控制变量，其优势在于通过软件参数调节和对应反馈信息同步可视化，来寻找与实现设计师的内心想法和寻找最优组合的方案。以产品设计为例，在构建好基本的形体之后，如需对表面或造型进行调整，可单独抽离曲面，构建单元格形体，加之需流动、旋转或渐变的变量函数，将三者元素前后相连，GH便可计算出最终造型。以此类推，增加、减少单元格，增加、减少变化趋势，只需在关键帧对电池块做数据调整，便可得到完全不一样的效果。利用软件特性，完全打开了设计师对于软件操作的束缚，将科学的数字理论基础与艺术创作相结合。

（二）犀牛软件（Rhino）

犀牛软件（Rhino）是全世界第一套将Nurbs曲面引进Windows操作系统的3D计算机辅助产品设计的软件（图3-98）。因其价格低廉、系统要求不高、建模能力强、易于操作等优异性，在1998年8月正式推出上市后，便对计算机辅助三维设计和计算机辅助工业设计的使用者产生了很大的震撼，并被迅速推广到全世界。Rhino是以Nurbs为主要构架的三维模型软件。因此，在曲面造型，特别是自由双曲面造型上有异常强大的功能，几乎能够做出我们在产品设计中所能碰到的任何曲面。3DS MAX很难实现的“倒角”也能在Rhino中轻松完成。但Rhino本身在渲染方面的功能不够理想，一般情况下不用它的外挂渲染器，也可以把Rhino生成的模型导入3DS MAX进行渲染。[1]

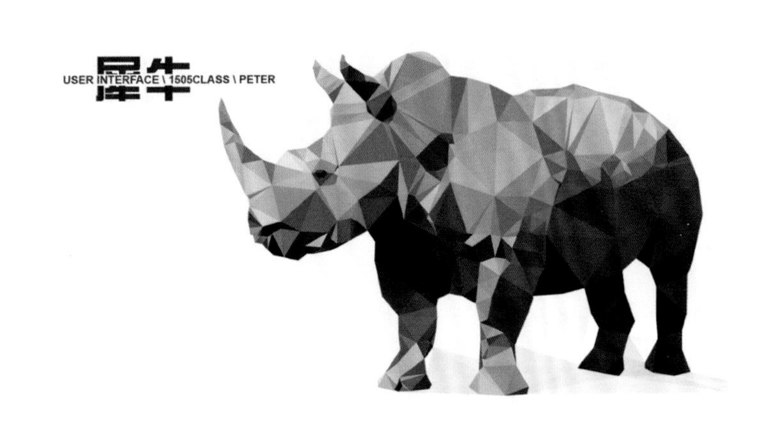

图3-98　犀牛软件

犀牛是一款三维软件，可以方便地建立空间曲线或是曲面。这对于初学者来说是一款快速构架模型、表达创意想法的三维软件。Rhino的建模原理是贝塞尔曲线成面，通过控制点的权重来控制曲线，利用曲线的变化率生成曲面。这项原理最早来源于造船行业。由于此软件操作简单、效果快，在工业产品领域得到了广泛的应用。随着软件的开发，各类插件也使得犀牛软件越发强大，针对不同领域的要求，像类似T-spline、Grasshopper、Keyshot for rhino、V-rey等插件也让不同领域的设计师、插画师、工程师对Rhino的应用越来越多。在建筑行业中，Rhino配合Grasshopper让建筑设计师不仅可以做出天马行空的造型，同时又可以保证每个阶段有真实可行的数据作为支撑，用于加工。例如，凌空Soho、101大厦等变化极其丰富的建筑。

[1] 李博，等. 3D打印技术［M］. 北京：中国轻工业出版社，2017.

（三）Grasshopper

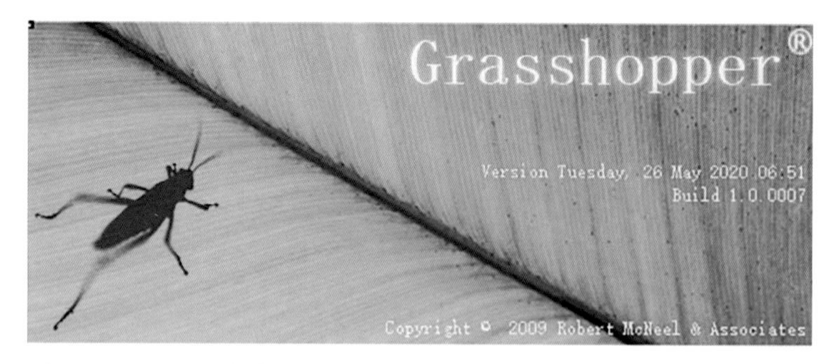

图3-99　Grasshopper软件

Grasshopper软件工具基于象元运算的轮毂形态整体化变形，是一个二维图形引导三维虚拟仿真模型变形的过程。Rhinoceros是最为常用的曲面建模软件，非常适合轮毂的三维模型创建与变形。而基于Rhinoceros的插件Grasshopper，则可以实现三维曲面模型的参数化控制。Grasshopper（GH）是Rhino软件的插件，它采用参数化程序算法生成模型，无须精通编程知识，只需简单的操作和流程，GH就可以根据逻辑调整情况自动生成改变后的模型形态。GH中提供矢量功能，矢量功能在软件界面中以电池图方式表示，可以替代传统的手工画和手工建模的方式，如画曲线、拉控制点、移动、阵列物体等命令和工作。❶

在整个建模过程当中，GH的特点是可以通过运算器指令生成逻辑，并通过计算机运算执行这些指令生成最终的模型。GH的介入不再受形态限制，即便应用于服装领域也完全可以实现对服饰形态变化的表达和控制（图3-99）。

（四）Illustrator

Illustrator为Adobe公司旗下一款矢量绘图软件，具有良好的作图、绘图及追踪特性。它的外观浮动面板（Appearance Palette）和Photoshop的动态效果无缝地结合在一起，能够又快、又精确地制作出彩色或黑白图形，也能够设计出任意形状的特殊文字并置入影像。Illustrator是一款功能强大的矢量绘图软件，所谓矢量图形，是由称为矢量的数学对象所定义的直线和曲线组成的，与分辨率无关。矢量对象是矢量文件中的图像元素，作为一个独立的实体具有形状、颜色、轮廓、大小以及位置等基础属性。它由数学的描述方式生成，所以文件占有空间较小。Illustrator产生的矢量图可以任意移动、缩放或更改，但不影响图形的品质、清晰度或遗漏细节。它的最大优点在于可以很平滑地印刷输出图像，特别是在输出文字时能够保持良好的平滑效果，并可以保持线条及文字边缘整齐和平滑，所以被广泛地应用于广告、出版和印刷界的平面艺术设计中。当需要重新绘制图形、增删图像内容或改变图像显示风格的时候，Illustrator软件使用起来显然优于Photoshop软件。通过Illustrator中的直线、几何工具组、弧线、自由画笔、钢笔等工具的综合利用，能够轻松重描再生图像，并可使产生的图像重复使用并随时进行编辑。❷

在纸衣服创作中，可以通过Illustrator进行零部件的绘制，利用其任意移动、缩放的特性来表达自己的创意和想法。

（五）激光切割技术

利用激光束的热能实现切割的方法，称为激光切割。激光切割具有精度高、切割快速、不受切割图案限制、切口平滑等特点。由于激光束的光点小，功率密度高，可以进行高速切割，且切口和热影响区都很窄，

❶ 吴俭涛，孙利．象元形态设计理论及应用：产品个性化形态定制新方法［M］．秦皇岛：燕山大学出版社，2018.
❷ 王景爽，张丽丽，李强．包装设计［M］．武汉：华中科技大学出版社，2018.

易于应用计算机数控技术实现自动化切割。此外，激光束的工作距离大，因而能对可达性差的零部件进行切割。❶

目前，激光切割已是激光加工中发展最为成熟、应用最广的一种新技术。激光切割总的特点是速度快、质量高、适用范围广，其具体特点概括为切缝窄，节省材料，还可切割不穿透的盲槽，切割速度快，热影响区小，工件变形小，无刀具磨损，没有接触能量损耗，也不需要更换刀具，光束无惯性，可实行高速切削，且任何方向都可同样切割，并可在任意地方开始切割或停止切割，切缝边缘垂直度好，切边光滑，可直接进行焊接切边，无机械应力，无切屑，切割石棉、玻璃纤维时尘埃极少。❷

（六）3D打印

3D打印技术出现在20世纪90年代中期，是采用材料逐渐累加的方法制造实体零件的技术，相对传统的材料去除一切削加工技术。3D打印是一种“自下而上、从无到有”的制造方法，因此3D打印又称“增材制造”。它是一种以数字模型文件为基础，运用粉末状金属或塑料等可黏合材料，通过逐层打印的方式来构造物体的技术。近数十年来，增材制造技术取得了快速的发展，快速原型制造、3D打印、实体自由制造之类各异的名称分别从不同侧面表示了这一技术的特点。❸

3D打印耗材是3D打印技术发展的重要物质基础，也是当前制约3D打印发展的瓶颈，在一定程度上可以说，材料的发展程度决定了3D打印能否有更广泛的应用和发展。前面，我们谈到了各类3D打印技术，那是不是所有的材料都可以适用于这些技术呢？当然不是。目前，适合3D打印的材料种类有限，主要有工程塑料、光敏树脂、金属材料和陶瓷材料等，除此以外，还有石膏、生物材料等。根据材料的物理状态，3D打印材料分为液态、粉末、丝状以及块体材料等。❹

三、灵感板制作

（一）灵感板

参见第二章“第四节交叉·融合”的相关内容。

（二）灵感板排版要求

参见第二章“第四节交叉·融合”的相关内容。

（三）灵感板的内容提取与分析

1. 头脑风暴

参见第二章“第三节自然·仿生”和“第四节交叉·融合”的相关内容。

2. 关键词分析与获取

参见第二章“第三节自然·仿生”和“第四节交叉·融合”的相关内容。

---

❶ 上海市安全生产科学研究所. 金属焊接与热切割作业人员安全技术［M］. 上海：上海科学技术出版社，2017.

❷ 巩水利. 先进激光加工技术［M］. 北京：航空工业出版社，2016.

❸ 曹国强. 工程训练教程［M］. 北京：北京理工大学出版社，2019.

❹ 周伟民，黄萍. 3D打印：智造梦工厂［M］. 上海：上海科学普及出版社，2018.

3. 造型表达

造型表达是将设计思维转化为实物的重要环节，包括画草图、效果图、面料小样的制作及最终纸衣服的制作。首先是面料小样的制作，确定纸衣服的材料、细节肌理，再通过画大量的草图确定纸衣服的廓型，可以运用Illustrator软件将设计元素绘制成矢量图利于切割，也可以在Rhino软件中模拟纸衣服的三维效果，利用计算机建模的纸衣服造型往往更具有逻辑性和秩序性，融入了科技的美感。

四、作业

（1）了解数字化成型相关技术，思考技术与形态的关系，研究灵感图片与技术的关系并制作灵感板，从中提取两三个关键词。

（2）运用数字化的设计方法，通过参数化演算得出合理的数据，并运用Rhino和Grasshopper软件进行计算机建模，模拟三维的生成效果。

（3）充分发挥想象力进行关键词表达，要求做不少于15个面料小样。

（4）绘制不少于30张草图，根据设计图完成纸衣服的创作。

五、技术专题教学案例

案例一：Bound Keys 01

“身体空间”跨界设计工作坊主题阐述：计算机、手机、互联网的融合提供了一种技术诱导的社会经济的重新建构，对生活方式产生重大的影响。当人们逐渐从固化功能的空间束缚中解脱出来，身体本身已经超越有机体的定义，成为社会环境互动中的节点，释放并接受新的连接和装配，重新定义着空间新的可能性。身体空间，不局限于穿戴和服装，可以被更广泛理解为一种场域，将身体与构成和围绕它的那些密集的、非人的、超越人的物质重新连接起来，展开由身体驱动的空间的新的组织方式、生成方式、使用方式。它是具象的，又是虚拟的，是收缩的，又是流变的。

“身体空间”是在一个非建筑类的艺术院校探讨“空间”的话题，恰恰重视了建筑学之外塑造建筑学的力量，更包括了多种艺术门类在当今展示的时尚力量。驱动这些的是热情，探索和跨界碰撞融合的化学反应，以及我们所共同面对的，如何在一个互动的、交织的、网络化的状态中重新塑造学科精神的雄心。[1]

1. 创意构思

本主题以钢琴的黑白琴键为灵感，提取其琴键的方块图形。虽然琴键的排列是整齐的，而且大小均匀，但是长长的一排琴键，从视觉上会产生一种透视，似乎存在一定的渐变关系。因为它的整齐排列，也使得视觉上形成了一个数列关系，这种渐变的黑白图形，存在一种美的秩序。因此，从钢琴的琴键出发，思考运用其他形式和材料来表现视觉上的秩序感，同时联想相关材料、重构单个元素之间的连接方式，使之成为新的形态。

---

[1] 引自https://mp.weixin.qq.com/s/H-kh3F6U2_-sGi_dXHzubw.

解决问题

① 如何从黑白键的排列，通过不同的角度观察其中的数据变化，并用数字化软件建模；

② 对黑白键的形态进行观察与分析，对琴键形态的大小渐变进行有效的数据分析。

涉及的相关技术问题

① 学习如何运用Rhino软件建模；

② 运用Rhino软件的Grasshopper插件设置电池线以及参数，观察其形态的变化，以便调整到最佳效果。

2. 创作过程

（1）获取灵感。以黑白键为灵感源，图片比较简单，为了丰富效果不至于太呆板，在保留主要特征的前提下，对其进行适当变形，变形之后的钢琴琴键更加具有韵律和美感。灵感板比较简单，重点是研究键盘本身的秩序感与韵律美（图3-100）。

图3-100 钢琴黑白键元素的图片

（2）关键词提取。灵感板是以三种变形的钢琴琴键组成，无论形式怎样变化，其基本特征还在，对其进行概括以获得关键词。

提取的关键词为：渐变、交叉、秩序。

（3）关键词表达。在钢琴键排列方式之中，选择对黑白琴键交替出现的排列关系进行研究，提取了钢琴键的长方形形态，保持黑白琴键之间的距离，并将其进行反复排列。根据灵感板抽象化琴键的启发，对琴键的形态进行各种可能性的排列，以求最佳效果。在此基础上再结合人体，把形态与人体进行一个简单的融合，感受其中的效果（图3-101、图3-102）。

图3-101　钢琴黑白键元素的关键词表达

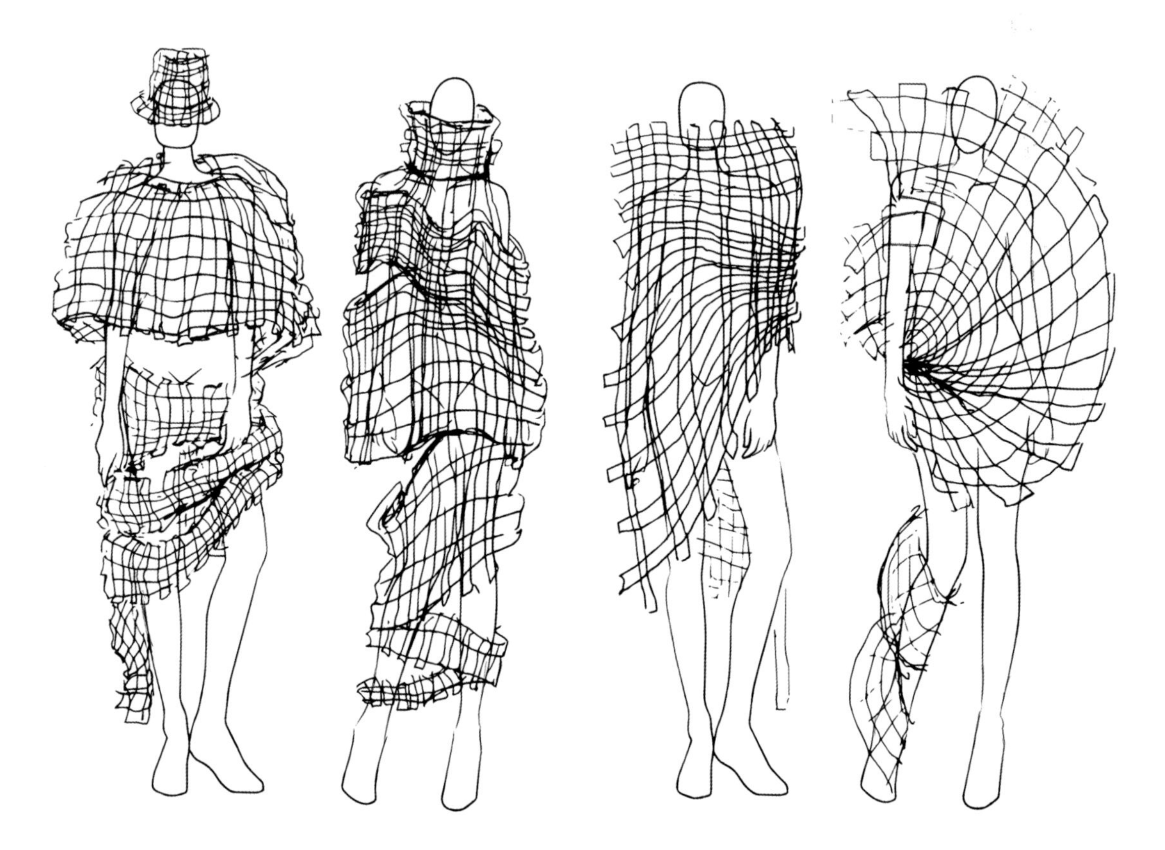

图3-102　钢琴黑白键元素纸衣服的设计效果图草稿

（4）形态研究。运用Rhino软件及插件Grasshopper建立设计单元模型。打开 Rhino软件在Windows系统中建立、编辑、分析和转换NURBS曲线、曲面和实体，使其生成不受复杂度、阶数以及尺寸限制的可折叠、可交叉元素单元。

在Rhino软件中建立GH电池线和树型数据，在Rhino软件中建立的三种电池线分别是：单线、双线、虚线（图3-103～图3-106）。

① 双线：代表有2个或2个以上的数据在同一个组里。

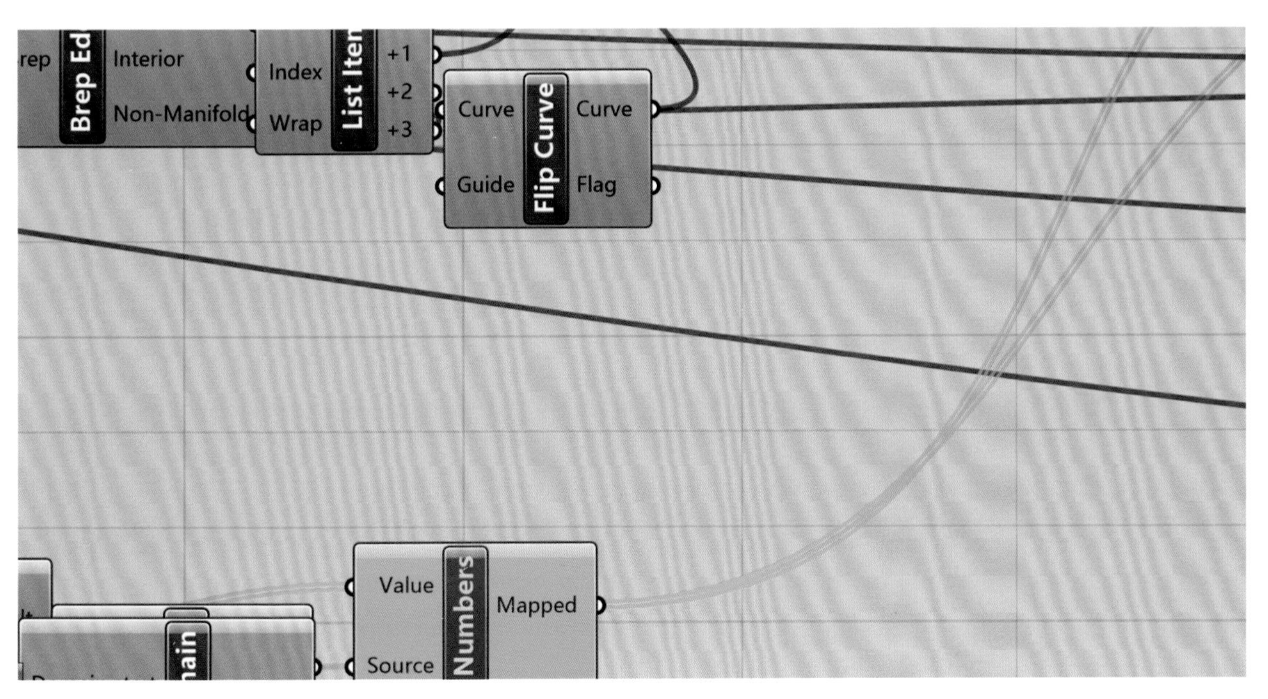

图3-103　双线

② 单线：代表只有一个数据（图元或数）。

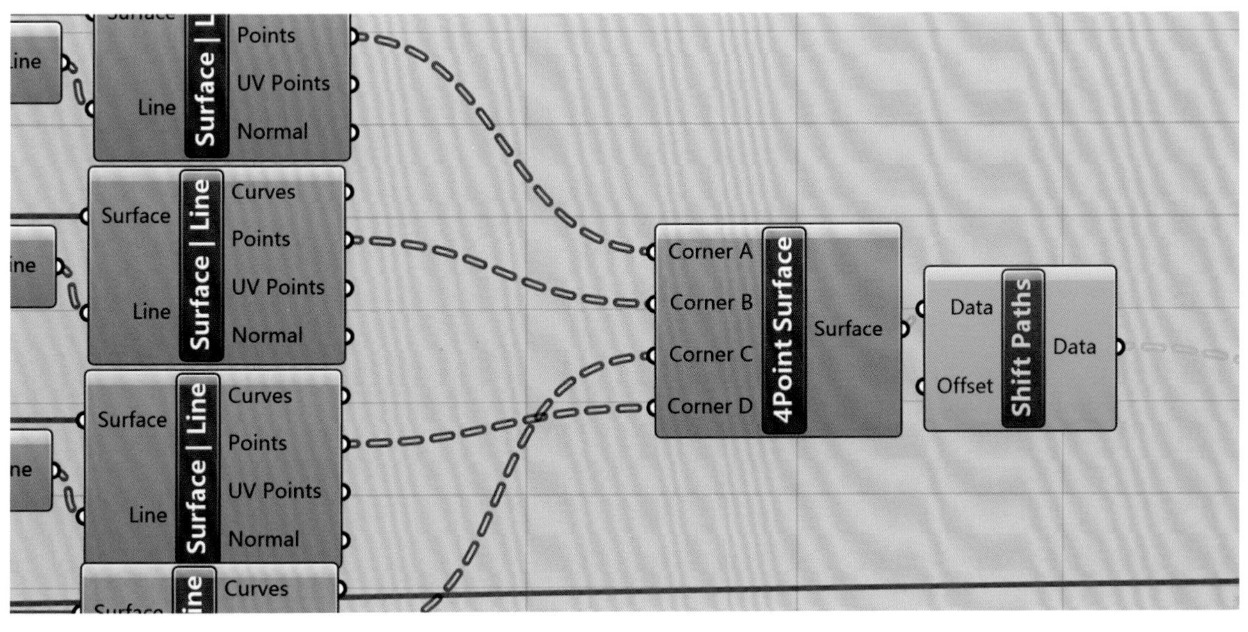

图3-104　单线

③ 虚线：首先它是多个数据一起，并且数据被定义成了树型数据（每一个数据都在不同的组里，运算的时候是组对组运算的）。GH里的运算一定要对应运算，单线和单线运算，虚线和虚线运算，如果说运算对象弄错了可能会造成大量的运算结果出现不必要的错误，所以连线时要先看它的数据结构。

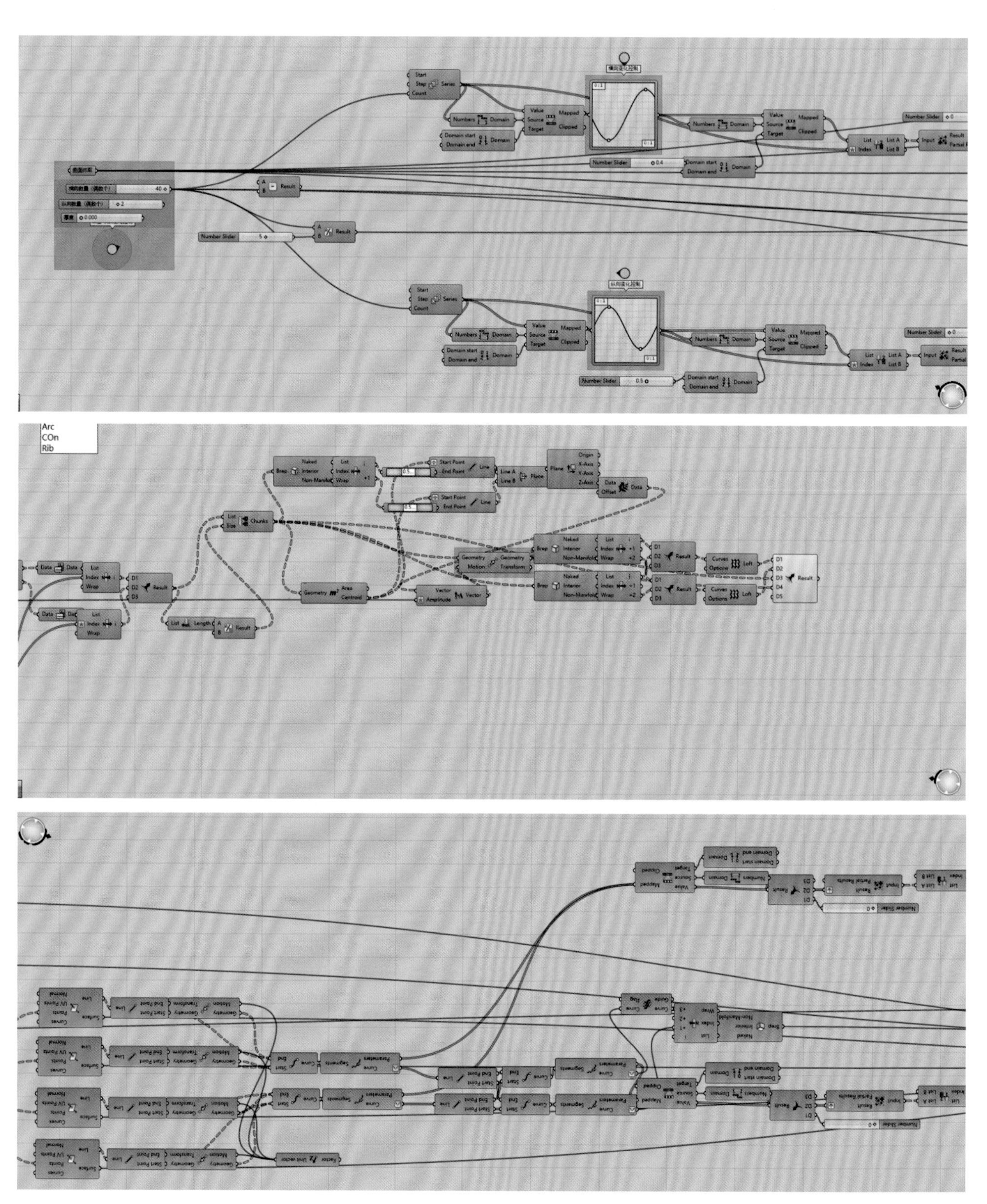

图3-105 数据结构

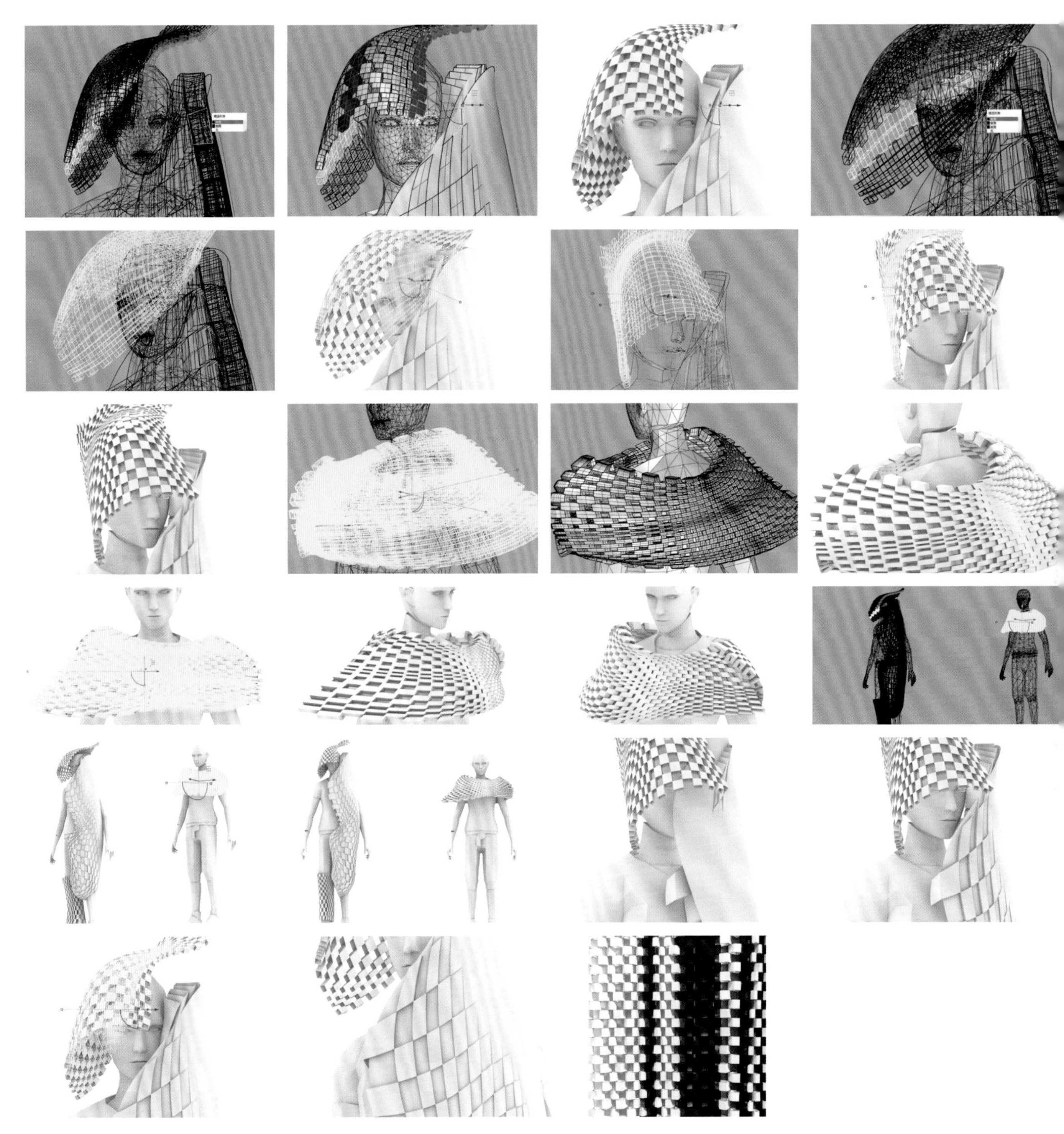

图3-106　钢琴黑白键元素的形态研究

（5）纸衣服的创作及作品展示。经过GH的虚拟设计与参数调试，最终确定上述方案，考虑选用易于折叠塑形的白色卡纸，通过具有规律性的数据变化，将折叠后上下交错的方块连接在一起，由点及面，逐渐形成纸衣服的造型（图3-107～图3-109）。

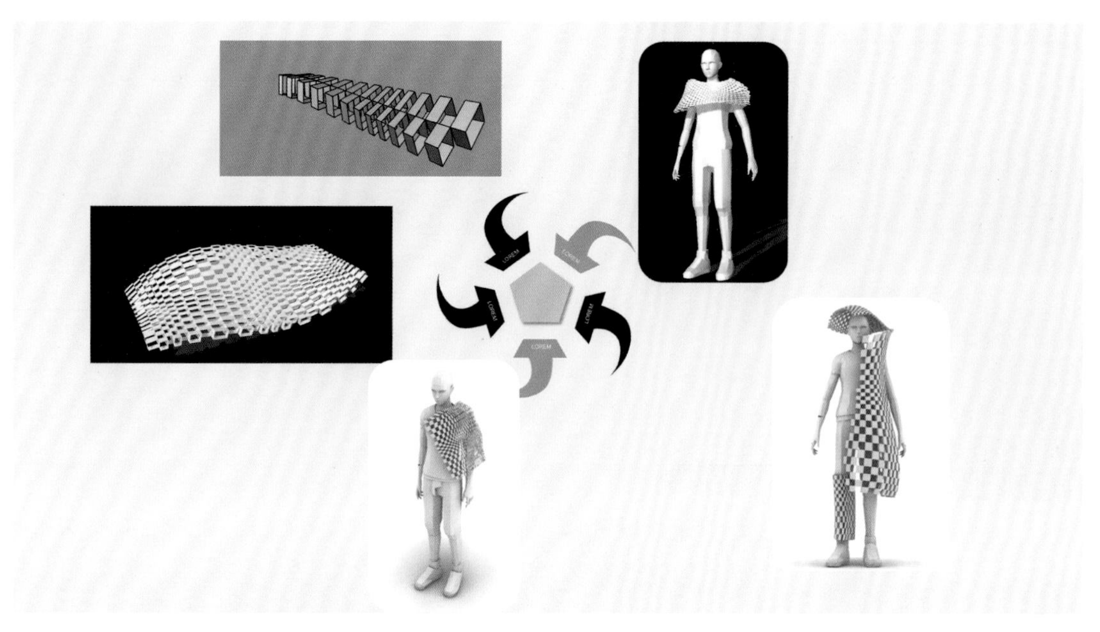

图3-107　钢琴黑白键元素纸衣服的设计效果图

图3-108　钢琴黑白键元素纸衣服的制作

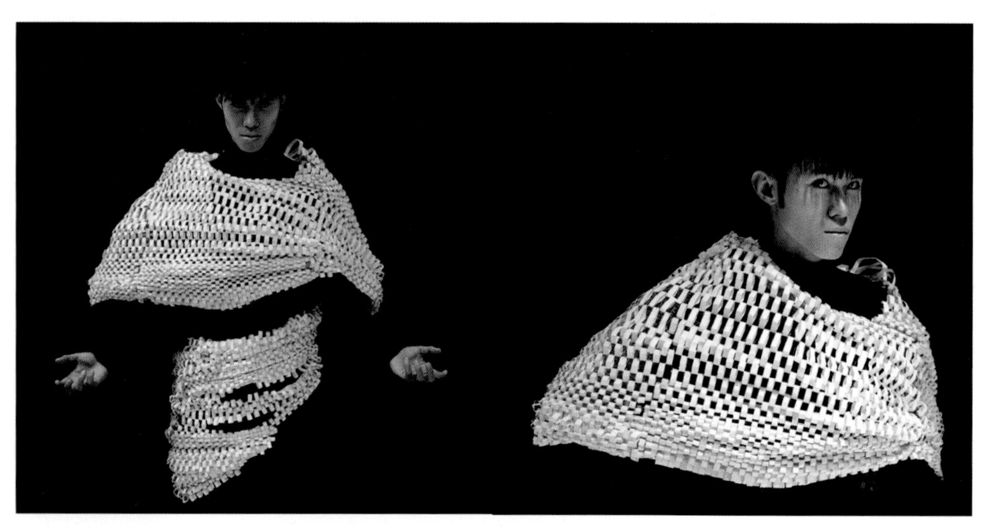

图3-109　钢琴黑白键元素纸衣服的成品效果展示（作品来源：王辉、宋凯、殷颖、张均立、储益、郑依媚）

案例二：BORN IN GOTHIC

02

1. 创意构思

该作品设计灵感来源于对哥特式教堂的喜爱，特别是教堂穹顶和细节的刻画。哥特式教堂以神秘、阴森、诡异等特征营造出一种独特的个性之美。哥特式教堂深邃而迷人，具有幽暗、神秘的内在气质，高耸的尖塔将人们的视线引向天空深处，空间的平面与立体的纬度互相对立、渗透、延续。收集能够打动、启发设计师创作灵感的图片，主要是哥特式教堂的细节图片，对其结构进行研究，从中抽取单位元素，尽可能地用参数化的理念和技术，完成设计构思和单位形态的塑造。

解决问题

① 观察、分析哥特式教堂的主要元素及造型特征；

② 对哥特式教堂的穹顶结构进行概括，研究其中的有效数据信息。

涉及的相关技术问题

① 学习如何运用Rhino软件建模；

② 运用Rhino软件的Grasshopper插件调整电池组的参数，观察其形态的变化，以便调整到最佳效果。

2. 创作过程

（1）获取灵感，制作灵感板。收集哥特式教堂的相关图片，并将图片制作成灵感板（图3-110）。

（2）关键词提取。观察、分析灵感板图片中的信息，从中提取建筑穹顶的造型特征，并获取关键词，做相关的头脑风暴练习，直到提炼出与主题风格一致的单位形态。对于关键词的提取，不同的灵感画面、不同的设计师会有不一样的词汇表达，这是由设计师的阅历、知识储备、兴趣爱好决定的，正所谓仁者见仁、智者见智。那么，设计师的工作是不是就没有标准、没有好坏呢？其实不然，因为设计师的作品最终是要取得消费者的认同感，并非自娱自乐、孤芳自赏（图3-111）。

图3-110　哥特式教堂元素的灵感板

提取的关键词为：三角形、尖锐、雕塑感、线条。

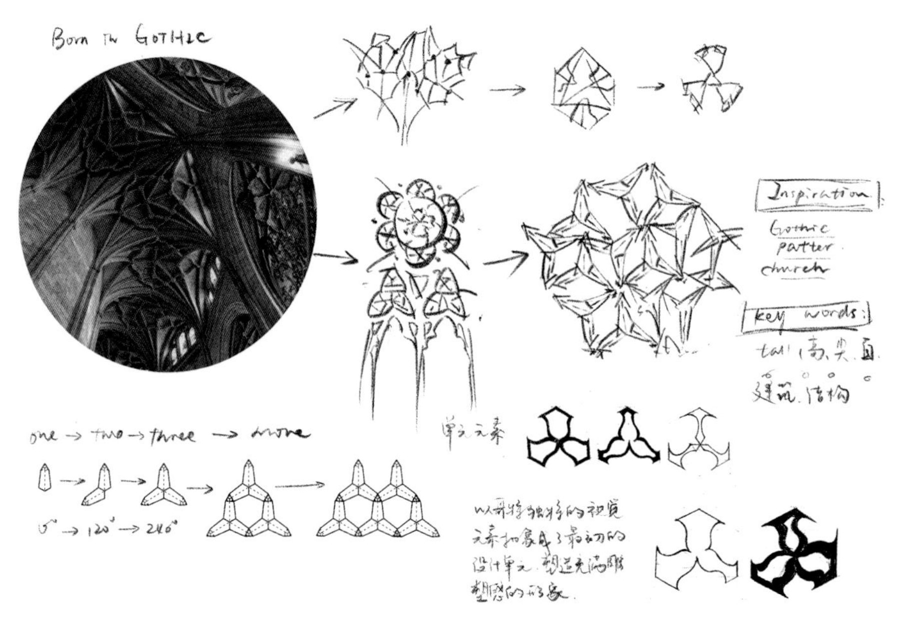

图3-111　哥特式教堂元素的灵感板关键词

（3）关键词表达。设计师对哥特式教堂的结构、穹顶的形态进行了研究，发现建筑与服装有着密不可分的联系，它们不仅有着相似的性质，也有着相似的构成元素。例如，草图、尺寸、形象及装饰图案等。另外，它们还有相似的表达手段，如结构、节奏、比例、质地以及颜色等。设计师以六边形为基础，连接对角线并在六边形中间内嵌等边三角形，再提取出形状，将单位元素进行等比例缩放，运用数列120%x，140%x，160%x，180%x，200%x，…，进行递增排列，确定出7种大小型号，最后将多个单位元素连接形成丰富的形态（图3-112）。

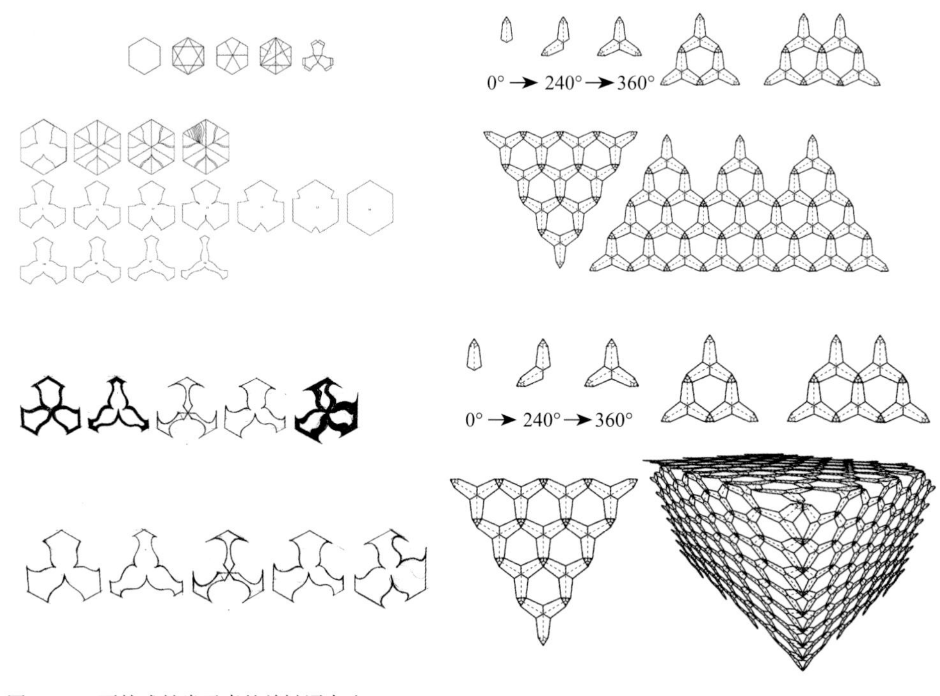

图3-112　哥特式教堂元素的关键词表达

（4）参数化生成逻辑。运用Rhino软件建立形态模型，对于细节上的要求，需要逐一调整参数。选取一个单位元素作为形态构件，形成数阵并被赋予一定的逻辑关系，再通过重复和循环数字语言在后台进行计算。运用数学模型和参数化控制，形成数据（变量）到图形的转化。通过对这些变量的调节来适应设计的需求，获得具有多种可能性的空间形态，从而丰富基本形态设计。

（5）形态研究。

① Rhino软件建模：运用Rhino软件的Grasshopper插件建立电池线，调整电池线的参数，观察其形态的变化，以便调整到最佳效果（图3-113～图3-115）。

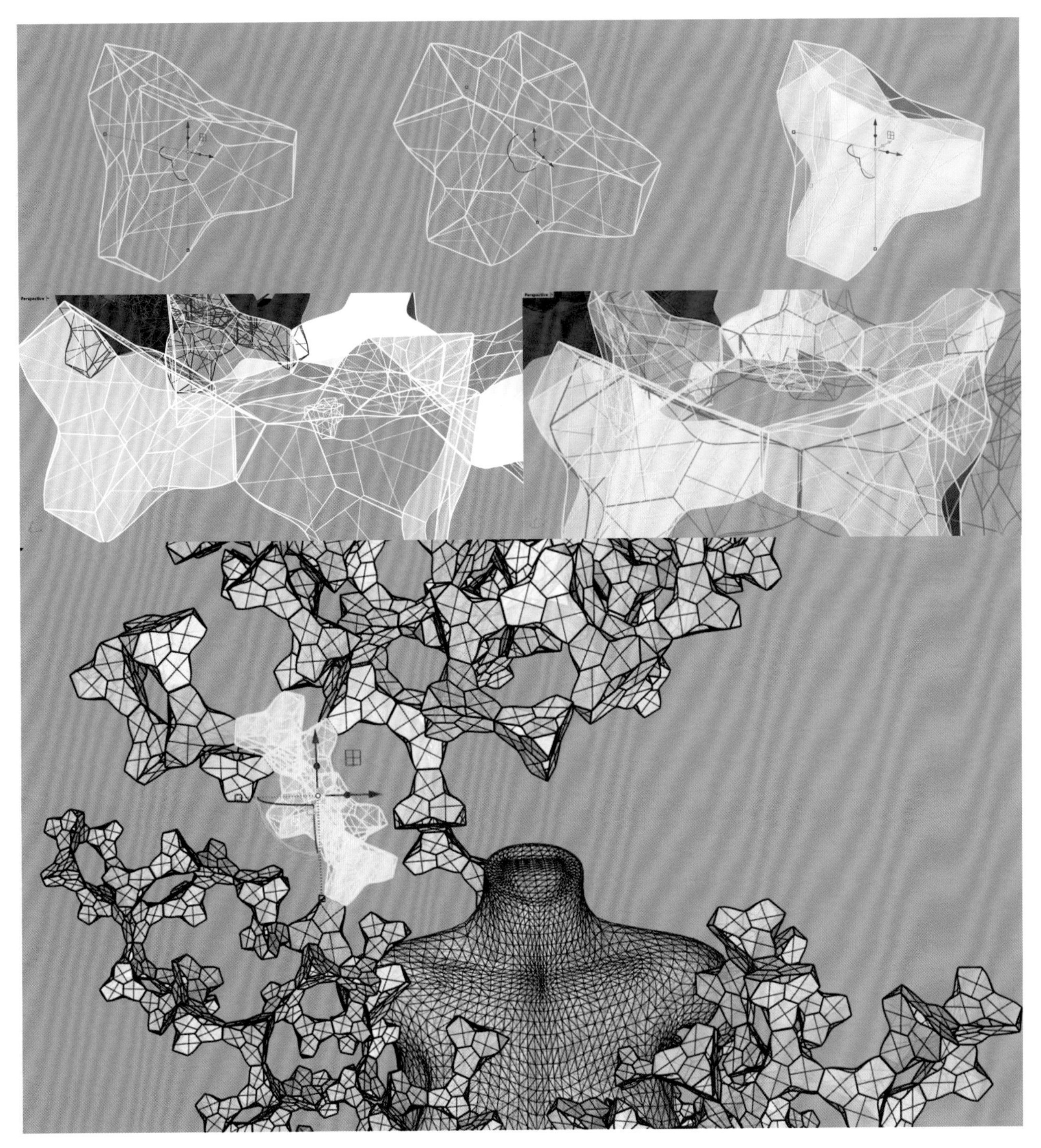

图3-113　哥特式教堂元素的形态研究1

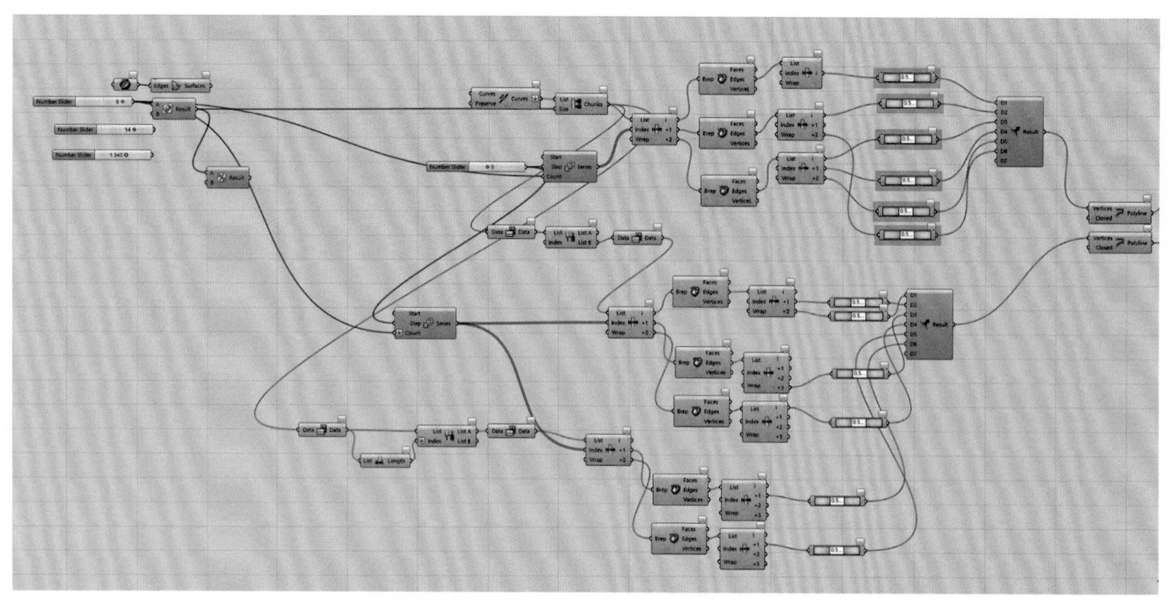

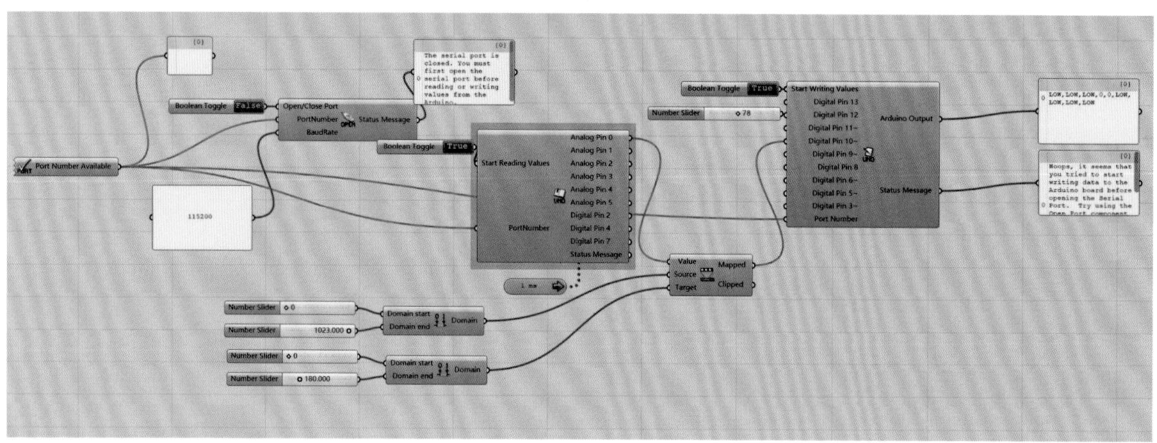

图3-114 哥特式教堂元素的形态研究2

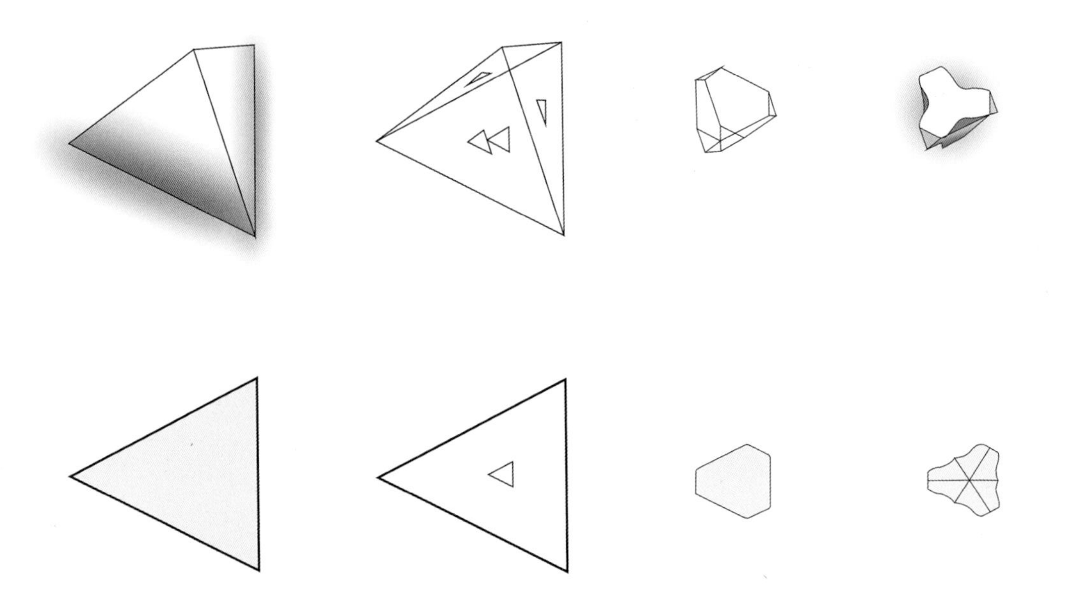

图3-115 哥特式教堂元素的形态研究3

② 单位元素的形态演变：这是一个不断尝试的过程，本主题对基本形态做了大量的演算，生成了一系列的基本形体，并对其进行排列组合，把握关键词的特征，不断调整效果，作为最后纸衣服设计的基础（图3-116～图3-119）。

图3-116　单位元素的表现研究

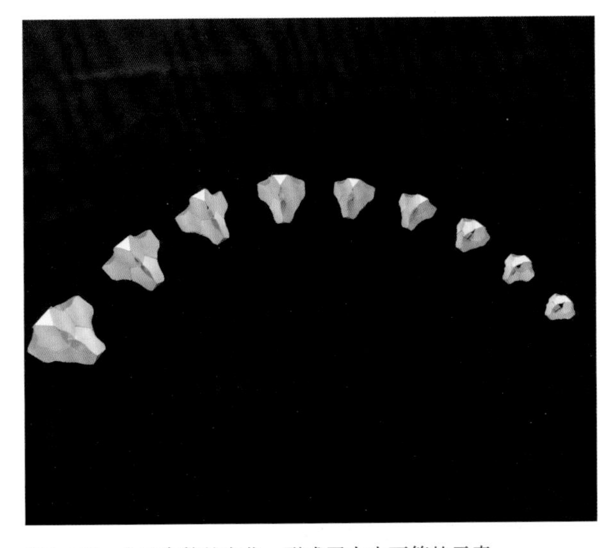

图3-117　由于参数的变化，形成了大小不等的元素

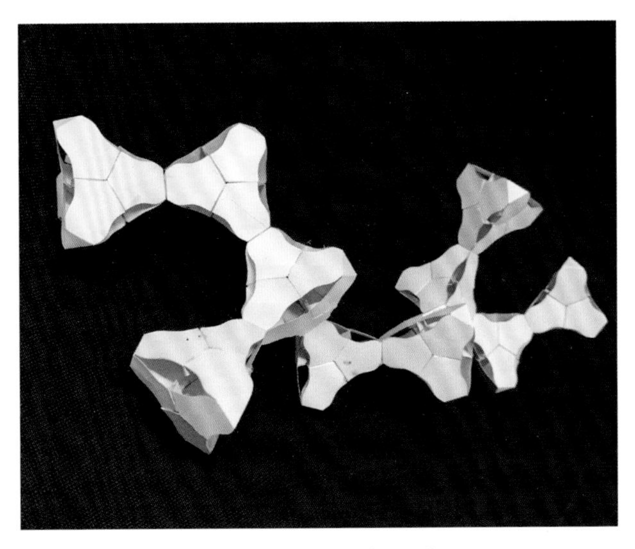

图3-118　大小不等的元素进行排列组合的研究

图3-119　基本形态研究

（6）纸衣服的创作及作品展示。在进行纸衣服设计时，由于上一步骤获得了非常多的形态模型，因此在设计形态上就有了非常大的挑选余地。款式设计需注意对关键词特征的延续，结合人体的体形特征，考虑当下的流行要素，在廓型设计上延续建筑穹顶的意象之美，对基本形态的大小演变，须暗藏特定的数列关系，结合形态研究过程中的相关材料、工艺以及连接方式展开纸衣服的设计与制作。纸衣服整体采用不对称的结构，打破一般建筑中的对称原则，使得纸衣服能够更加符合时尚潮流。纸衣服的整体形态呈现向上延伸的势头，满足了哥特式建筑向上高挑的理念，最终使纸衣服的造型能够延续教堂形态的建筑感，同时也具备一定的韵律美（图3-120、图3-121）。

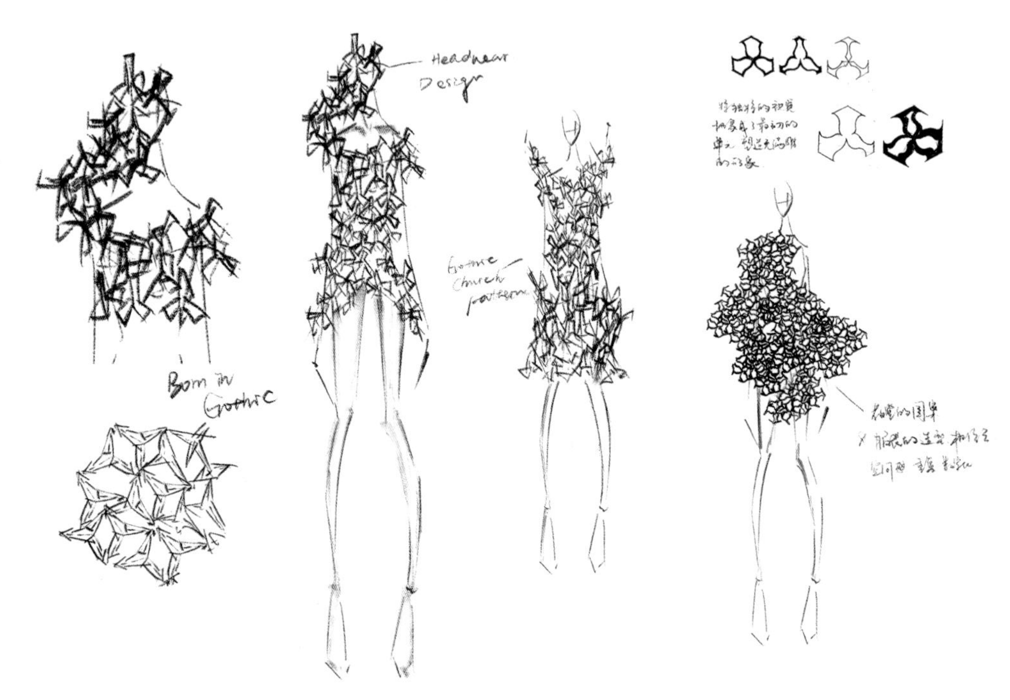

图3-120　哥特式教堂元素纸衣服的设计效果图

图3-121　哥特式教堂元素纸衣服的成品效果展示（作品来源：王敏）

第四章

跨界实验

第一节 研究背景

跨界是“实验性设计”的特色之一，跨界就是要打破常规，无论是跨学科还是跨专业，其目的就是鼓励学生打破专业壁垒，用更宽的视野、更大的格局去看待设计的问题。跨界不是口号，而是需要勇于探索、勇于实验，是一种创新思维方式。简而言之，创新始于跨界。跨界是创新的途径，教学过程中鼓励创新、鼓励有逻辑地批判，在跨界和“反”传统的理念指引下，大胆探寻实验的各种可能性，使参与者最终能够在实验中获得新形式、新材料、新工艺以及新技术。

歌剧“阿依达”工作坊就是在这样的理论指导下展开的跨界实验。

第二节 以歌剧《阿依达》为主题的纸衣服创作

一、教学进度

以歌剧《阿依达》为主题的纸衣服创作专题的进度参考表4-1，教案参见附录九。

表4-1 以歌剧《阿依达》为主题的纸衣服创作专题教学进度表

时间安排	第一周	第二周	第三周	第四周	第五、六周
课时	10课时	10课时	10课时	10课时	20课时
内容	认识课程 掌握基本理论 了解任务 收集、制作主题资料并分析、讨论	提炼关键词 明确研究方向 深入收集资料并分析、解读、讨论	关键词表达 尝试用不同材料、手法以及方法来深入表达关键词 对前期过程进行讨论	研究的深入阶段，重点是对关键词表达的分析与讨论	继续完善对关键词的研究及表达 汇总前期研究成果并做汇报交流

二、歌剧《阿依达》简介

（一）《阿依达》创作背景

歌剧《阿依达》是威尔第最具代表性的作品之一，描绘了古埃及时代圣洁的爱情悲剧，场面宏大壮观，旋律优美动人，深具东方情调，是世界歌剧舞台上常演不衰的经典剧目。威尔第虽然没有进入高等音乐学府接受正规的音乐训练，但是勤奋好学的威尔第深入研究先辈音乐大师罗西尼（G.Rossini）、贝里尼（V.Bellini）、多尼采蒂（Donizetti）等人的作品，学习和借鉴他们在创作技巧上的优良传统，同时他也革除时弊，对在创作思想上存在着的忽视民众、逃离社会现实等问题进行了大胆的改革。威尔第终生探索不息，形成了自成体系的歌剧观念，开创了意大利歌剧音乐创作的新时代。

（二）《阿依达》剧情介绍

一场古埃及法老时代感天动地的爱情，拥有一个永恒主题演绎的故事《阿依达》，叙述的是发生在埃及法老统治时期古老的东方传奇。故事中，埃及与埃塞俄比亚两国爆发了一场战争，结果埃塞俄比亚战败，在一片混乱当中，埃塞俄比亚公主阿依达与许多百姓一起被掠夺到埃及沦为奴隶。由于她天生丽质，被选派到埃及公主安涅丽丝的身边充当仕女，但是她的身份却无人知晓。埃及宫廷卫队长拉达梅斯是一位英勇而年轻的将军，阿依达和安涅丽丝公主都暗恋着这位青年，而拉达梅斯却独钟情于阿依达。正值此时，埃塞俄比亚国王阿摩纳斯罗不甘心失败，重新集结重兵对埃及发动进攻。埃及国王任命拉达梅斯率军队前往迎敌，使得阿依达内心非常痛苦，父王与恋人孰胜孰负对于她来说都是无情的悲剧，这不可解的矛盾深深地折磨着她的心。在出征仪式上，安涅丽丝察觉到拉达梅斯与阿依达的爱情，这位刁蛮的公主不禁妒火中烧，设计套出了阿依达对拉达梅斯的真情。拉达梅斯凯旋而归，国王为了嘉奖其战功，当众宣布把安涅丽丝公主许给他为妻，使拉达梅斯陷入了痛苦之中。在大批的俘虏群里，阿依达惊愕地发现了乔装成士兵的父王。阿依达在尼罗河畔等待与拉达梅斯幽会，她的父王得知阿依达与拉达梅斯恋爱的秘密，诱引女儿探听出埃及军队的路线。阿依达说服拉达梅斯跟她一起逃离埃及，当拉达梅斯向阿依达泄露了军机时，突然出现的阿依达的父王使三人争吵起来，不料被暗中监视的安涅丽丝发觉，她怀着妒忌的心告发了他们，国王遂以叛国罪将拉达梅斯打入死囚。拉达梅斯刑期将至，深爱着拉达梅斯的安涅丽丝公主悔恨交加，劝告拉达梅斯说出实情求得赦免。可是拉达梅斯心里只爱着阿依达，唯求一死。不愿独自偷生的阿依达设法潜入地牢与拉达梅斯紧紧地拥抱在一起，怀着对爱情的美好憧憬，两人安详地走向另一个世界。

（三）《阿依达》演出情况

1870年9月普法战争爆发，无情的战火在法国土地上燃烧，当地人民纷纷逃离自己的家园，在经济、政治、文化等方面受到德国的奴役。欧洲许多政治人士都对这场战争表示了极大的愤恨，作为一名民主共和主义者，威尔第一开始就极力反对这场战争，他为此感到痛心，预感今后欧洲仍将有不断的战争爆发而感到十分苦恼。这场战争也使得该剧首演延期到该年圣诞前夕，原因是该剧的服装、道具、布景等都是在巴黎定制的。而此时的巴黎正处在普鲁士军队的重重包围之中，没有这些，开罗的演出工作就无法进行。1871年1月，这场战争结束后经过近一年的周密准备，歌剧《阿依达》于1871年12月24日在开罗的歌剧院隆重上演。大家对威尔第这部气势宏大、气宇非凡的杰作给予了无数赞美之词，歌剧的成功演出引起很大轰动。1872年2月8日《阿依达》在米兰斯卡拉歌剧院的演出更是为这部不朽的歌剧奠定了辉煌的基础。据说，该夜掌声不绝，激动的观众多次呼唤威尔第回到舞台谢幕，而且米兰市的市民委员会还赠予威尔第一只用象牙和黄金制成的权杖，上面镶有钻石的星和用红宝石拼成的“阿依达”字样。此后，《阿依达》接连在各地演出，佳评如潮，成为众多歌剧的代表作，至今仍享誉不衰。2013年张艺谋导演执导的歌剧《阿依达》也获得一致好评。

（四）《阿依达》中主要人物

1. 拉达梅斯

在歌剧《阿依达》中，威尔第并没有像以前的作曲家和自己的早期作品那样将拉达梅斯作为英雄来歌颂，将全部笔墨放在这个人物如何勇敢，如何在战场上搏杀，以及如何成为一位伟大的将领，而是作为现实生活中、在爱情上有丰富情感的普通人来描写。剧中的拉达梅斯对美好爱情的向往，以及为爱情甘愿被处死的崇高品格被表现得淋漓尽致。在第三幕中，当他听见要捉拿他们的喧闹声时，拉达梅斯挺身而出承担了一切，让阿依达和她的父亲逃走。这里表现了拉达梅斯对人性的一种善良，更表现了他英勇无畏的一面。但是，这里同样蕴涵着巨大的矛盾冲突，他知道放走了阿依达和她的父亲，就意味着背叛了他的祖国和人民，因为阿依达的父亲已经知道了埃及的军事秘密，有可能随时入侵埃及，如果捉住她们父女俩，就意味着他背叛了他的爱情以及他的人性。此时爱情、爱国之情与人性三者之间的矛盾交织在一起，并且不可调和。因此，无论他的选择怎么样，结局都会是悲剧性的。以上对拉达梅斯形象塑造过程的分析是从“戏剧因素”入手的，展现了拉达梅斯的歌剧形象是在戏剧冲突过程中展开和完成的，合乎人物性格的情感历程，这正是歌剧形象塑造的前提和基础。

2. 阿依达

阿依达这个人物的性格特点很有层次感，她善良、纯真、聪慧、坚强、不驯、孤傲，并且拥有高贵的灵魂。虽然由于战败国家面临灭亡，身为俘虏，变主为奴，她忍受着内心的煎熬，但是依然想着解救自己的国家与国民。这无不展现出一个国家公主该有的风范，具有公主的霸气，不同于一般的女子。开导起拉达梅斯来也是句句在理，经常说的拉达梅斯无言以对，这充分表现了阿依达的聪慧和不驯、孤傲与纯真。也就是她的这份聪慧与不驯、纯真与坚强，让拉达梅斯毫无防备地爱上了她。阿依达在处理她和安涅丽丝以及拉达梅斯的关系上，也表现出冷静和理智的一面，但事实上真正支撑的力量就在于她内心深处原有的坚强与自尊。在歌曲中，我们深深地感受到阿依达肩负的责任感，同时让这个人物的个性魅力达到高潮。阿依达是一个很“走心”的人物，痛苦与挣扎、爱与背叛，所有的一切都纠缠在一起，阿依达虽然身为奴仆，但最终我们感受到的还是她的一颗高贵的灵魂和不屈不挠的精神。阿依达人物形象突出，她追求爱情和自由，但是国家和民族正处在危难的关头，一方面是自己的国家和民族，另一方面是自己的爱人，剧情中的强烈矛盾冲突，使得阿依达这个人物形象立体而丰满。她为保证自己国家和民族的生存，把她自己的小爱抛到脑后。在人们眼中她不是一个小女人的形象，而是一位民族英雄。她与生俱来的民族使命感让她一次又一次地站在矛盾面前。她虽然选择了国家，但是最后和心爱的人一起被活埋的时候，她没有后悔与拉达梅斯相爱，而所表现出的坚强与平静让人感动和震撼。可以说，阿依达这个人物在全剧中所体现出的稳重与决不妥协的使命感，让人敬畏。

三、灵感板制作

（一）灵感板

参见第二章“第四节交叉 · 融合”的相关内容。

（二）灵感板排版要求

参见第二章“第四节交叉·融合”的相关内容。

（三）灵感板的内容提取与分析

灵感板的内容提取与分析参见第二章“第三节自然·仿生”和“第四节交叉·融合”的相关内容。

四、作业

通过对电影、图片以及相关文献资料的学习，深入了解《阿依达》歌剧的故事情节及人物性格，从中提取埃及元素尝试用数字化的方法对人物着装进行再次设计。设计过程共分为以下几个步骤：

1. 主题构思及灵感板。从歌剧的服装、建筑以及各种装饰品中进行元素的提取，巧妙地组成关于《阿依达》主题的灵感板。灵感板要有相关设计元素，主题构思以文字形式出现，要求不少于200字。

2. 分析灵感板、提炼灵感板中的关键词。对灵感板进行观察、分析，对造型特征、色彩特征、材质特征等进行归纳，总结出关键词。关键词可以是一个词，也可以是一句话，但关键词一定来源于本灵感板，关键词提取3～5个。

3. 关键词表达（造型表达）。对上述步骤提取出来的关键词进行实物演绎。关键词的表现，手法不限，材料不限，要求表达关键词的实物小样不小于20cm×20cm，且数量不少于15个。

4. 关键元素的数字化生成。运用数字化的设计方法，通过计算得出合理的数据，并用计算机作图，数字化的形态需要通过调整不同的参数，使之达到最佳的视觉效果。

5. 用纸作为媒介，对上述各种各样的虚拟形态进行实物制作，选择用各式各样的纸张材料来表现造型和肌理，实现造型小样。

6. 画3～5张草图，根据设计图完成纸衣服的创作。

五、以歌剧《阿依达》为主题的纸衣服创作专题教学案例

通过对歌剧《阿依达》相关影像资料的收集与观看，从中掌握此剧的剧情和所处时代的背景，分析剧中的人物关系和性格，找出自己感兴趣的人物，并思考如何用现代的语言、技术手段，重新塑造出一个形式感强的实验性纸衣服。

01 案例一：关于《阿依达》剧中守护神 Horus 的实验性服饰设计研究

1. 背景资料

19世纪意大利著名的作曲家居塞比·威尔第（Giuseppe Verdi）在1870年创作了歌剧《阿依达》。次年，歌剧《阿依达》在开罗首演成功。第三年，该剧在意大利米兰“斯卡拉歌剧院”的演出盛况空前。随后，该剧成功地举行了一系列的全球演出，获得了广泛赞誉。2013年著名导演张艺谋先生执导此剧，同样取得了巨大成功。该剧描写了一段感人的爱情故事，具体情节在此不作介绍（图4-1）。

图4-1 《阿依达》歌剧相关元素图片

2. 创意构思及获取灵感

Horus是古代埃及法老统治时期的守护神，同时也是一位战神，其形象为鹰头人身。他头戴埃及王冠，腰系亚麻短裙，手持沃斯手杖与安柯符号的神祇，他是王权的象征。作品以Horus为创作原型，并计划为其设计战场上穿着的铠甲。为了表现Horus的威武，设计师计划在他铠甲的肩部设计一对犀牛头。因为犀牛是力量的象征，且敦实稳重，可用其表现战神Horus的威武和庄严。犀牛头打算用漆艺纸胎翻模工艺来实现，因为纸胎可以减少自身的重量，又不影响视觉效果。胸前的铠甲通过Rhino软件建模，然后再通过激光切割技术来完成部件，最后组合形成整件铠甲，其作品采用半浮雕的效果更能凸显英勇的守护神形象（图4-2、图4-3）。

图4-2 《阿依达》歌剧相关元素的灵感板

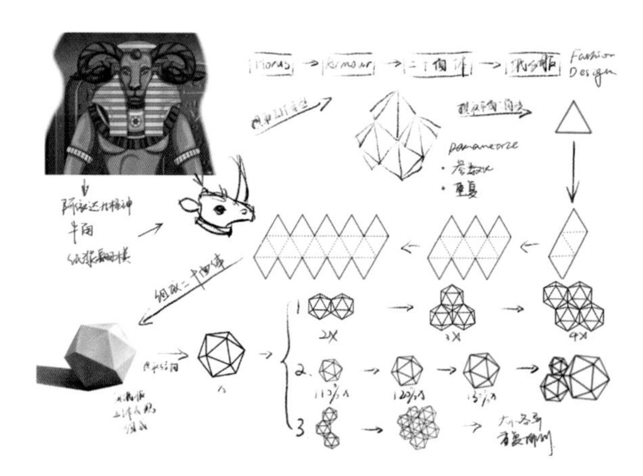

图4-3 《阿依达》歌剧相关元素的设计草图

解决问题

① 铠甲双肩上的犀牛角用什么材料、什么工艺实现；

② 铠甲上的二十面体大小渐变及相应的参数演算。

涉及的相关技术问题

① 考虑犀牛角的成型如用石膏翻模会很重，因此，考虑采用漆艺的纸胎翻模工艺，这样重量会轻一些；

② 对建筑、环艺专业的相关数字建模软件的掌握，如Rhino或Maya等。

3. 关键词表达与形态研究

从灵感板中提取的关键词为：二十面体、渐变、对称。

三角形具有结构上的稳定性，同时也具备坚硬的视觉效果，可以作为本作品的基本元素，也是构成整件服装造型的最基本单位。提取铠甲上的三角形，假设最小的一个三角形为x，运用数列x，110%x，120%x，…，进行递增排列，形成多个面体堆叠的丰富形态。本铠甲由多个不同大小的二十面体组合在一起，给人安全感、力量感。物理学家米格尔指出："科学的美在于它逻辑结构的合理匀称和相互联系的丰富多彩。"此件作品的基础元素二十面体是一种有十二个三角形及二十个面组成的多面体，其每一个面是一个等边三角形，层层堆叠的二十面体被连接在一起，形成想要表达的服装形态。作品左右对称，稳重且威严（图4-4）。

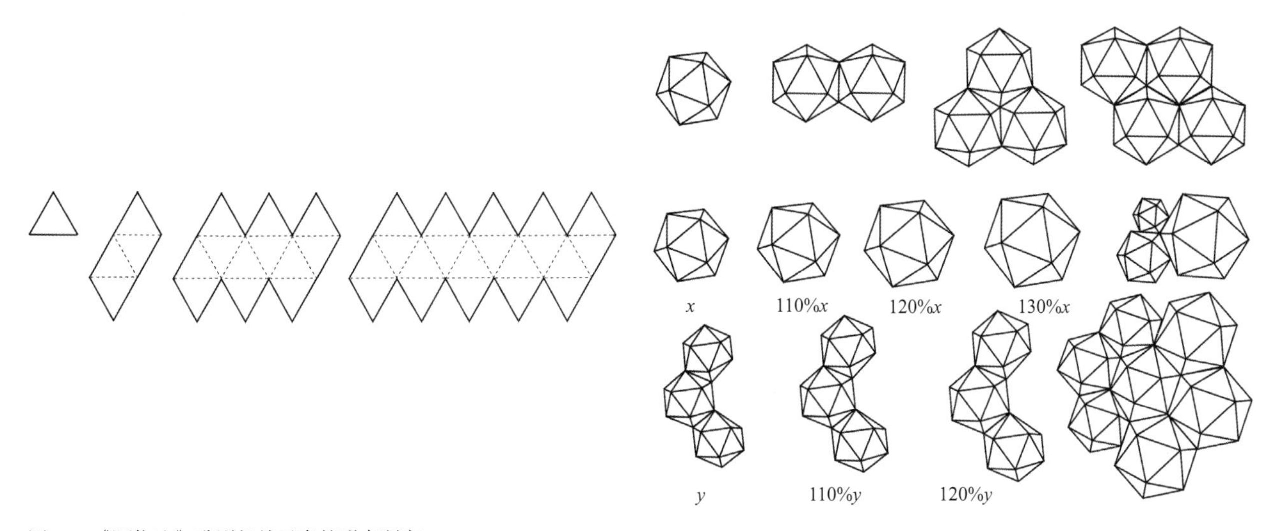

图4-4 《阿依达》歌剧相关元素的形态研究

4. 纸衣服的创作及作品展示

通过上述过程的实验，形成了基本的服装构想，结合人物的身份和预设问题，绘制设计草图，设计的铠甲以参数化的手法表现服装的现代化气息和未来感，同时用犀牛角的元素表现出战士的威武感。最终使得整件服装设计带有一定的未来感和人文色彩。使用的主要材料为石膏、餐巾纸、纸浆、PVC等（图4-5、图4-6）。

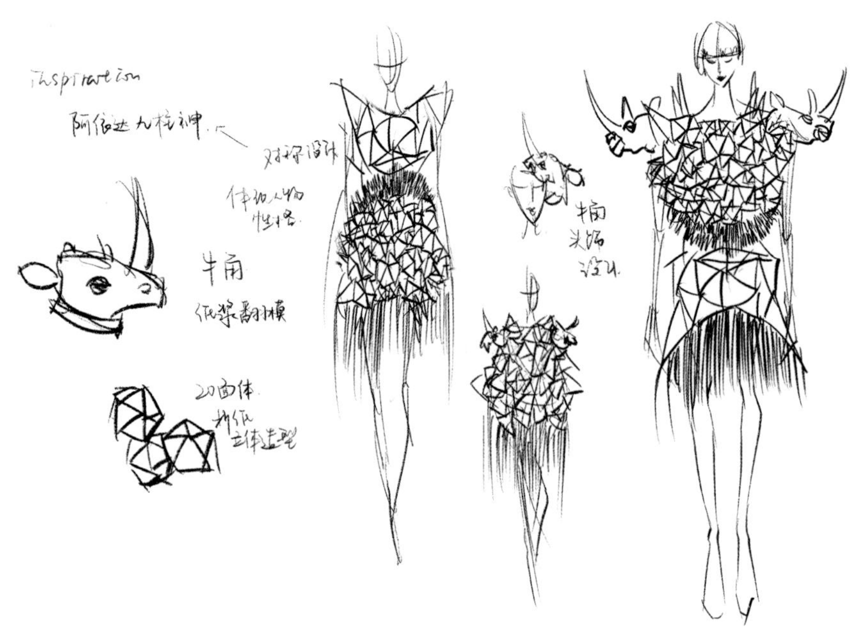

图4-5 《阿依达》歌剧相关元素纸衣服的设计效果图

图4-6 《阿依达》歌剧相关元素，纸衣服的成品效果展示（作品来源：张雯超）

02 案例二：以“拉达梅斯”为灵感的纸衣服创作：Armor

1. 创意构思

作品以著名歌剧《阿依达》中的拉达梅斯为原型灵感，从具象的古埃及服装进行形式和符号的提炼，从实验性设计以“纸”为媒介的服装造型表达延伸到可穿性面料的服装创意，运用激光切割、镂空、重叠、3D建模立体还原等方法，探索服装在空间感、质感、肌理上的形式变化，将古代埃及传统的视觉符号翻译为现代服装形式的抽象语言，使传统的服装形态被重新解构和定义。作品在突出意义、文脉、象征、符号、隐喻的表现手法上，在体验创意的无限性与形式的游戏性上做了一次大胆的尝试。

解决问题

① 如何从历史文献、图像资料中捕获灵感图片；

② 拉达梅斯的纸衣服的设计定位。

涉及的相关技术问题

① 对建筑、环艺专业的相关数字建模软件的掌握，如Rhino或Maya等；

② 纸衣服制作的相关工艺。

2. 创作过程

（1）获取灵感。以拉达梅斯的原型为灵感，从古埃及服装中提取形式和符号，再对面料、肌理进行重构，来塑造纸衣服的整体风格。通过缜密的构思、设计以及协调面料与肌理的形态来表达主题关键词，从而达到对拉达梅斯形象的演绎（图4-7）。

图4-7　剧中人物拉达梅斯元素的相关图片

（2）关键词提取。从歌剧的影像资料中分析拉达梅斯的形象，包括款式结构、面料材质、图案纹样等，读取其中的风格及表现形式。

提取的关键词为：镂空、重叠、空间感。

（3）关键词表达。拉达梅斯的服饰面料、肌理具有很强的形式美感和视觉冲击力，特别是其中的装饰手法。另外，面料上的几何形态体现了设计师对纹样、造型想象的直接表现，运用点、线、面的有规律的重构组合，形成几何体的多元效果，从而传递出设计师的创意理念。任何一个几何形态的组合，都给人带来很强的视觉冲击力，都是设计师对灵感及关键词的分析和思考。

① 三角形元素是构成整件纸衣服造型的最基本单位，选取具有稳定性的三角元素做成立体的锥形，并作为服装中立体形态的基本元素，以x为单位，运用数列x，110%x，120%x，…，进行递增排列，形成多个面体堆叠的丰富效果（图4-8）。

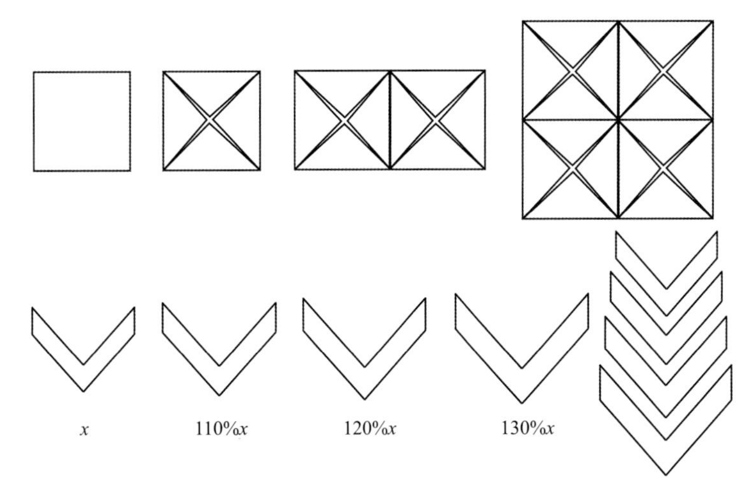

图4-8　剧中人物拉达梅斯元素的关键词表达1

② 重复排列形成均匀的、秩序井然的结构，形成具有重复性且具有一定排列秩序的立体三角形，从而增强服装的形式美感（图4-9）。

图4-9　剧中人物拉达梅斯元素的关键词表达2

（4）形态研究。为了表现拉达梅斯的战神形象，选取具有稳定性的三角元素做成立体的锥形，并作为基本元素，在肩上重复排列形成均匀、秩序井然的结构。胸前采用不同大小的长条，具有一定渐变规则的排列，形成左右对称的老鹰形象，并把此立体图案作为主要装饰形态。服装下摆的中间采用多边形，形成大小渐变的造型，加强服装的节奏感。下摆两侧的三角形也运用参数化的算法，形成有规律性的渐变排列，对原有面料进行重构加工，使之表面产生具有一定视觉效果的肌理形态，从而达到丰富服装表面效果的秩序感（图4-10）。

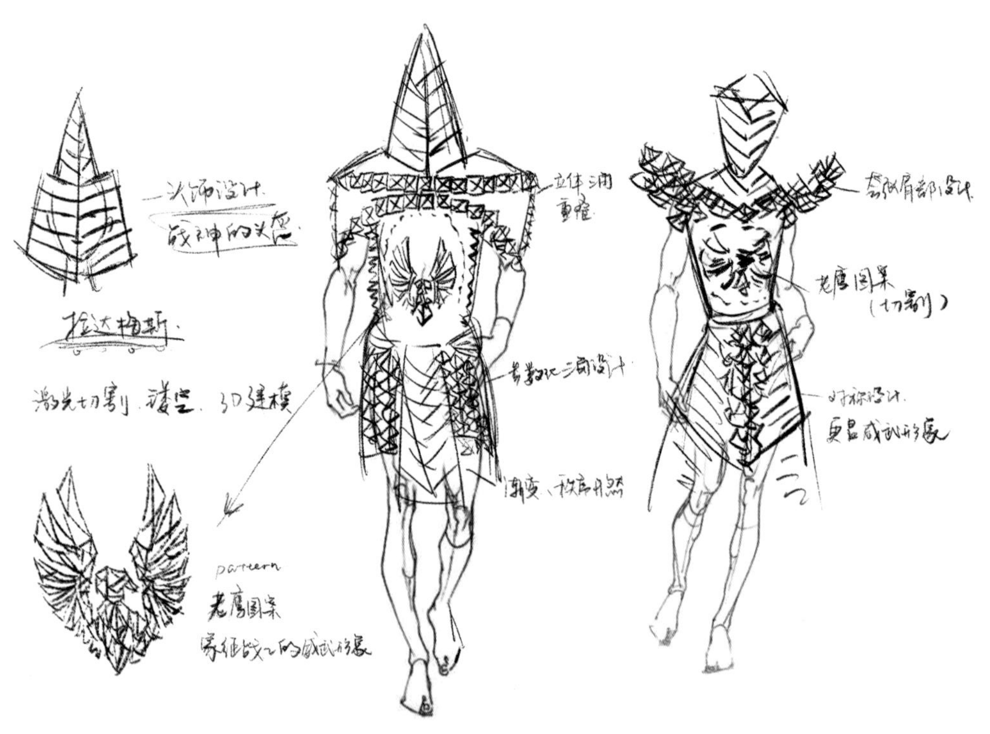

图4-10　剧中人物拉达梅斯元素纸衣服的设计效果图

（5）纸衣服的创作及作品展示。数字化技术作为一种设计理念，开拓了设计师的设计思维及创新手法，给服装设计带来更多的创新可能性，形成具有更多样且富于变化的造型结构，更好地表达出设计理念（图4-11）。

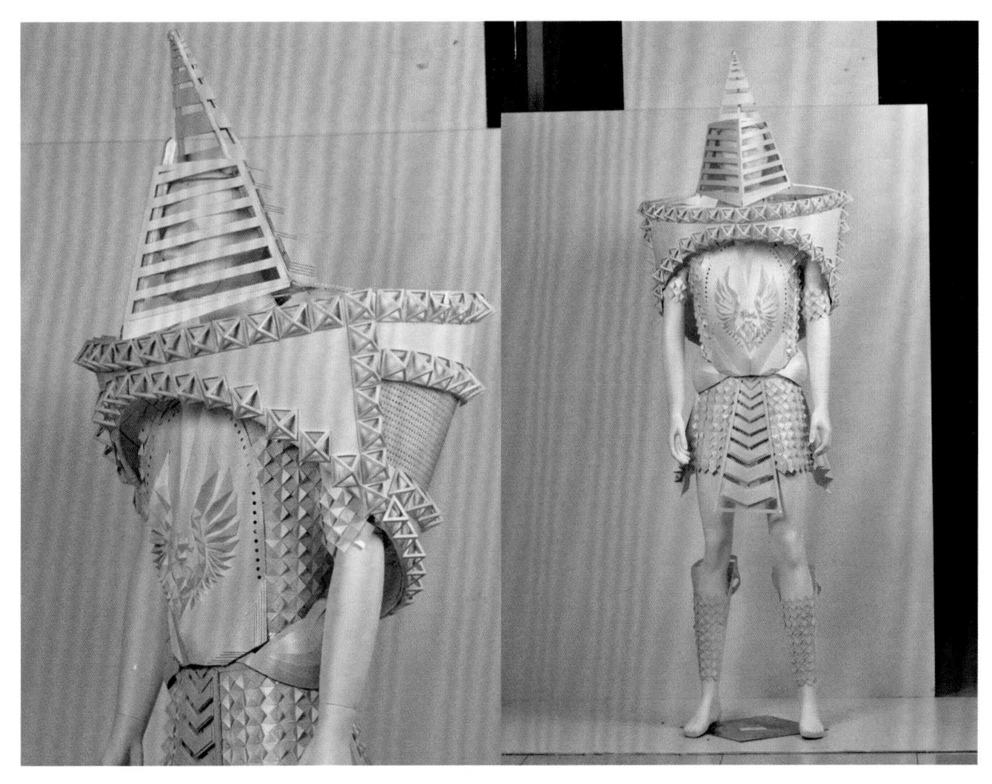

图4-11　剧中人物拉达梅斯元素纸衣服的成品效果展示（作品来源：朱伟意）

03 案例三：以“天神何露斯”为灵感的纸衣服创作：鹰

1. 创意构思

本主题的造型灵感源于天神何露斯“鹰”的形象，从具象到抽象、从平面到立体逐步转变，使用单肩造型，鹰的翅膀采用一前一后的形式来包裹身体，这样不仅可以遮挡身体，还能够隐喻天神何露斯对人民的守护。用立体的水晶石造型进行反复堆叠，体现天神何露斯在人们心中崇高的地位，如同金字塔一般的立体短裙造型，可被隐喻为一个坚固的堡垒。夸张其服装的肩部、胸部造型，结合羽毛元素，营造一个高贵、强硬的天神何露斯形象。

解决问题

① 如何从历史文献、图像资料中捕获灵感图片；

② 天神何露斯的纸衣服的设计定位。

涉及的相关技术问题

① 对建筑、环艺专业的相关数字建模软件的掌握，如Rhino或Maya等；

② 纸衣服制作的相关工艺。

2. 创作过程

（1）获取灵感。收集相关图片，以天神何露斯的形象作为创作灵感，选择他头上的“鹰”的造型作为研究重点（图4-12）。

图4-12 歌剧中“天神何露斯”元素的相关图片

（2）关键词提取。根据图片中的图案，分析其中的结构，提炼关键词。

提取的关键词为：韵律、秩序、叠加。

（3）关键词表达。本次设计主要是以研究何露斯的动物形象鹰作为造型主题，运用立体的几何造型在服装造型中的表现形式，同时通过对面料的再造也是对原有面料的质地与肌理的组合来表现多层次。在造型的过程中，根据建筑和服装的关系，将何露斯的动物形象鹰作为造型主题的特点巧妙地联系在服装上，表现出服装的独特性，营造出一个强大的将军形象。

① 单位形态是构成整个纸衣服造型的最基本组织，提取铠甲上最小单位的形状作为基本元素，以x为单位，运用数列x，120%x，140%x，…，进行递增排列，形成多个面体堆叠的丰富形态（图4-13）。

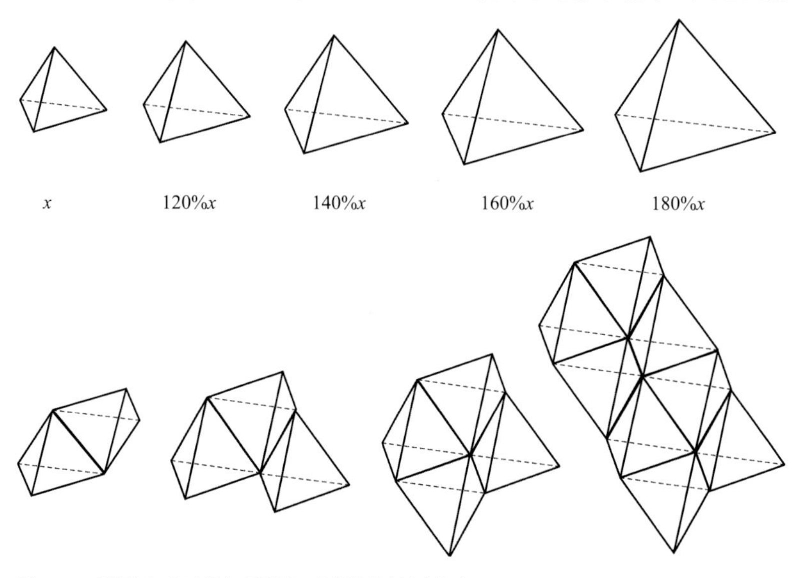

图4-13 歌剧中“天神何露斯”元素的关键词表达

② 天神的铠甲由多个不同大小的二十面体组合在一起，给人以力量庄严之感。

（4）形态研究。韵律美是形式美法则中的重要构成部分，此件服装加入了参数化的表达，表现了有韵律、有秩序、富于变化的一种动态连续美。胸前装饰是由多个大小不一的菱形渐变叠加形成，在连续中展现了富于变化的韵律美。这些菱形叠加而成的造型形态，韵律节奏把握有序，使得服装更加生动，富于活力，利用数字化的技术做到了传统服装工艺达不到的效果，不仅表现了铠甲的坚硬，也让整个造型更具贵族风范（图4-14）。

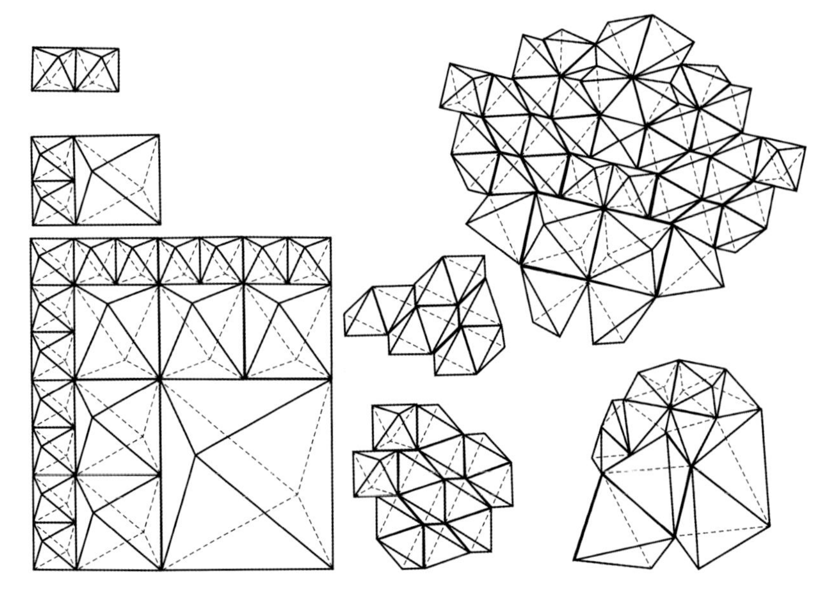

图4-14　歌剧中"天神何露斯"元素的形态研究

（5）纸衣服的创作及作品展示。以人体的结构特征为基础，把形态与款式进行各种组合试验，绘制设计草图，进一步感受其中的效果表现。纸衣服要彰显天神何露斯的气质、夸张的造型、不对称的结构，显得既庄严又充满活力，款式形态充满变化且富有戏剧性，颠覆了人们对服装的固有印象。其丰富有力的造型在张扬不羁中又带着有条不紊的节奏韵律，使得服装层次感极强，空间感十足。利用数字化的技术更好地表达了设计理念，夸张且富有张力的服装造型，也彰显出人物的气质（图4-15、图4-16）。

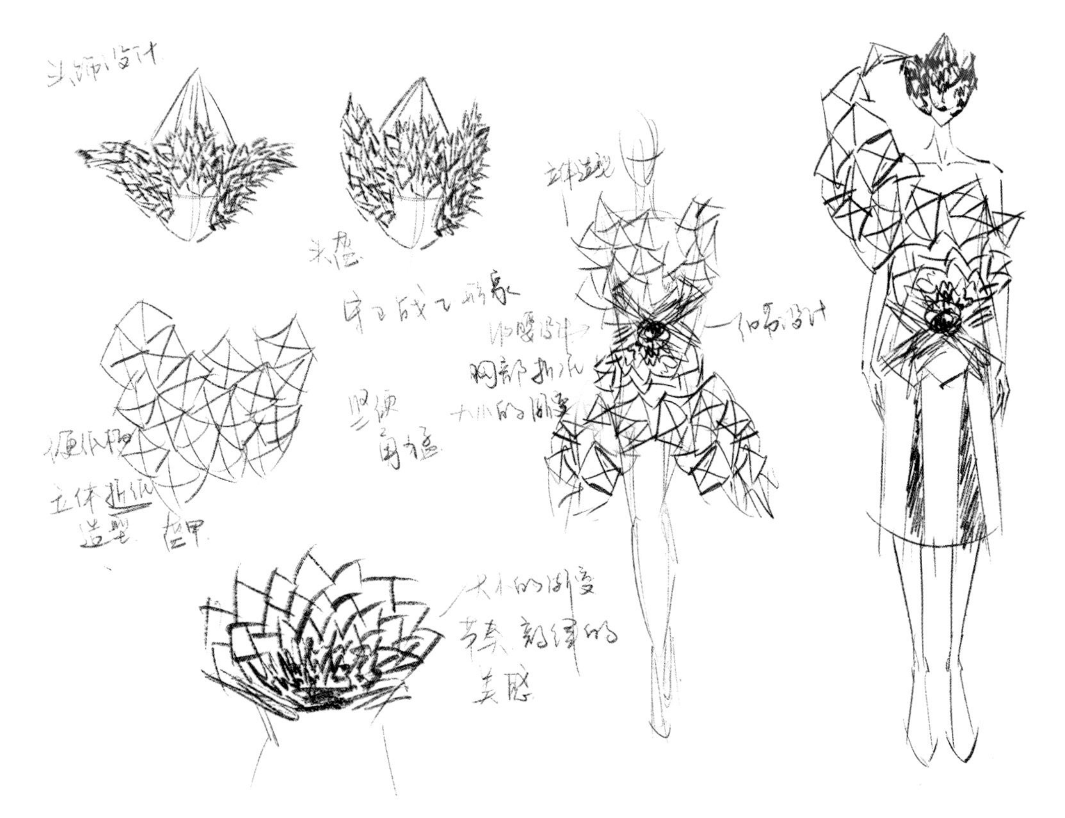

图4-15　歌剧中"天神何露斯"元素纸衣服的设计效果图

图4-16　歌剧中“天神何露斯”元素纸衣服的成品效果展示（作品来源：李璜）

04 案例四：以“祭司”为灵感的纸衣服创作：Triangle

1. 创意构思

以歌剧《阿依达》的服装造型为基础，从中进行形式和符号的提炼，以“纸”为媒介，探索服装的造型与肌理。纸衣服的设计是以祭司这个角色为重点，祭司给人的感觉就是严肃、冷酷。所以运用了三角这个元素，因为三角是一个稳固的图形，给人一种庄严的感觉，适合表现出祭司的外在形象。

解决问题

① 如何从具象的古埃及服装中提炼出古埃及的形式和符号语言，并组成灵感图片；

② 对古埃及祭司的服饰进行观察与分析，并对其特征进行有效的数据分析。

涉及的相关技术问题

① 如何用参数化软件生成基本形态；

② 对参数形态的绘制以及激光切割机的正确使用。

2. 创作过程

（1）获取灵感。以歌剧《阿依达》的服装造型为创作灵感，了解故事情节、人物性格等信息。埃及法老为埃及诸神建造庙宇，在寺庙里，牧师们举行仪式，希望得到神的青睐，保护埃及免受混乱势力的影响。古埃及有两种主要类型的庙宇，一种被称为卡尔图斯神庙，是为了神而建造的；另一种被称为太平间寺庙，是为了崇拜死去的法老而建造的。随着时间的推移，古埃及的庙宇发展成为有许多建筑物的大型建筑群，殿的中央有内殿和至圣所，其中有神的像，大祭司要在这里举行仪式，向神献祭，只有祭祀才能进入这些神圣的建筑。以三角符号作为基本元素进行组合，能够具体地表现出几何立体造型的结构形式，展现出庄重威严的祭司形象。这对于空间结构在服装上的运用有着重要意义（图4-17）。

图4-17　歌剧中祭司元素的图片

（2）关键词提取与表达。从服饰图案和纹样着手，分析其中的特征，获取关键词。

提取的关键词为：肌理、庄重、重复。

三角形形态是构成整件纸衣服造型的最基本单位，提取铠甲上最小形状作为基本元素，以x为单位，运用数列x，120%x，140%x，…，进行递增排列，形成多个面体堆叠的丰富形态（图4-18）。

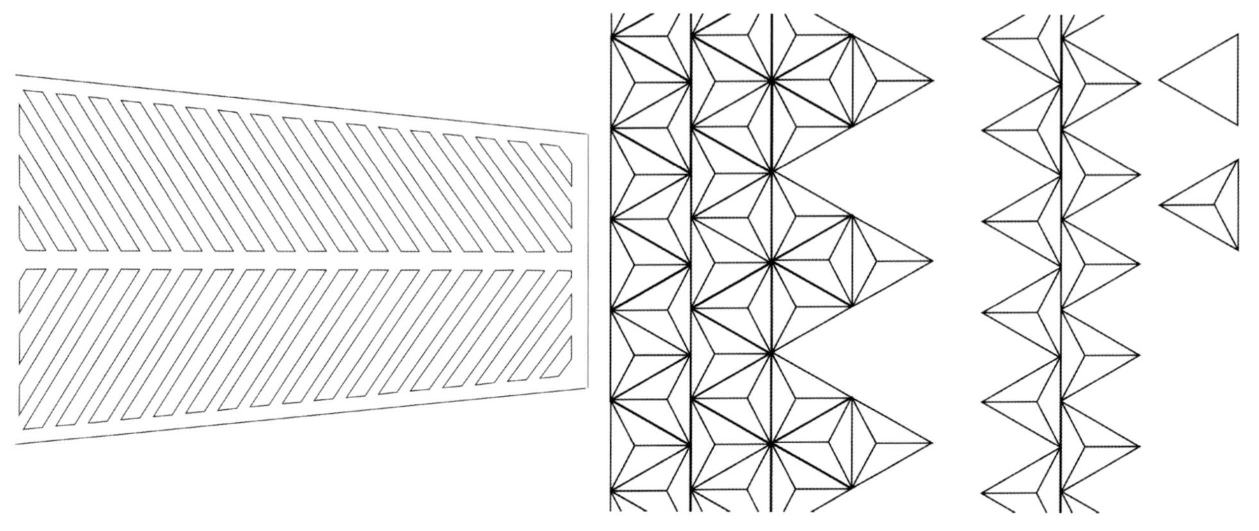

图4-18 歌剧中祭司元素的关键词表达1

把小三角连接在一起做成立体的元素，有紧有疏，完美展现参数化的几何美感（图4-19）。

图4-19 歌剧中祭司元素的关键词表达2

（3）形态研究。设计师分别用激光切割了三种规格的三角形，2cm、3cm、4cm，让其产生大小的变化，单个小三角形再被连接在一起，构成了三种型号的三角体，再由三角体组成服装的上身形态。下身的设计也采用参数化设计的方法，从基本的三角元素出发，无限延展到设计师要表达的服装形态。三角元素的结构有大有小，排列有紧有疏，充分体现了纸衣服的形式美与韵律美的审美特征（图4-20）。

图4-20　歌剧中祭司元素的形态研究

（4）纸衣服的创作及作品展示。根据上一阶段对形态的研究，结合人物的身份、性格等要素特征，构思出纸衣服的款式，并用草图的形式表达出来。款式上采用了对称的结构，表达出端庄与庄严，结合古埃及的元素和基本风格进行高度概括，结合参数化手法生成的形态，设计出富有古埃及元素的现代感的纸衣服形态（图4-21、图4-22）。

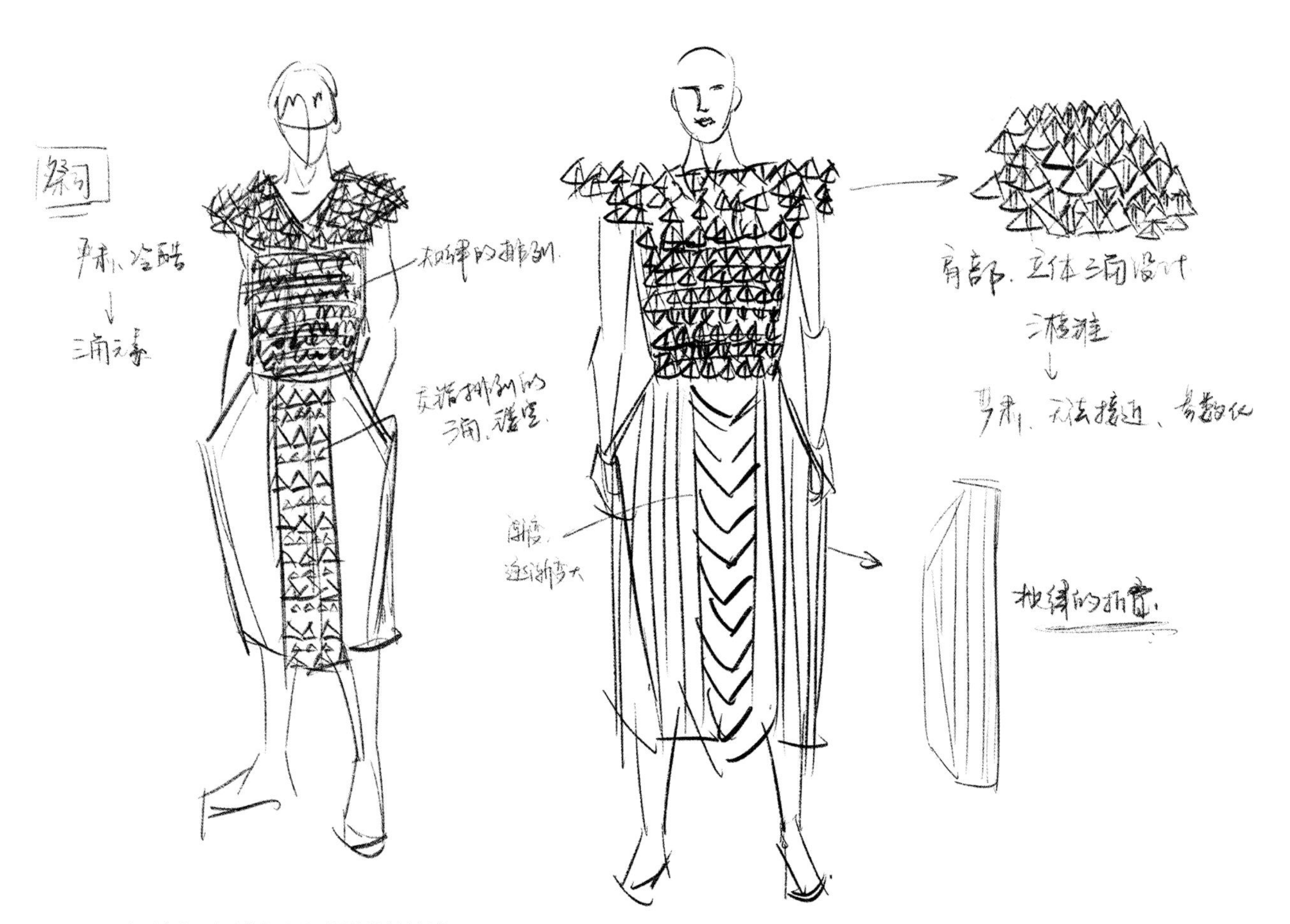

图4-21　歌剧中祭司元素纸衣服的设计效果图

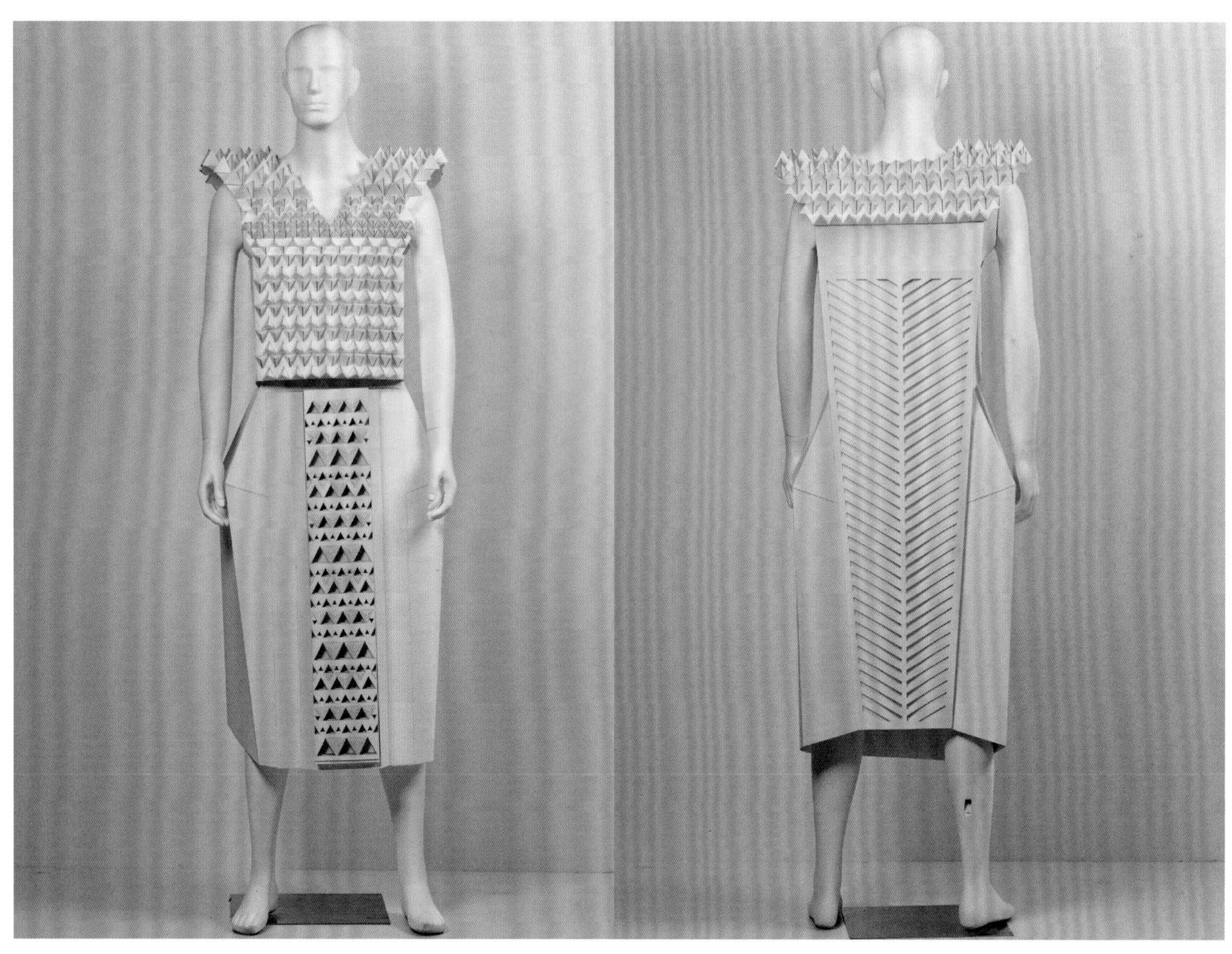

图4-22　歌剧中祭司元素纸衣服的成品效果展示（作品来源：王荣）

第五章

主题性延伸实验

第一节

研究背景

一、主题与主题教学

（一）主题

“主题”一词源于德国，最初是一个音乐术语，指乐曲中最具特征并处于优越地位的那一段旋律——主旋律。在《简明音乐辞典》中对“主题”是这样解释的，主题是指乐曲中具有特征的并处于显著地位的旋律；它能够表现一定的思想、观念、性格以及音乐、戏剧中的人物形象。主题是乐曲发展的要素，有些乐曲中包含数个主题，因而分第一主题、第二主题等，主题表现一个完整的音乐思想，是乐曲的核心。后来这个术语才被广泛应用于一切文学艺术的创作之中。在我国古代也有类似字词来指代主题一词，如“意”“主意”“立意”“旨”“主旨”“主脑”等。现今人们对主题的一般理解是指文艺作品中所蕴含的中心思想，是作品内容的主体和核心，是作者对现实的观察、体验、分析、研究以及对材料的处理、提炼而得出的思想结晶。主题影响着整个艺术作品的创作过程，体现着作者创作的主要意图。

（二）主题教学

主题教学，指欧洲的艺术院校施行的一种常规的教学方法，是以工作室为基础的工作室制的设计教学方法。主题教学法也是很多高校、学者比较感兴趣的研究课题，且主题教学法在中国部分高校也有近20年的教学实践。“南艺”的服装设计专业更是对主题教学法进行本土化改良，特别是近几年效果显著，同时也创作出大量的优秀设计作品。主题教学法的重点是培养原创性设计师，特别是在教学过程中的细节管理更是有其自身特点。主题教学的内核是发现问题和解决问题，师生在解决问题的过程中有大量的互动和交流，从而形成特有的研究型的教学方法。主题教学从观察、体验开始，然后对其主题线索进行分析，从中提出一个现实的问题或是一个兴趣点，以工作室为基础，探索解决问题的各种可能性，并根据具体情况进行设计思考的创作活动。教师提出的设计方案一般是一个没有现成答案和固定解答方式的预案。解决问题的具体方法和最终答案，须在整个设计过程中视情况变通逐步完善，让学生有自主发挥的空间，不断激发学生的原创性，鼓励不断探索、实验，使得学生进入一个真正的艺术创作状态。

二、服装设计主题性创作

（一）服装设计主题性创作的概念

所谓主题性创作或主题性创意，即在一个主题下完成某一作品的创作，国内的高校和一些服装设计大赛也常常采用此类方法。例如，由校方或大赛组委会组织命题，然后设计师通过对主题分析，进行主题性创作，完成效果图并制作成衣的一个过程，重点是效果图的表现和成衣制作。此类创作就与写作文一样，从命题开始，再到审题，找出表现主题的元素，然后运用美术知识进行创作表现，并把表现视为创作的重点。

（二）服装设计主题教学与主题性创作的区别

从文字上解释，我们基本看不出主题性创作和主题教学法的区别。其实，如果是亲身体验过这样的过程，就会发现这是两个完全不同的理念。下面先把不同之处做一个罗列。

1. 侧重点不同

主题教学：注重过程中的创作思路发展轨迹和主题下的系列作品及作品的展示。

主题创作：注重的是效果图的表现和最终作品。

2. 工作方法不同

主题教学：学生作为教学的主体，强调学生的自主学习和研究能力，以及学习过程的系统性。

主题创作：作为传统教学中的命题创作，知识结构比较松散，注重结果，对过程管理不够重视。

3. 作品形式不同

主题教学：设计创作的全部过程，作业强调完整性和系统性，一般包括造型研究、面料研究、色彩研究、流行趋势研究、设计草图、效果图、局部试样、样衣制作、成衣制作、成衣静态展示、成衣动态展示、包装宣传手册等。

主题创作：效果图、成衣、成衣静态展示、成衣动态展示等。

4. 评价体系不同

主题教学：来自不同群体的评价。例如老师、企业、同学等，比较合理。

主题创作：主要来自老师的单一评价。

三、数字化纸衣服的主题性创作

本专题训练是安排在“主题性设计”课程之中，主题性设计是实验性设计的后续课程，其中有一项任务就是把“实验性设计”课程的纸衣服进行延伸性设计，探究纸衣服转换为成衣的可能性。因为，实验性设计课程中的纸衣服有很大一部分会因材料、工艺等原因无法实现成衣制作，换言之，主题性设计会延续实验性设计的切入点并更加深入地延展，使之更加完善和完整。

第二节

主题性延伸实验概况

一、教学进度

主题性延伸实验专题教学进度参考表5-1，教案参见附录十。

表5-1 主题性延伸实验专题教学进度表

时间安排	第一周	第二周	第三、四周	第五、六周	第七、八周
课时	10课时	10课时	20课时	20课时	20课时
内容	认识课程 掌握基本理论 了解任务 收集、制作主题资料并分析、讨论	提炼关键词 明确研究方向 深入收集资料并分析、解读、讨论	关键词表达 尝试采用不同材料、手法及方法深入表达关键词 对前期过程进行讨论	研究的深入阶段，重点是对关键词表达的分析与讨论	继续完善对关键词的研究及表达 汇总前期研究成果并做汇报交流

二、主题性设计相关概念

（一）主题的阐述

主题，就是提出一个现实的问题，并由此制订一个设计方案（解决问题的方案），根据具体情况进行设计思考。设计方案就是教师提出的一个没有现成答案和固定解答方式的预案。解决问题的具体方法和最终答案，须在整个设计过程中视情况变通逐步完善。学习必须要有一个明确的目标，学生才能有针对性地获取确切的知识与经验（主题只能设定一个大的方向，制订一个基本原则，重要的是让学生有自主发挥的空间），即营造一个具有激发性和原创性的探索、实验空间和氛围，引导学生进入一个真正的艺术创作状态。

（二）主题性设计

主题性设计，是设计创作的一种方式，不同于主题性教学。主题性教学是在教师确立的主题框架中紧紧围绕学生、跟踪学生思维及研究过程的教学，是开发学生个人基于实际而不是基于理论（即以理论辅助实践的学习方法）的探究思路，并要求学生以一个职业人的身份进入学习状态。

主题教学法是一种全新的创作方法或探究步骤，是独特的技能培训模式，“方法论”贯穿在整个教学及研究的不同层面，旨在培养学生具有掌握主题创作计划及管理的能力。更确切地说，是学习一种具有原创性和实证精神的设计方法。探究设计的一般规律、艺术感知方式，以及事物呈现的多种可能性和可行性，并能提出自己的看法。这种方式有利于挖掘学生的潜力，培养独立探索的能力。具有了探索能力，才会具有创新能力，才有在企业发挥的潜能。主题教学的最终目的，是努力把学生培养成为一个有思想、会思考、有方法、有能力，以最佳状态进入本行业设计领域、从事职业设计工作的设计人才。

三、主题性设计案例解读

以下为本书作者指导的2018、2019南京艺术学院520毕业作品案例汇总（图5-1～图5-5）。

图5-1　2019南京艺术学院520服装秀秀场1

图5-2　2019南京艺术学院520服装秀秀场2

图5-3　2019南京艺术学院520服装秀秀场3

图5-4　2018南京艺术学院520服装秀资源链接（截自微信公众号“南艺服装设计”）

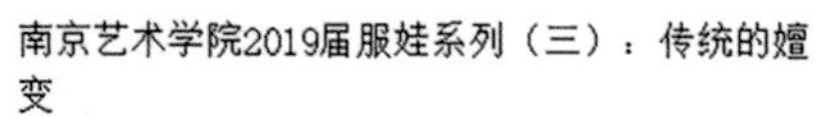

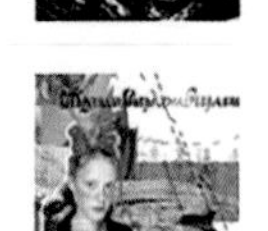

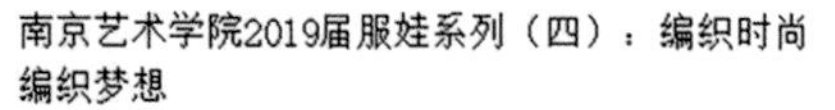

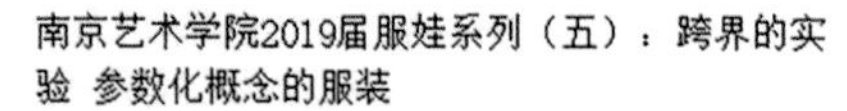

图5-5　2019南京艺术学院520服装秀资源链接（截自微信公众号“南艺服装设计”）

四、作业

（1）思考主题方向，组织主题内容，收集20张左右的相关图片，完成灵感板。

（2）分析灵感板，从中提取两三个关键词，做头脑风暴练习。

（3）运用数字化的设计方法，通过计算实验得出合理的数据，并用计算机作图。

（4）充分发挥想象力进行关键词表达，要求不少于20个面料小样。

（5）绘制不少于30张设计草图，根据设计图完成纸衣服的创作。

（6）材料研究，尝试不同材料带来的视觉效果。

（7）完成纸衣服并对其深化，完成成衣的制作。

第三节
主题性的纸衣服延伸实验案例

一、以“参数化+热点事件”的纸衣服延伸实验

本课题的教学，要求学生能够关注社会、关注热点，培养学生对时尚事件的敏感度，能够利用热点话题制造其设计作品的关注度。课题训练以自由命题的形式，任课教师只阐述基本原理和关键词，具体研究方向及话题需学生自行寻找，这需要学生具有非常好的综合素养，以及对社会的关注度。

案例：以“反基因实验”为灵感的参数化服装形态实验研究

1. 创意构思

反基因编辑实验是近些年非常热门的话题，无论是电影《第九区》的故事情节还是现实版的人类基因修改实验，都涉及人类对此方面实验的思考，科技的进步是否可以干涉他人的生命，人类对基因的克隆、修改是否合乎伦理，这都是值得思考的问题。设计师以“反基因实验”作为主题，旨在通过服装设计作品来表达自己的观点，从而达到提醒、警示的作用。

解决问题

① 基因是什么样子的，其主要形态特征是什么；
② 如何利用数字化、参数化演算出基因的排列，以及用什么材料来表现基因的材质和形态。

涉及的相关技术问题

① 各种材料的实验涉及的不同工具及技术；
② 对泰森多边形（Thiessen polygon）概念及算法的了解与掌握，也可寻求外援帮忙生成部件。

2. 创作过程

（1）获取灵感、制作灵感板、提取关键词。收集、整理关于人类基因组织的图片，选取有特征的几组图片进行构思，作为实验、创作的灵感板（图5-6）。

提取的关键词为：圆形、有秩序地排列、镂空（图5-7）。

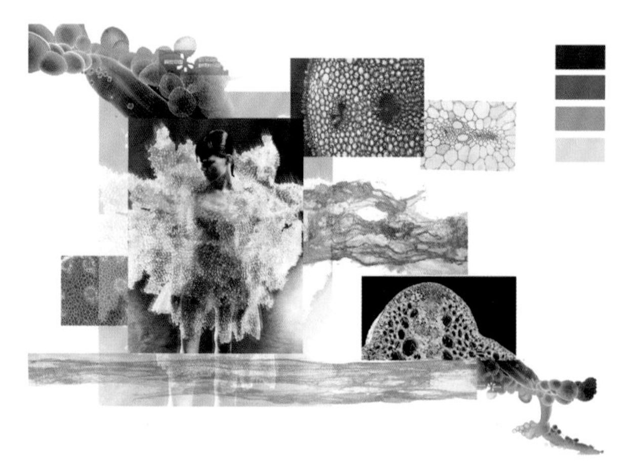

图5-6　反基因实验元素的灵感板

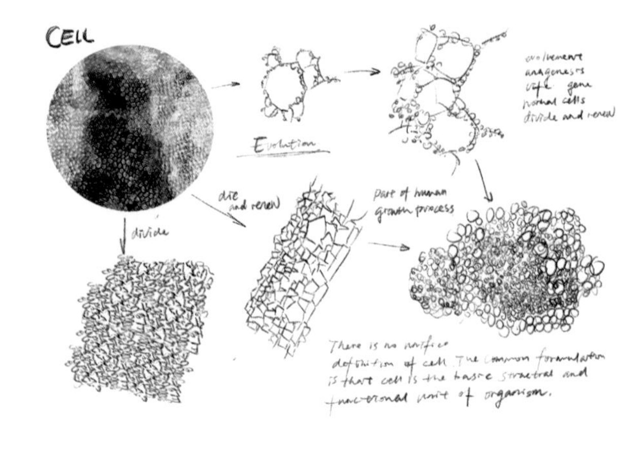

图5-7　反基因实验元素的关键词提取

（2）关键词表达与形态研究。关键词表达最主要的就是抓住关键词的特征，运用各种可能的材料来塑造其形态。作品运用了大量的非服用材料来进行探索实验，通过切割塑料软管使得它呈现出圆圈的形态，然后进行相互连接，达到基因变异后的形态。使用黑色欧根纱做底裙，突出主体造型，从而达到对主题意境的表现（图5-8～图5-10）。本案例中使用的主要材料有各种型号的塑料软管、鱼丝线、欧根纱等。

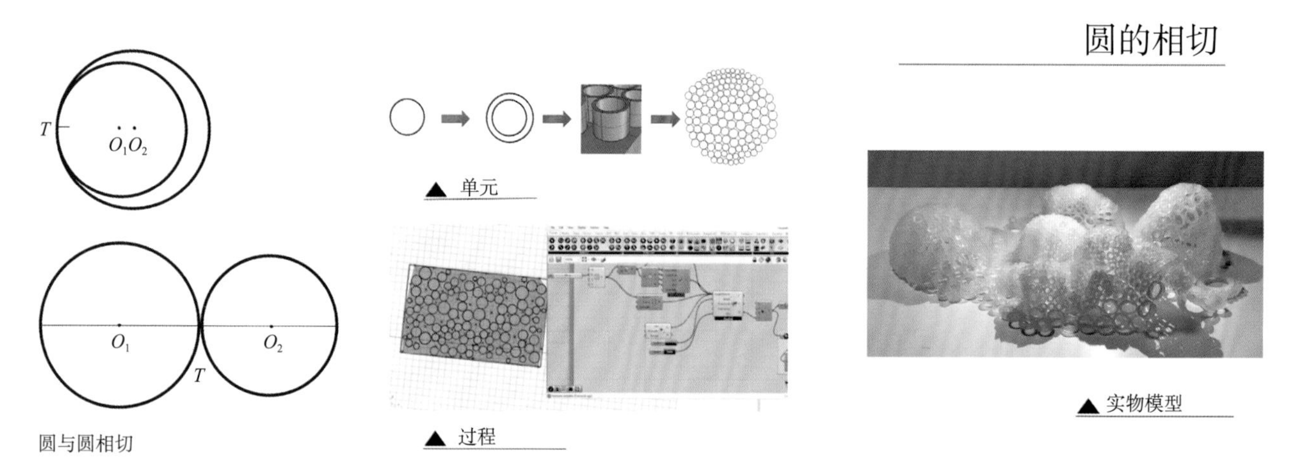

图5-8　反基因实验元素的关键词表达与形态研究1

图5-9　反基因实验元素的关键词表达与形态研究2

图5-10 反基因实验元素的关键词表达与形态研究3

（3）纸衣服的创作及作品展示。服装设计的重点是组织新的细胞形态，并且从两个角度来思考，一是要表现出主题，二是要考虑能否成为服装的组织结构。首先需要运用计算机预先生成各式各样的外观形态，然后选择适合的形态制作实物。细胞的实物制作比较麻烦，因为运用犀牛软件生成细胞组织的形态，一般会用3D打印机直接打印，但在实验性课程中，这并非是唯一的选择。再说3D打印的材料具有局限性，一般材料都很硬。因此，考虑采用非常规的制作手法来生成细胞的形态。通过各种尝试，最后选择运用塑料软管来表现其细胞的形态，因为塑料软管比3D打印出来的要柔软，且容易塑型。整件作品的外观通过大小各异的塑料软管，进行有规则的疏密、聚散排列，形成具有强烈视觉效果的细胞组织结构。欧根纱的底裙增添了服装的层次感，黑色底裙不但高贵、神秘，而且能够凸显细胞的形态（图5-11～图5-13）。

图5-11 反基因实验元素纸衣服的设计效果图

图5-12 反基因实验元素纸衣服的成品效果展示1

图5-13 反基因实验元素纸衣服的成品效果展示2（作品来源：许晨）

二、以“参数化+建筑”的纸衣服延伸实验

要求能够对建筑有比较深刻的认知，经常会有人将服装与建筑联系在一起，其原因就是建筑与服装有很多相似之处，如建筑的造型与服装的廓型、建筑的表皮与服装的面料、建筑的色彩与服装的色彩等。本课题是要求对建筑进行系统梳理，把建筑参数化生成造型的技术运用到服装设计中，使得服装具有建筑的美感。当然，这样的课题训练是非常综合性的，也是具有跨界性的。

案例：以“筑梦者”为灵感的参数化服装形态实验

1. 创意构思

古往今来，人们是从独立的个体到集合的路径来谋求生存和发展的，然后又从一个小的集合发展成为大的集合，然后这种大集合又转化为集合中每个人又有自己明确的分工和独立的世界。它们既相互独立又相互联系，这一系列的进阶、变化、发展都影响着一系列城市的变化。

21世纪，科技得到了极速的发展，“人工智能”“科技”“未来主义”“创世纪”等词成为这个时代的关键词，从而推动了人们对未来的美好展望。在服装款式上，由于参数化的介入，服装设计的原创性、概念性、实验性也会更强。整个设计过程就像是一个对未知实验的探索，在设计上不仅能实现更多的可能性，还能使设计作品更具原创性。在审美价值上，基于参数化的特性，使服装造型更具严谨的理性，带来不一样的感官感受。它的每一个形态，每一个肌理，都是独特的。经过最后的数字化整合，给人们带来不同以往传统服装设计的审美趣味。所以，在服装结构上，打破传统，将参数化创作手法作为重要的设计方式，通过块面与肌理的对比、柔软与坚硬的对比、大小不同渐变的对比以及重复块状的排列形成独特的体积感和层次感，给人与众不同的视觉冲击。在服装细节上加入飘带设计，飘带仿佛就像人们对未来的纷飞思绪般跳跃而灵动。在服装面料上，选用未来感十足的新型面料——TPU镭射面料，这种面料折射出的五彩光泽很好地诠释了设计主题，展现出人们对那个似近似远的美好未来生活的憧憬和向往。

解决问题

① 建筑造型的形态、效果以及相关的参数化演算；

② 用什么材料来表现具有未来感的建筑形态及表皮。

涉及的相关技术问题

① 各种材料的实验涉及的不同工具以及相关技术；

② 对泰森多边形（Thiessen polygon）概念及算法的了解与掌握，也可寻求外援帮忙生成部件。

2. 创作过程

（1）获取灵感、制作灵感板、提取关键词（图5-14、图5-15）。

提取的关键词为：排列、渐变、多边体。

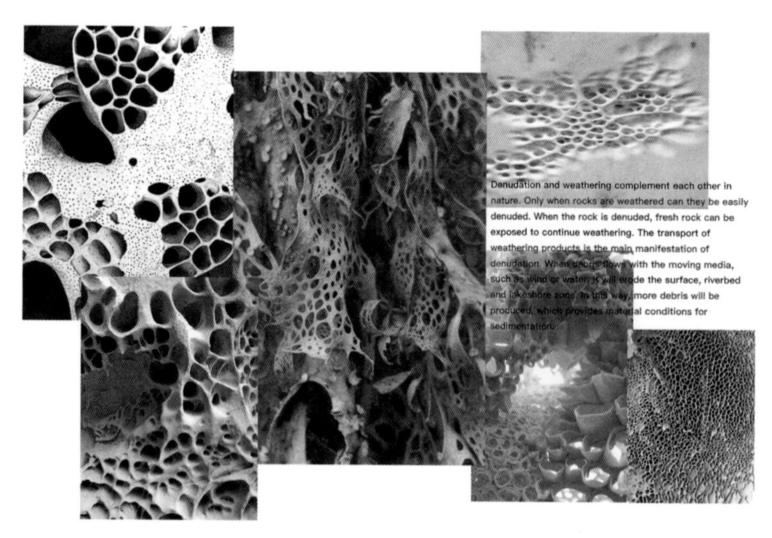

图5-14 以“筑梦者”为灵感元素的灵感板

（2）关键词表达与形态研究。本作品的造型研究主要是用犀牛软件进行虚拟生成，并在虚拟空间里多了各种可能性尝试，由于篇幅原因，只能截取主要步骤进行解析。

① 打开软件，新建一个网格（图5-16）。

② 输入数据，建立平面形态（图5-17）。

③ 找到每个小正方形的中心点（图5-18）。

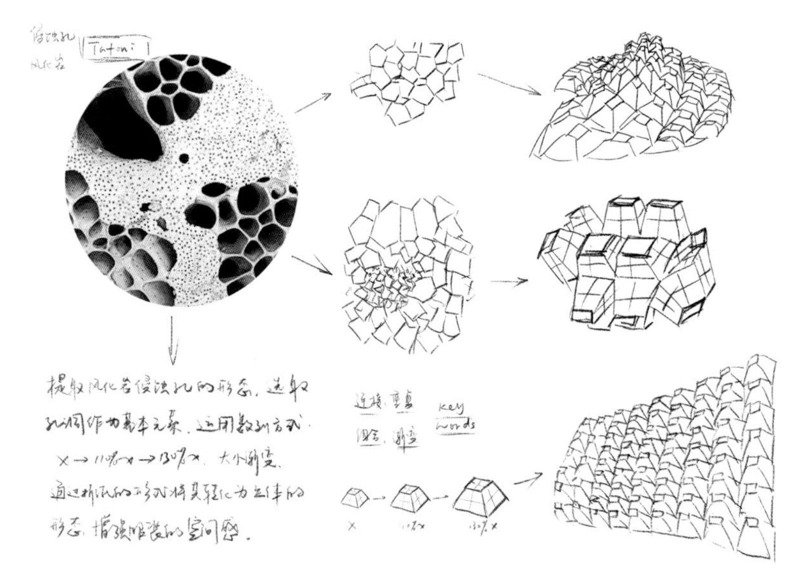

图5-15 以“筑梦者”为灵感元素的灵感板关键词

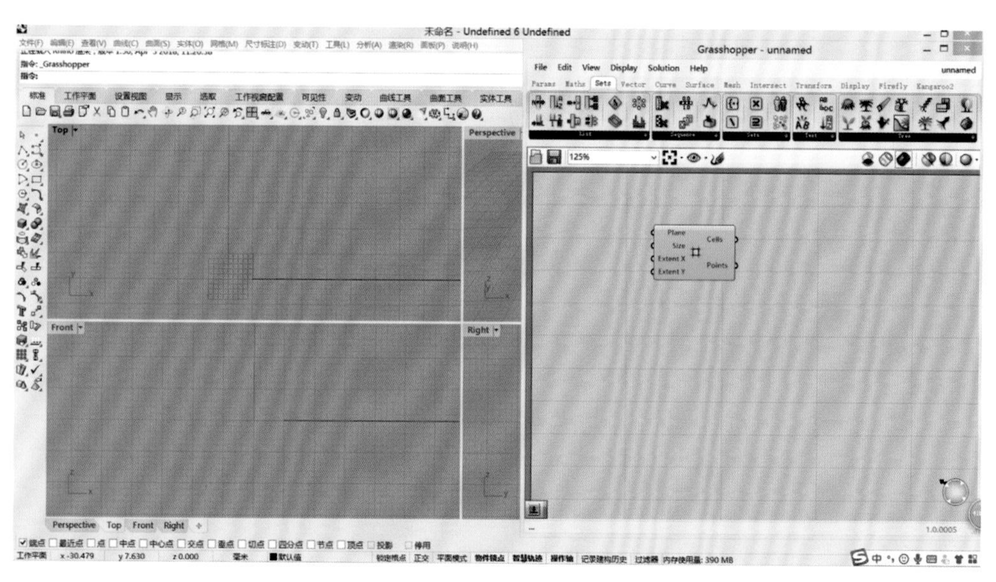

图5-16 新建网格

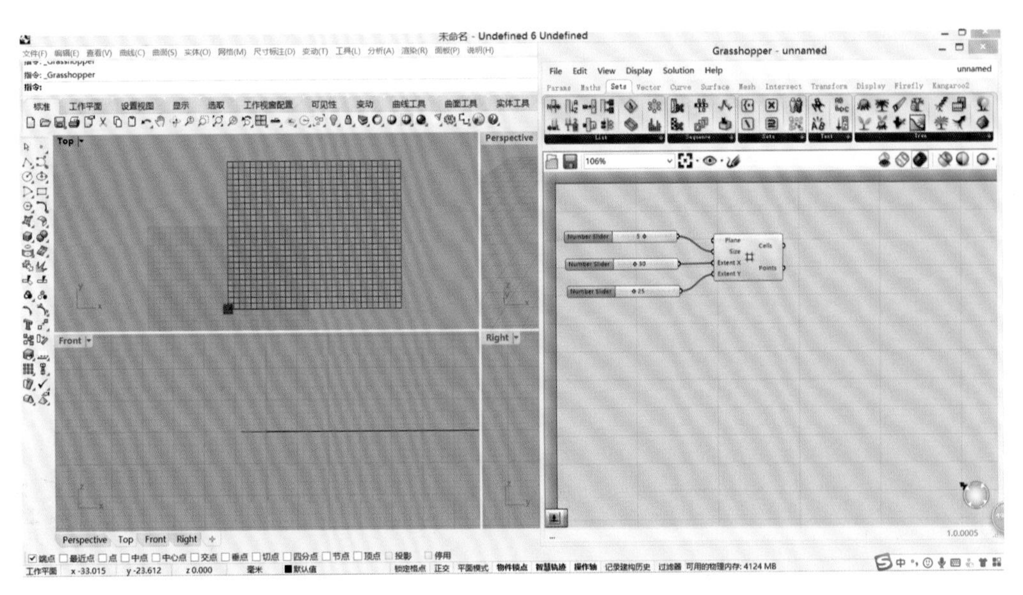

图5-17　输入数据，建立平面形态

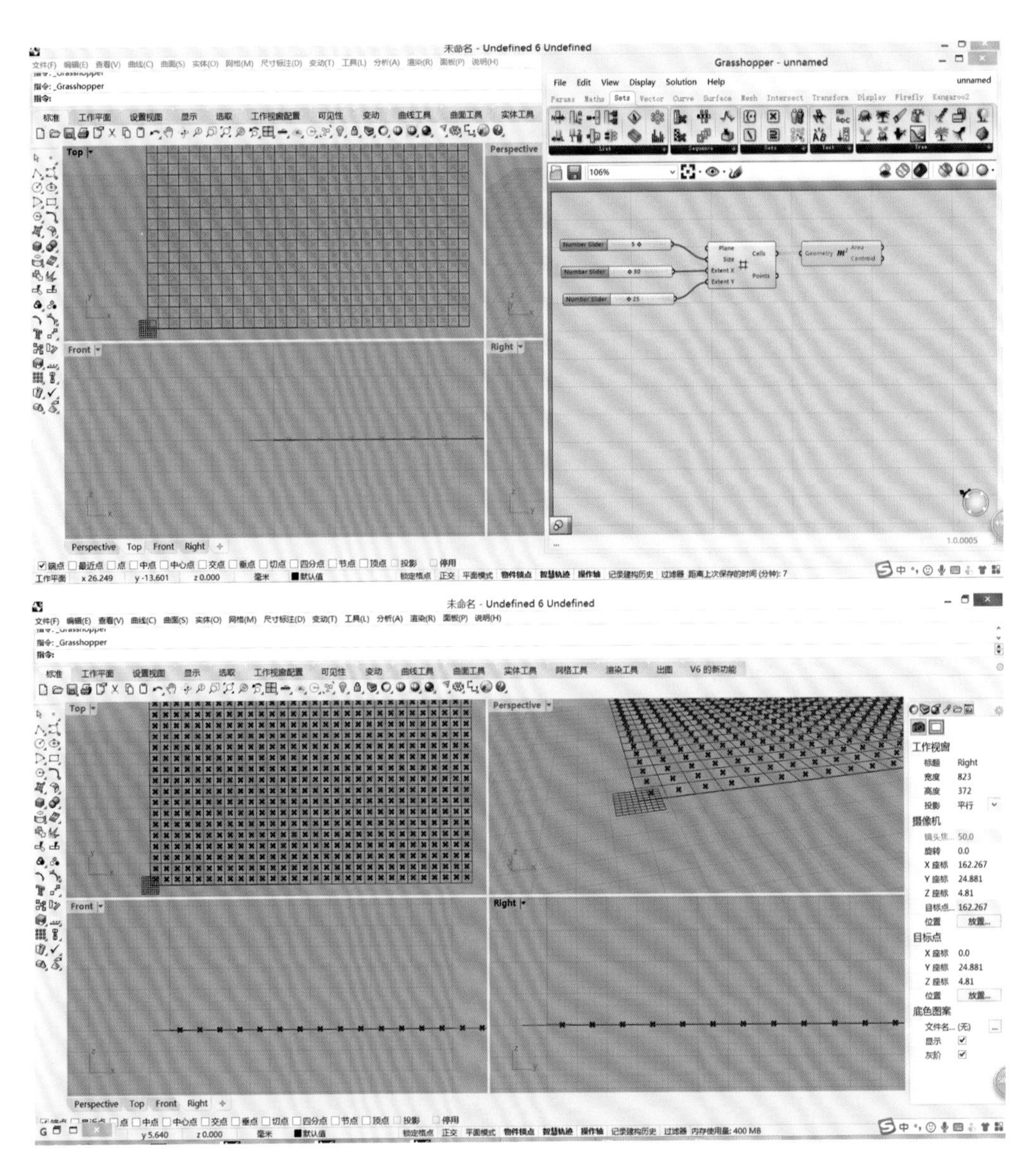

图5-18　确定中心点

④ 通过黄金组合对要压缩的数据进行压缩，等比例缩放（图5-19）。

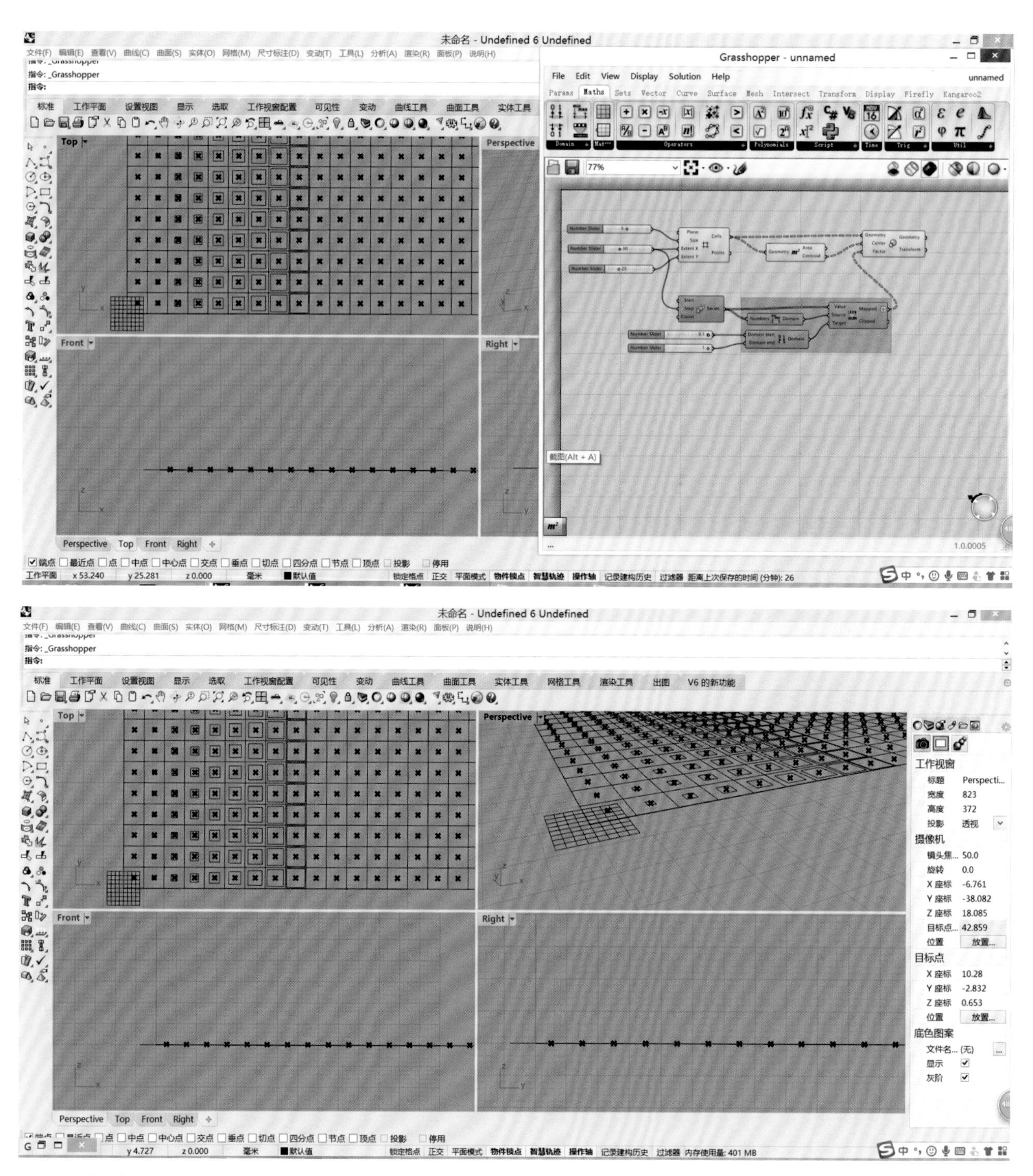

图5-19　等比例缩放

⑤ 进行曲面形态生成研究（图5-20～图5-23）。

a.绘制一条曲线。

b.选中曲线“Set one curve”抓取到“Grasshopper”。

c.Intemalise Date锁点。

d.删除犀牛上的曲线痕迹。

e.隐藏曲线。

f.输入中心点到曲线所要变化的数值的最大值、最小值，再通过黄金组合将数值进行压缩。

g.离曲线越近，方块越小；反之，方块越大。

h.使之立体化，沿Z轴发生位移5个单位。

i.面的组合及生成。

j.调整曲线，使之形态产生变化，离曲线越近，方块越小；反之，方块越大。

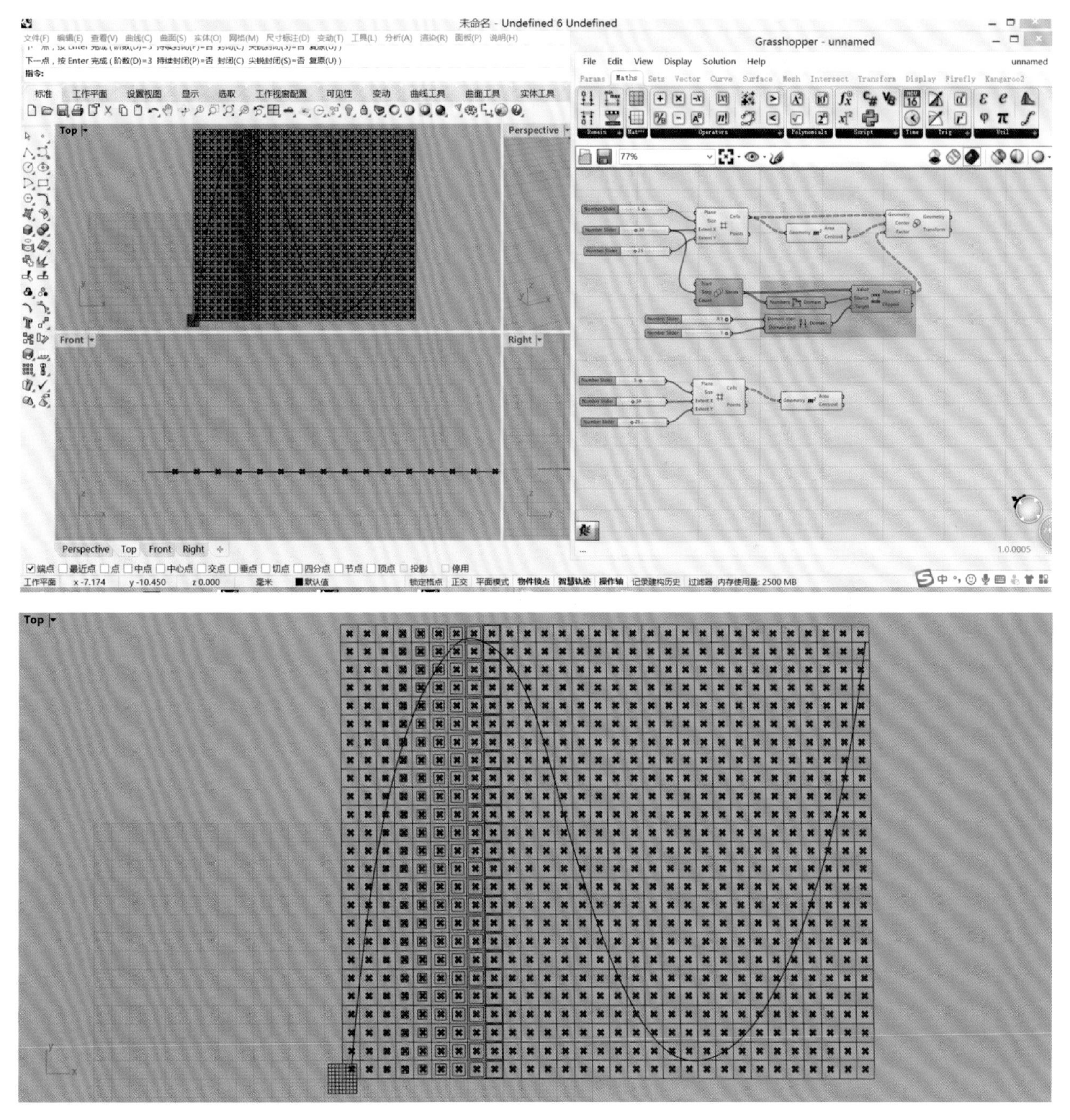

图5-20　曲面形态生成步骤图1

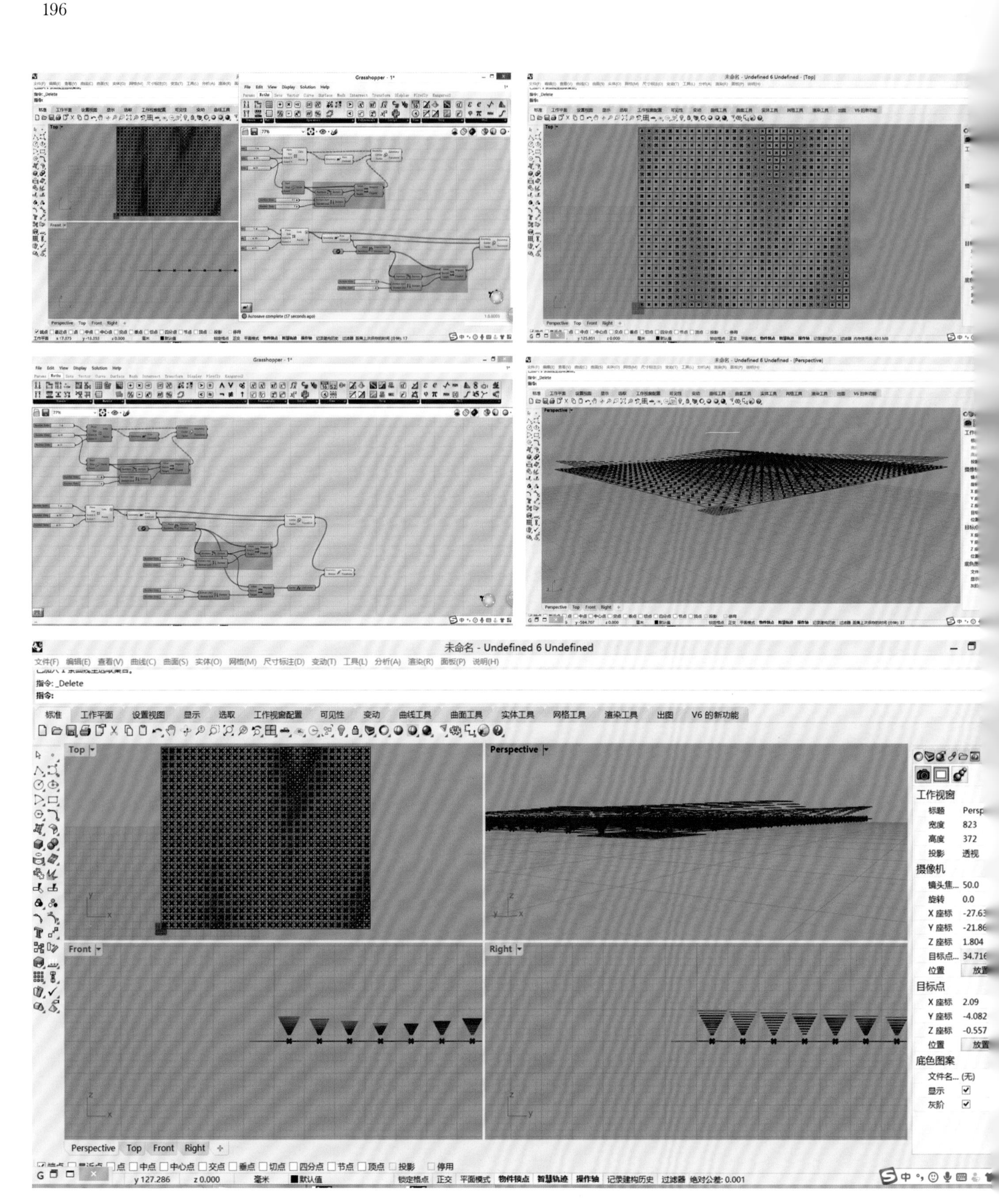

图5-21 曲面形态生成步骤图2

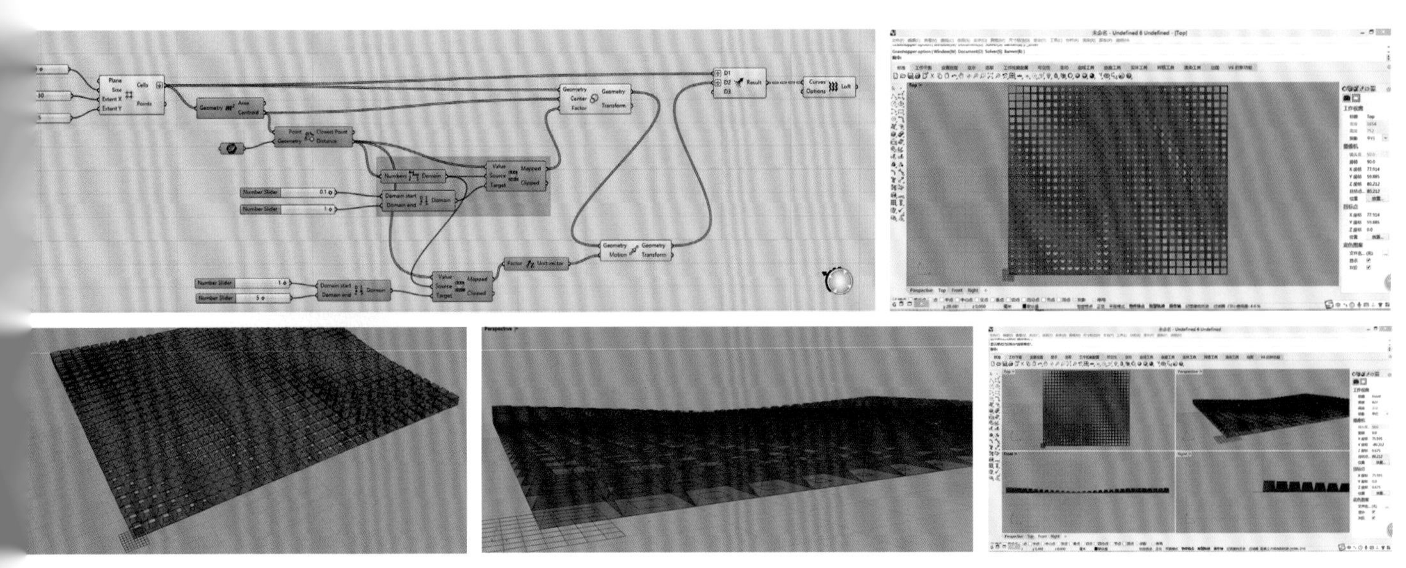

2　曲面形态生成步骤图3

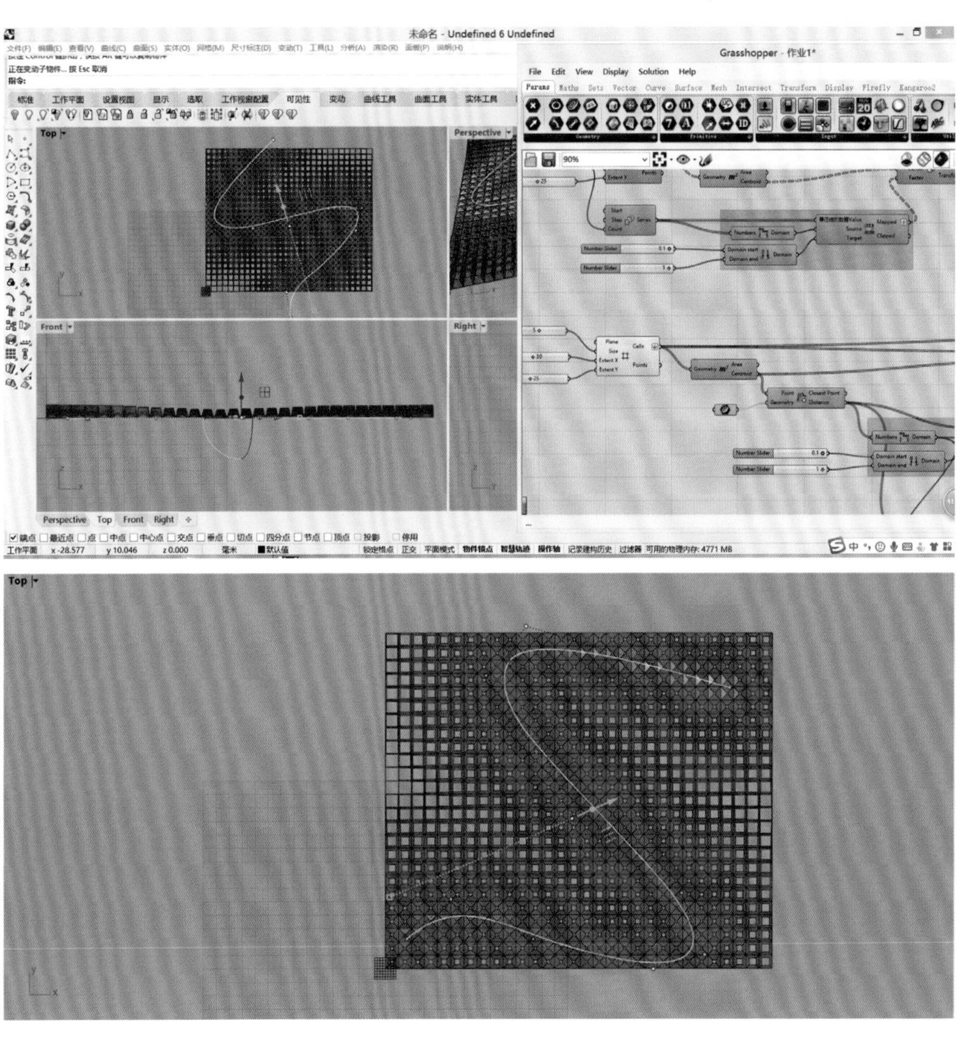

图5-23　曲面形态生成步骤图4

⑥ 造型的实验过程（图5-24～图5-27）。

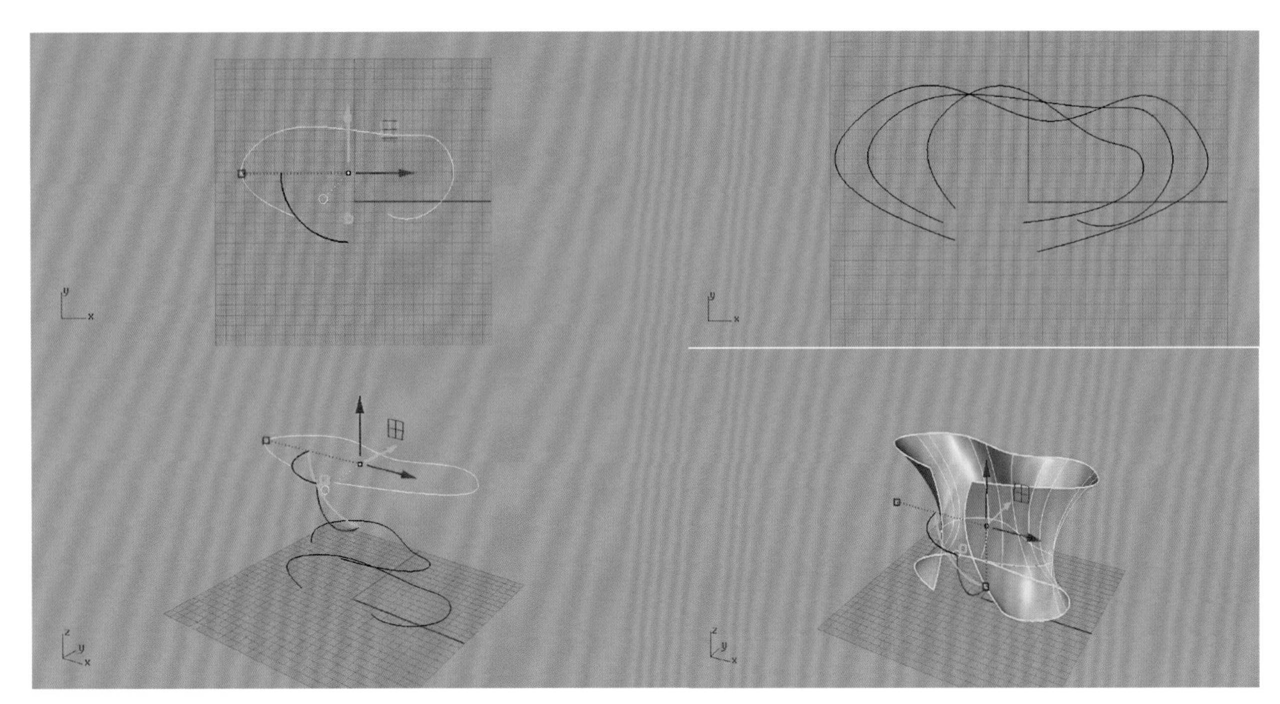

图5-24　建立坐标、调整参数，使其生成一个形态，调整达到满意为止

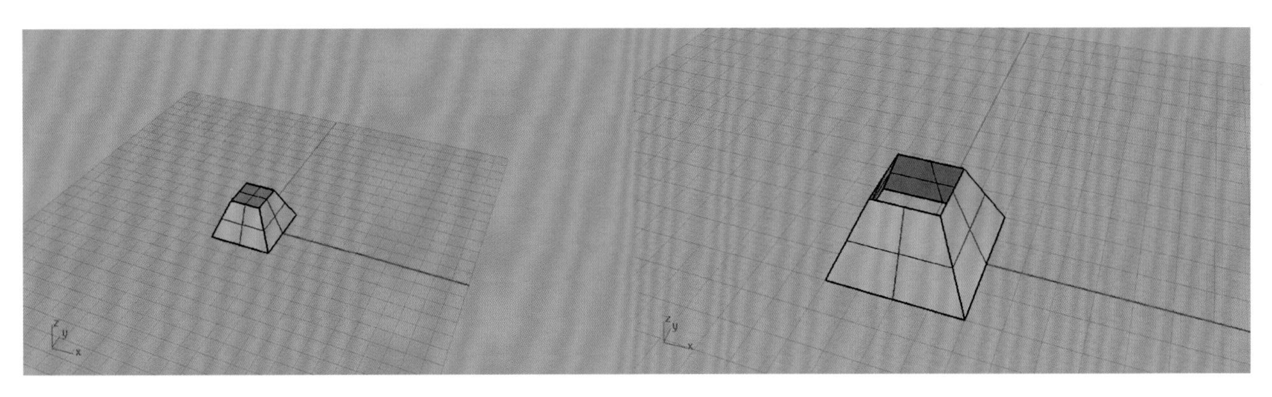

图5-25　创建一个基本形态，作为单位元素

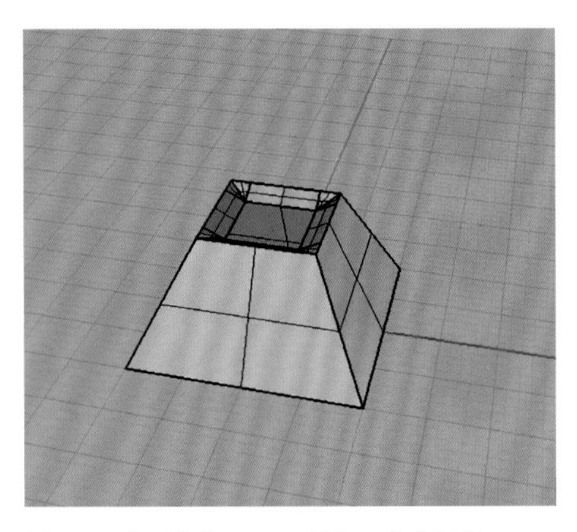

图5-26　曲面偏移0.2mm，增加一定的厚度

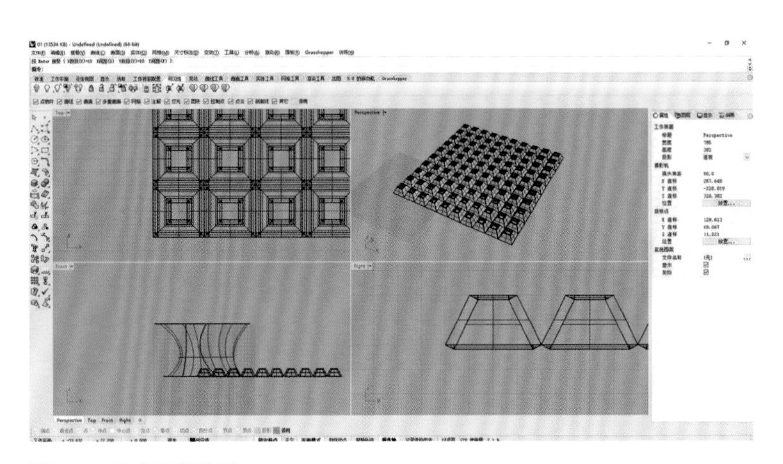

图5-27　组成矩形阵列

⑦ 渲染表皮（材质）阶段（图5-28～图5-33）。

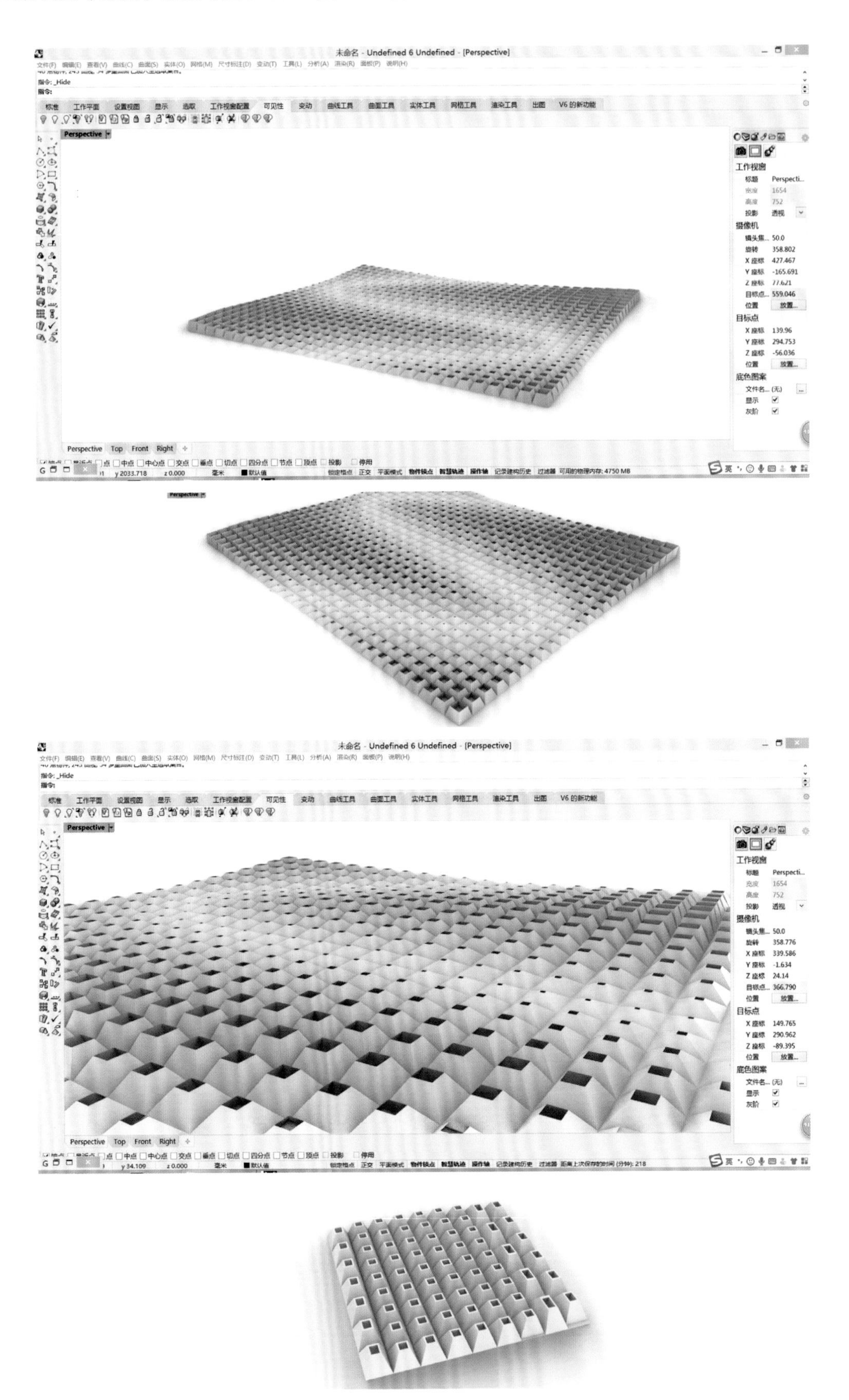

图5-28 赋予材质并对其进行渲染

a.沿曲面流动。

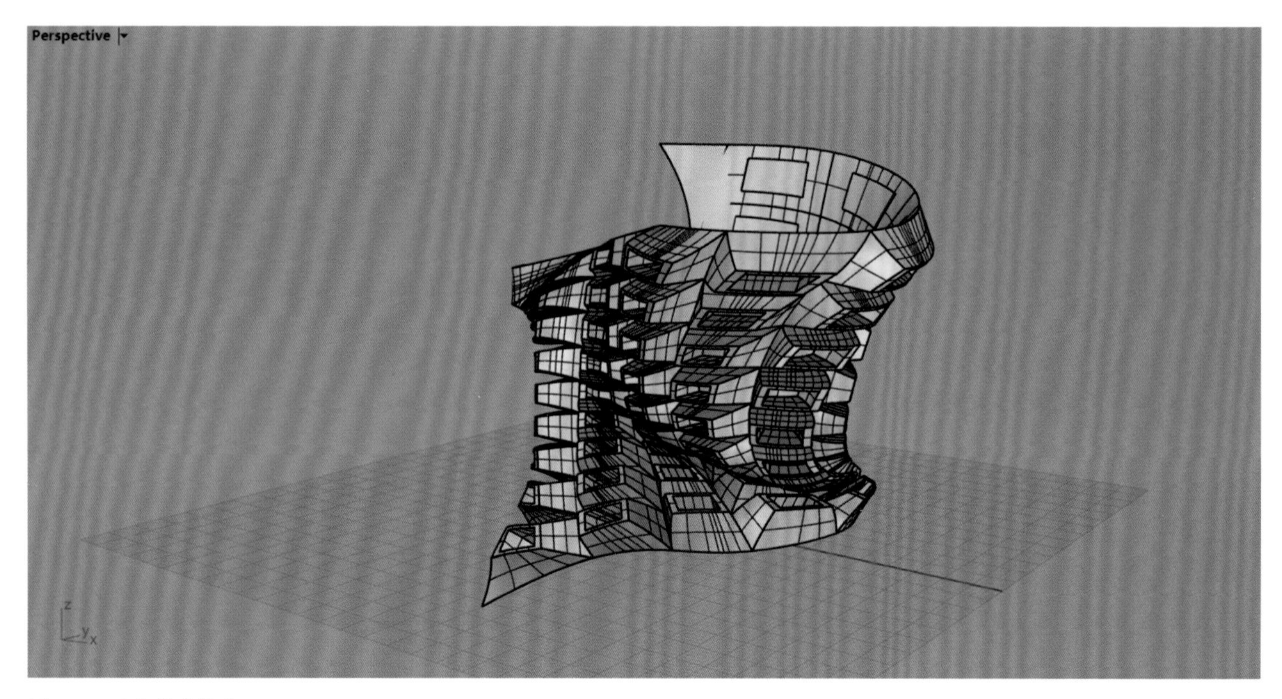

图5-29　建立基础模型

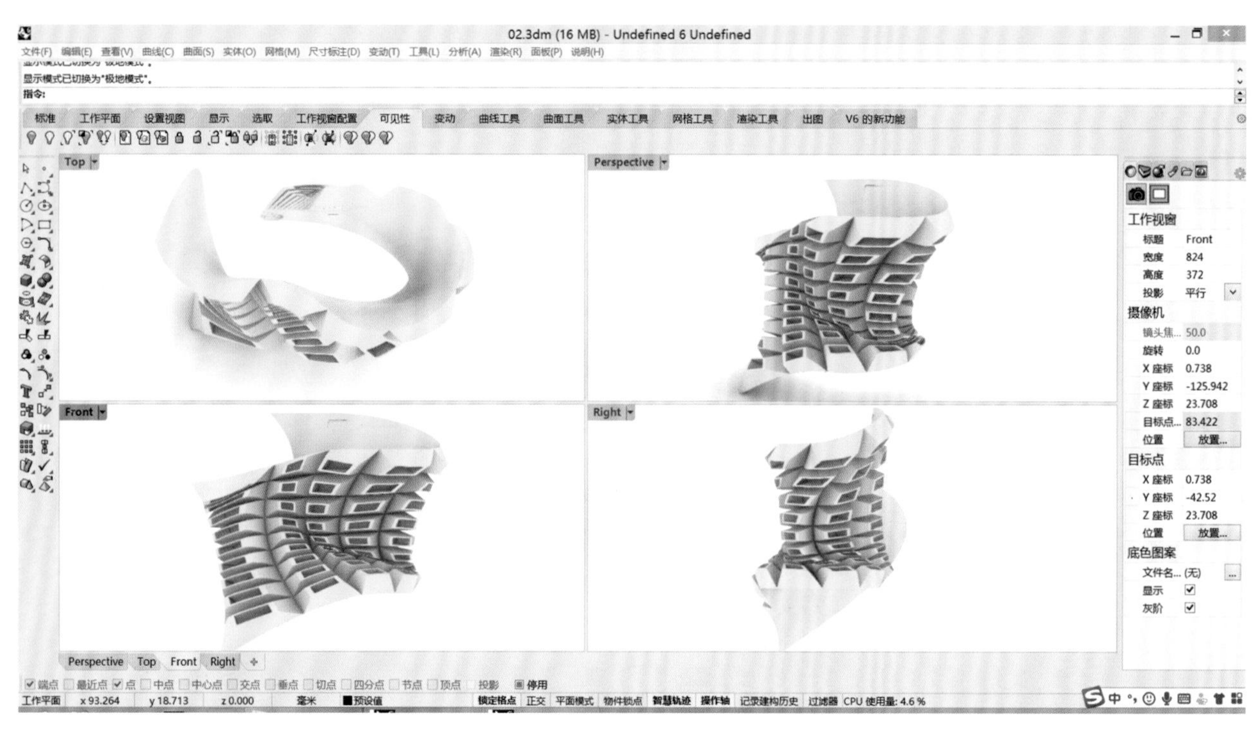

图5-30　建立模型，调试不同角度和参数，感受其中的效果

b.观察造型，调整到满意的效果。

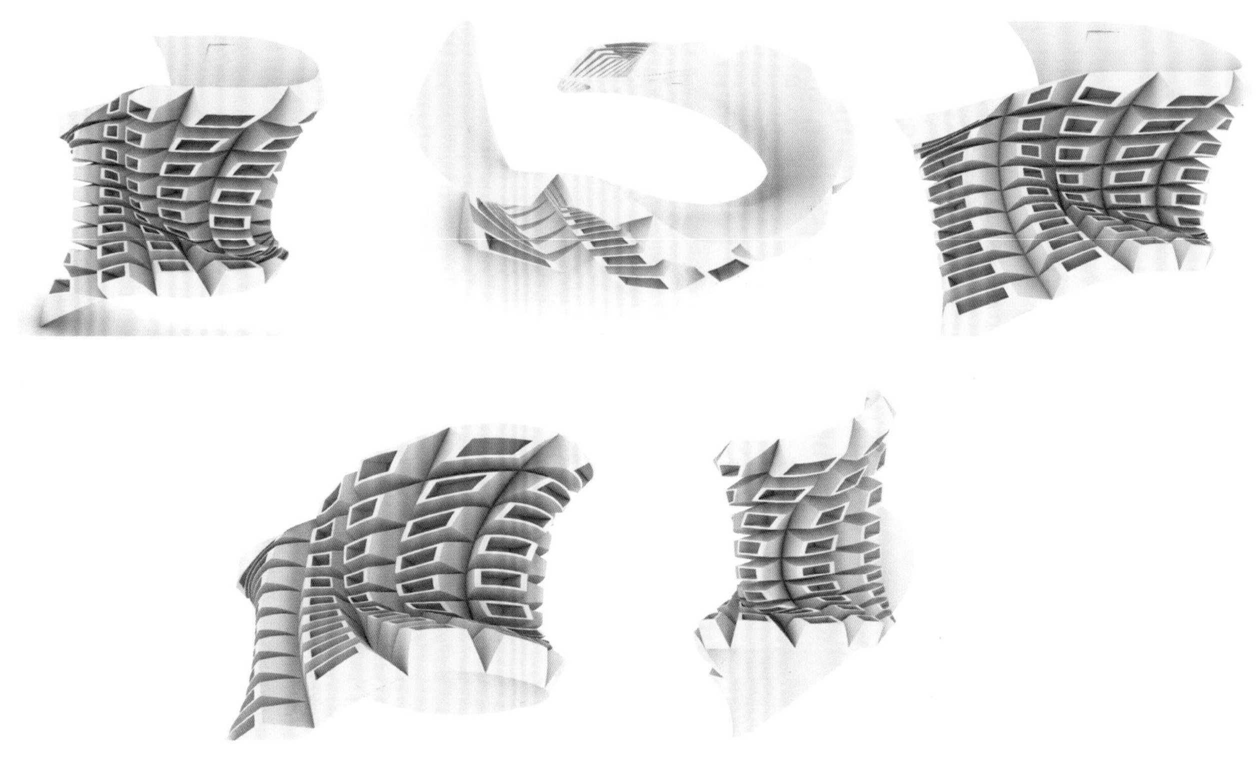

图5-31　调试不同视角感受其中的效果和问题

c.其他形态实验。

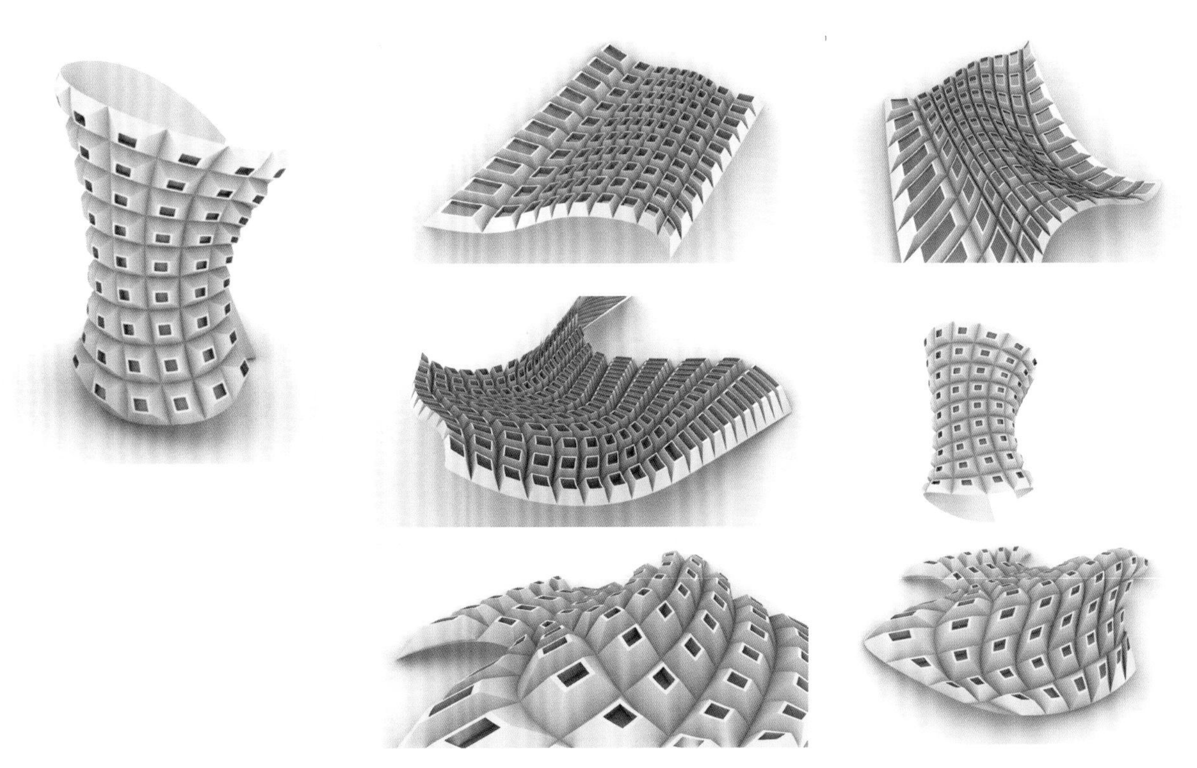

图5-32　按照同样的方式继续进行更多形态的生成

d.虚拟形态研究。

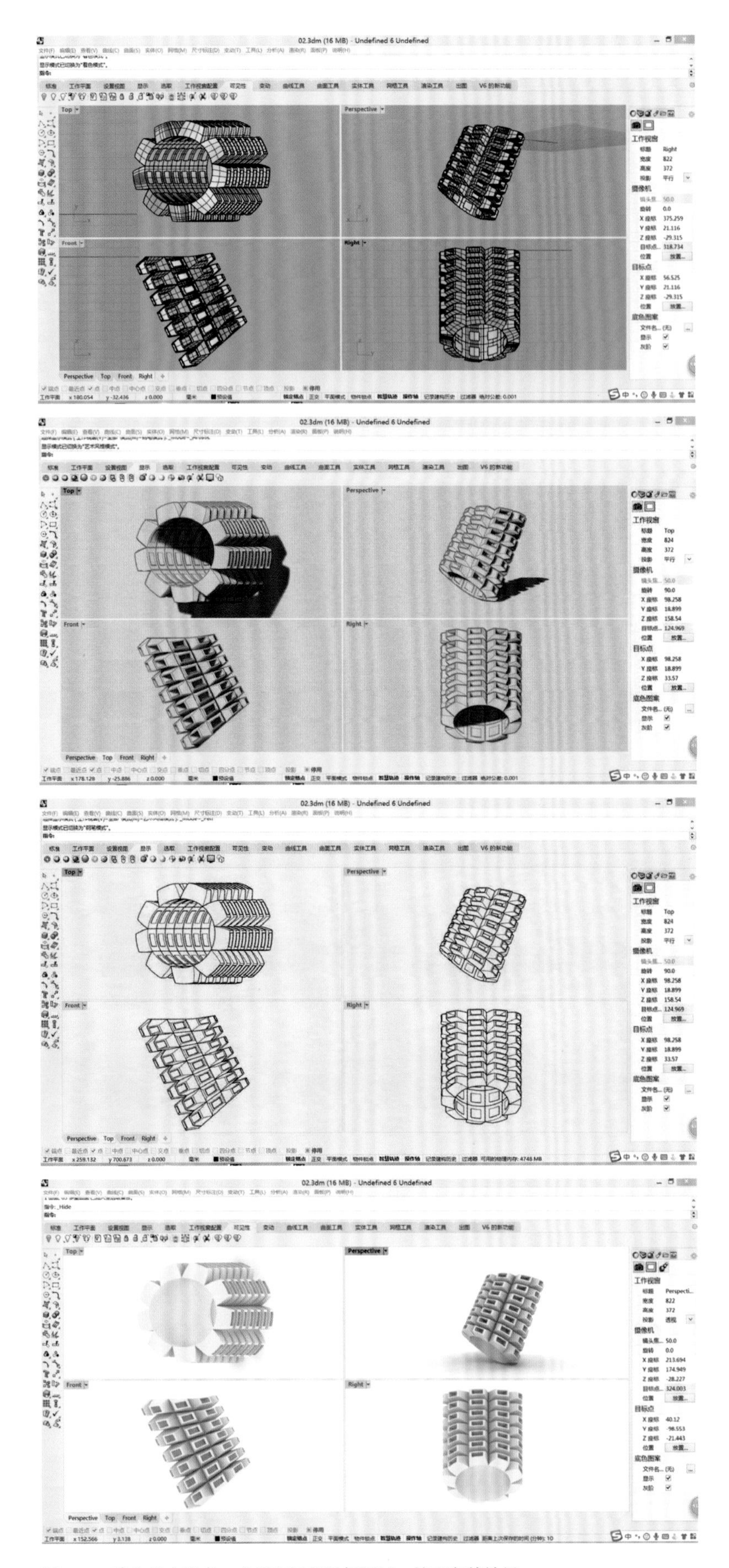

图5-33　建立基本形态，虚拟空间里反复调试，并观察其效果

⑧ 形状的变化和组合研究（图5-34～图5-44）。

a.五边形形态。

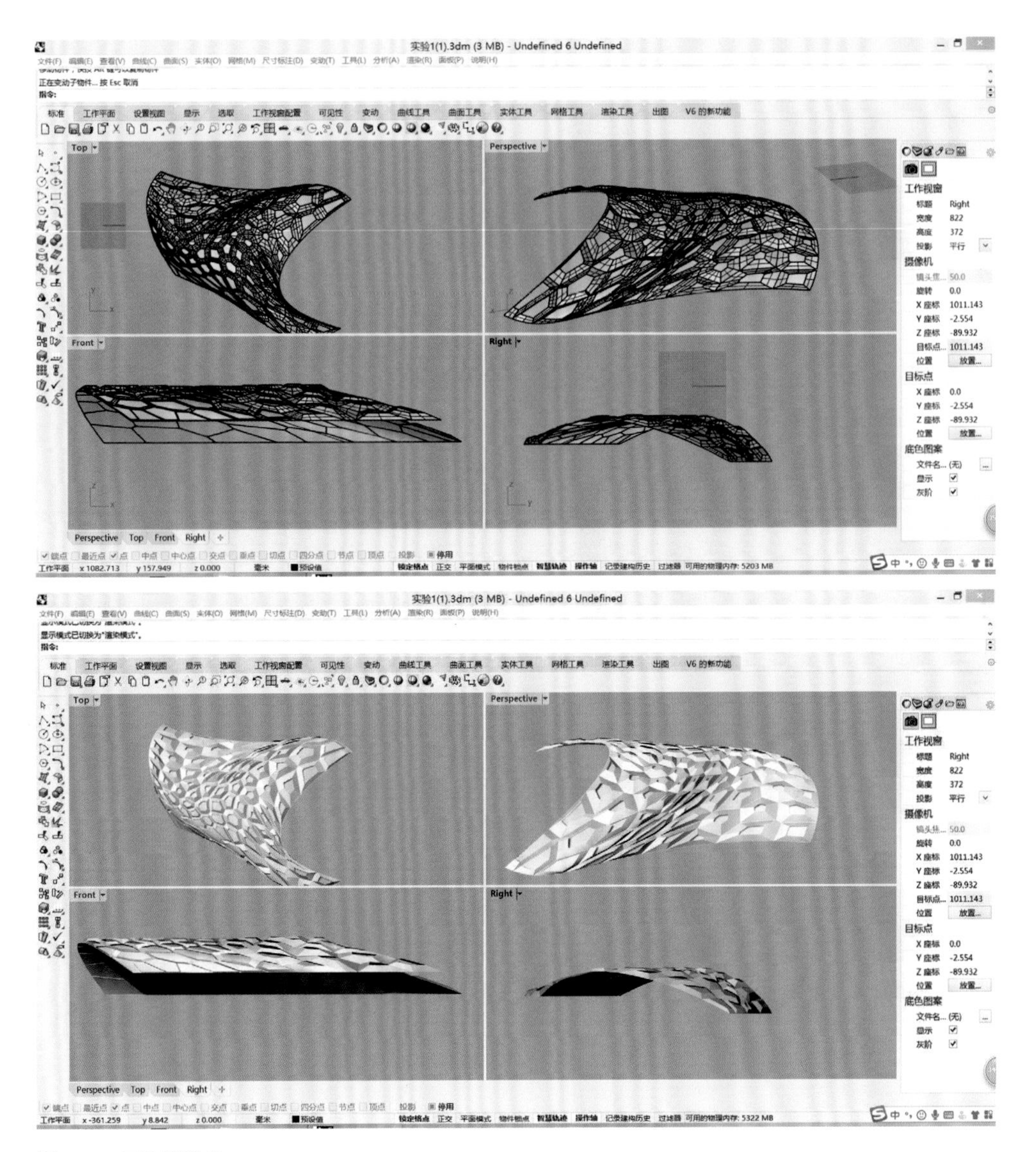

图5-34　五边形形态1

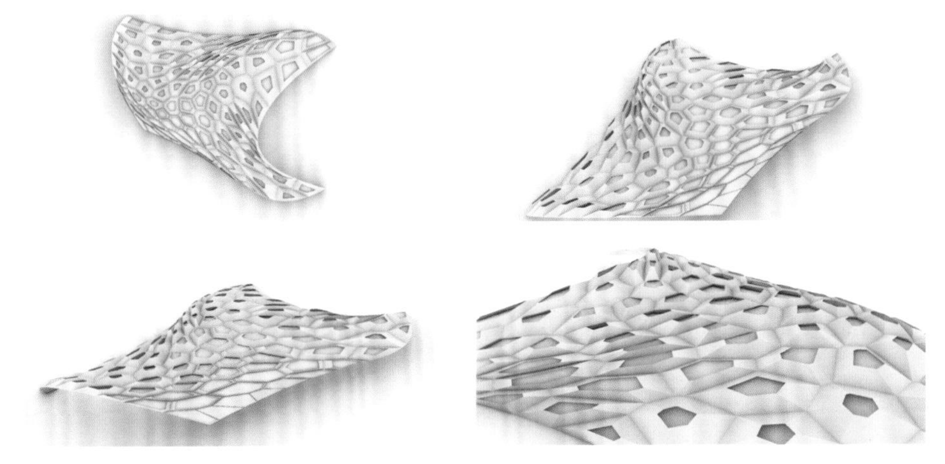

图5-35　五边形形态2

b.三边形形态。

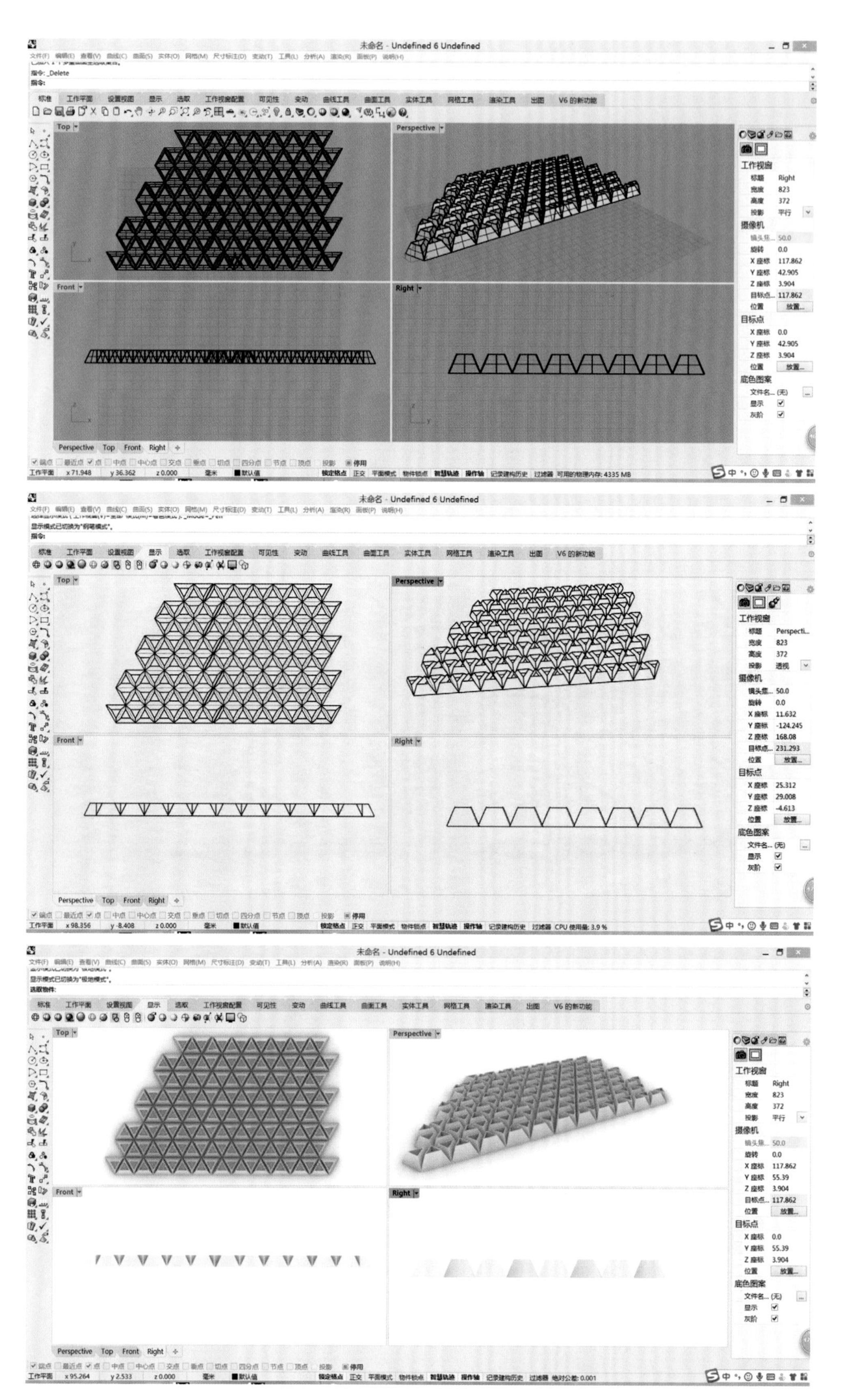

图5-36 三边形形态1

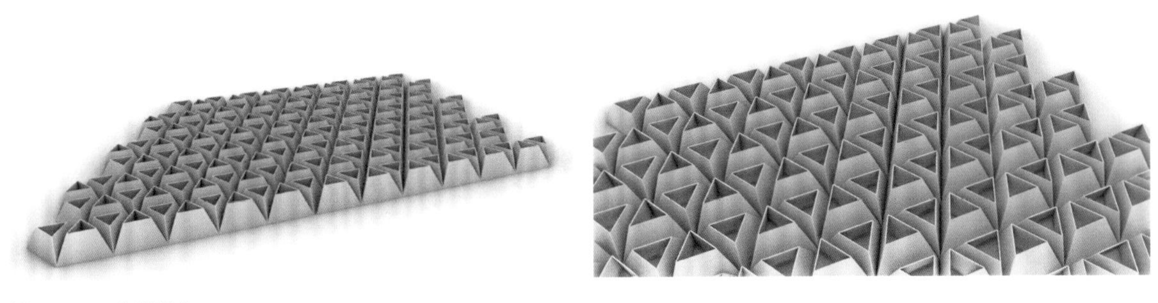

图5-37　三边形形态2

c.单位元素研究。

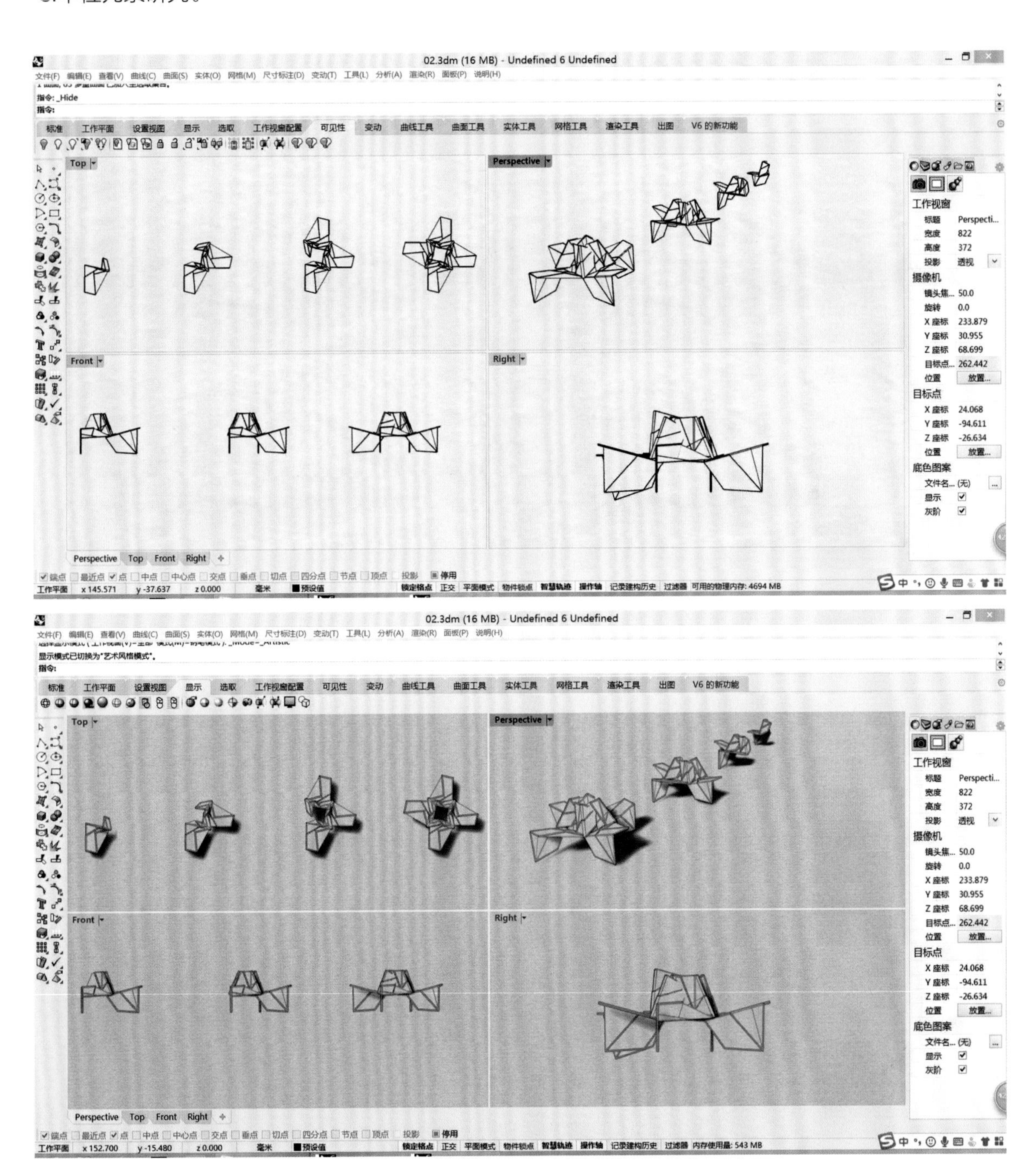

图5-38　单元元素研究1

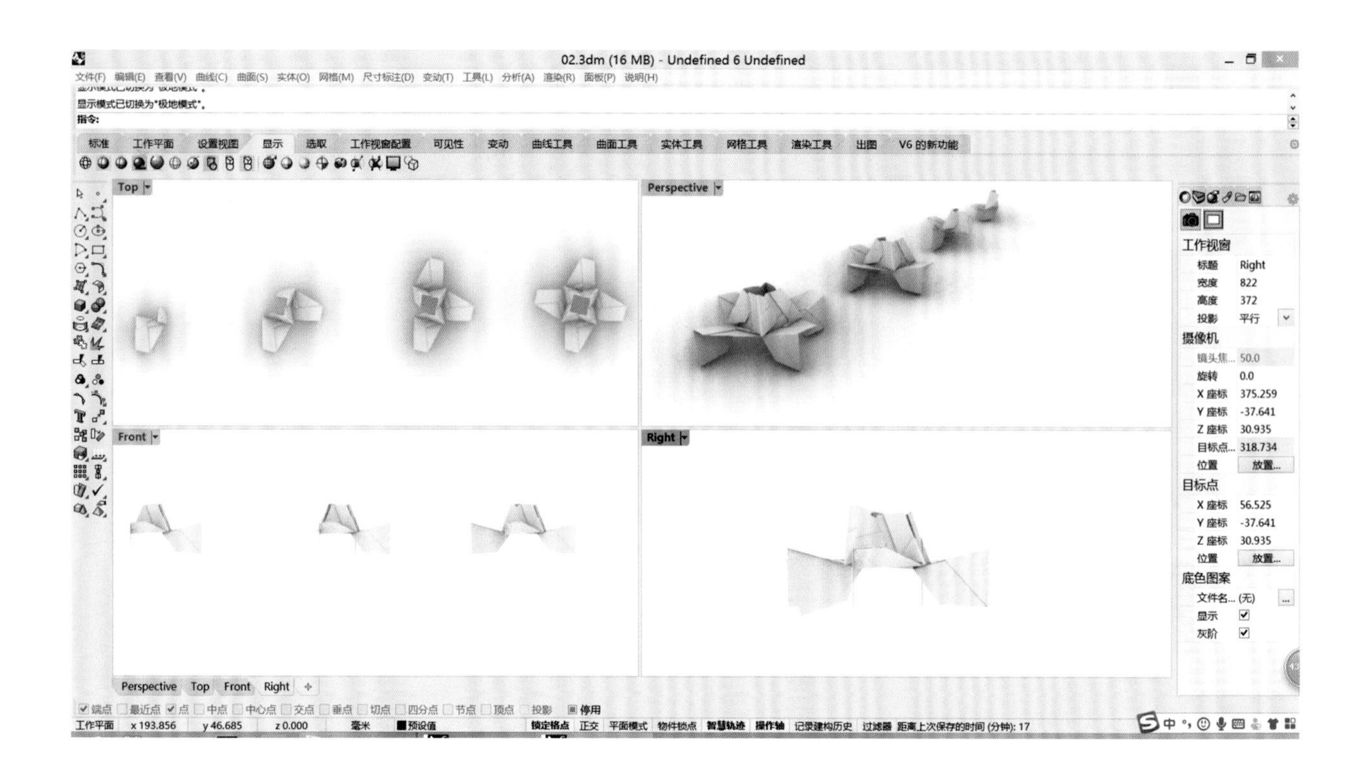

图5-39 单元元素研究2

d.造型（形态）实现研究。

当然，参数化的形态最简单的生成方式就是使用3D打印，但是往往会受到材料的限制，其局限性是3D打印急需解决的问题。作为服装设计专业的学生，是需要感受、尝试各种材料的效果，因此，本主题将尝试其他的呈现方式，这里主要是用各种纸张进行初步实验。

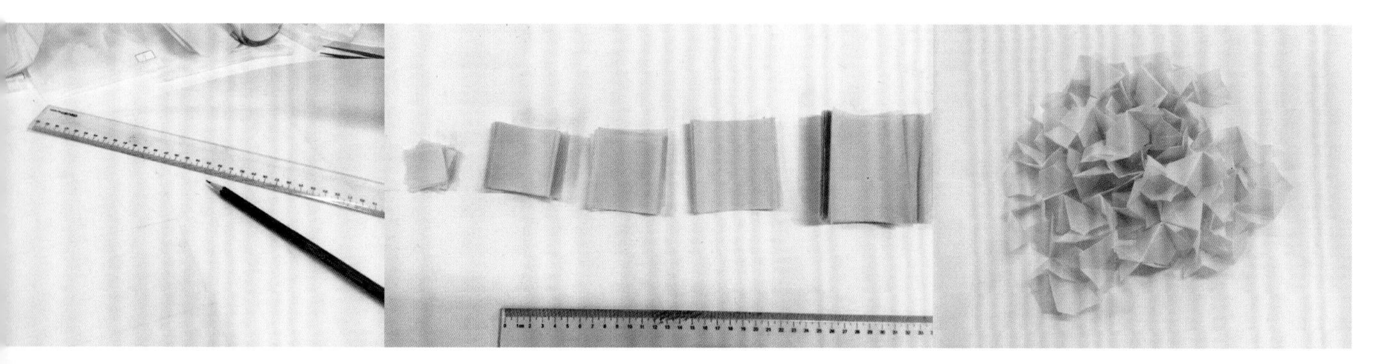

图5-40 绘制、裁剪不同大小的正方形纸片，并初步折叠出基本形状

图5-41　相同大小随机组合

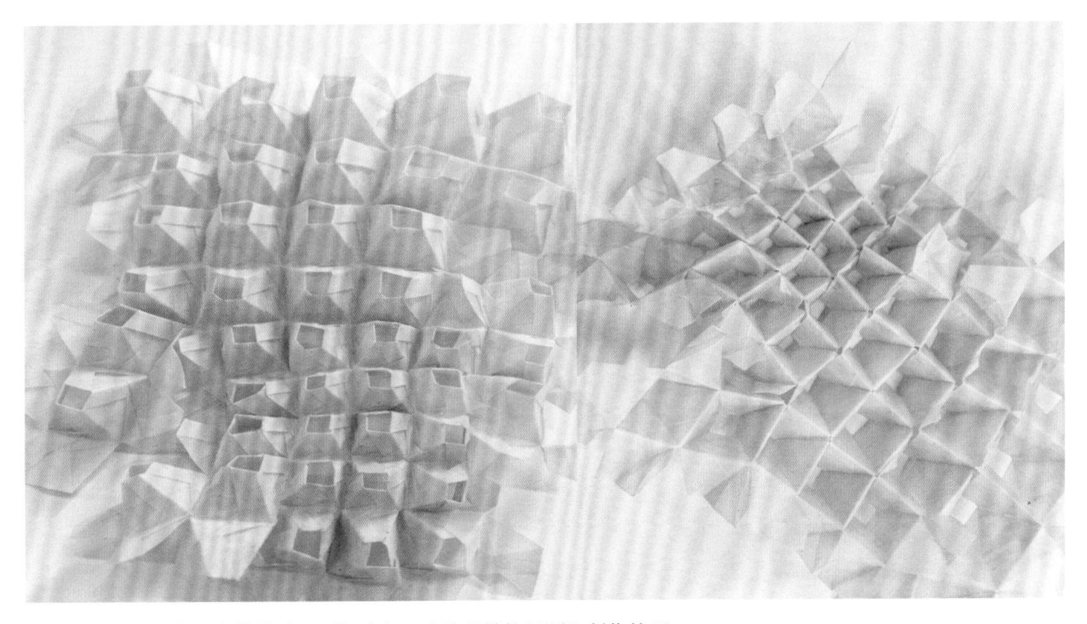

图5-42　折叠、穿插成体块感，要解决相互连接的结构问题和制作技巧

图5-43　尝试各种折叠方式以及对折叠的效果进行比较

图5-44　制作多种型号，以作自然规律渐变，最小值为3cm，最大值为13cm

（3）纸衣服创作及作品展示。纸衣服的制作过程非常繁琐，不能轻易达到预期成果，其中存在各种尝试及探索过程，当然还会碰到很多困难，但有价值的正是不断发现问题和解决问题的过程。试想，一个主题设计连问题都没有，那何来创新，探索未知领域也是学习和进步的有效路径（图5-45～图5-47）。

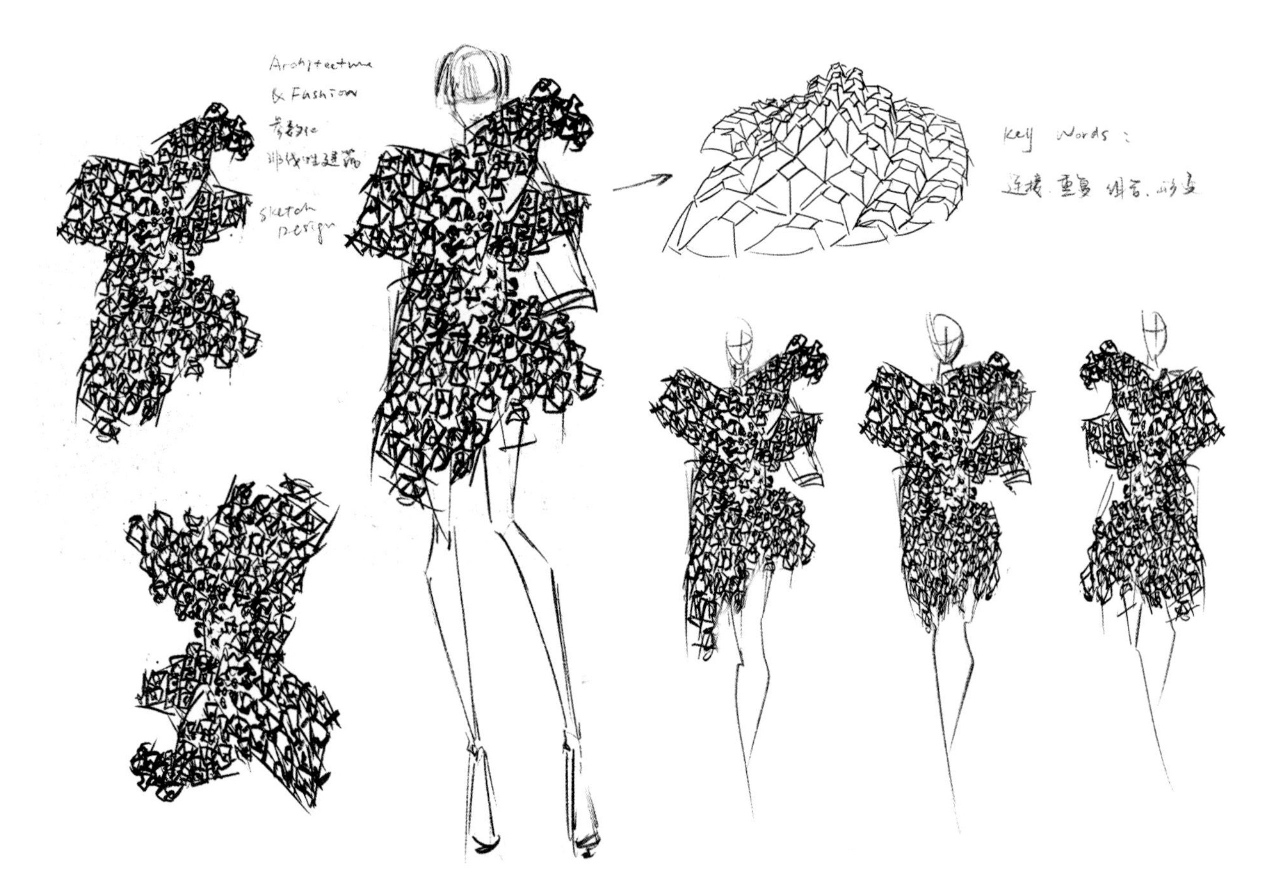

图5-45　以“筑梦者”为灵感元素纸衣服的设计效果图

图5-46　设计效果尝试

图5-47　以“筑梦者”为灵感元素纸衣服的成品效果展示（作品来源：徐晔）

（4）材质的替换。纸衣服的深化过程，其实就是探索用什么材料和工艺来代替纸衣服的材料和工艺的过程。可以这么说，能找到一种新的材料代替纸质材料基本就成功了一半。本案例作品计划用幻彩镭射膜、太空棉、瑞士网纱等材料介入实验（图5-48～图5-50）。

① 幻彩镭射膜（图5-48）。仔细观察这种材质，大概就是彩虹色渐变、反光、透明的结合，光的原理涉及光的干涉。在阳光下，不同角度会有不一样的色彩转换，看起来十分立体，展现出幻想中的色彩，与主题相符，为设计营造出未来氛围。质感上弹性好、方便弯折，容易产生折痕，还拥有很好的张力和拉力，更是一种成熟的环保材料。

图5-48　幻彩镭射膜

② 太空棉（图5-49）。又名“慢回弹”，具有一定的温感减压的特性，还有良好的保温作用以及良好的隔热性能。用太空棉面料制作衣服可以直接加工，无须再次整理包边，非常便捷且具有轻、美、薄、挺、软、牢等特点，深受广大学生的喜爱。考虑到服装廓型的需要，选择一定厚度的太空棉，其特性是能够保证服装拥有自然挺括的外形。

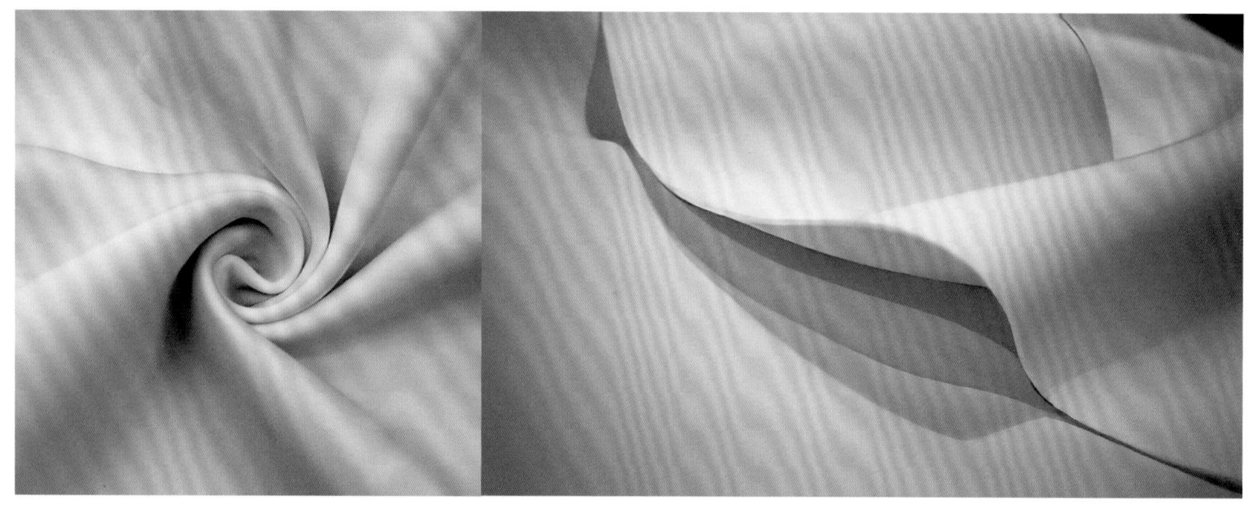

图5-49　太空棉

③ 瑞士网纱（图5-50）。这是一种高精密网纱，具有优质的防静电功效，且具备高张力和耐磨性，丝径均匀，表面光滑，色彩丰富多样，多用于婚纱、礼服等。网纱与整体服装相结合，对其色彩上起到了一个很好的调和作用，使二者之间更加和谐。

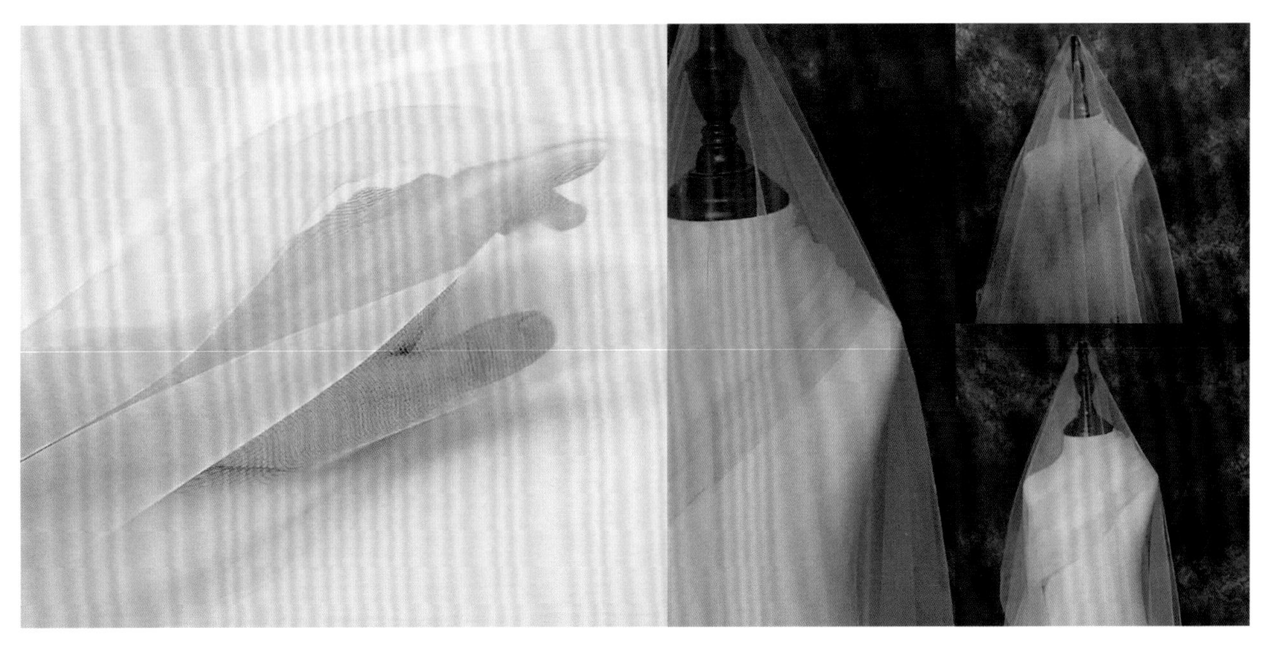

图5-50　瑞士网纱

（5）设计图与成品效果展示（图5-51～图5-56）。

图5-51　设计图表现1

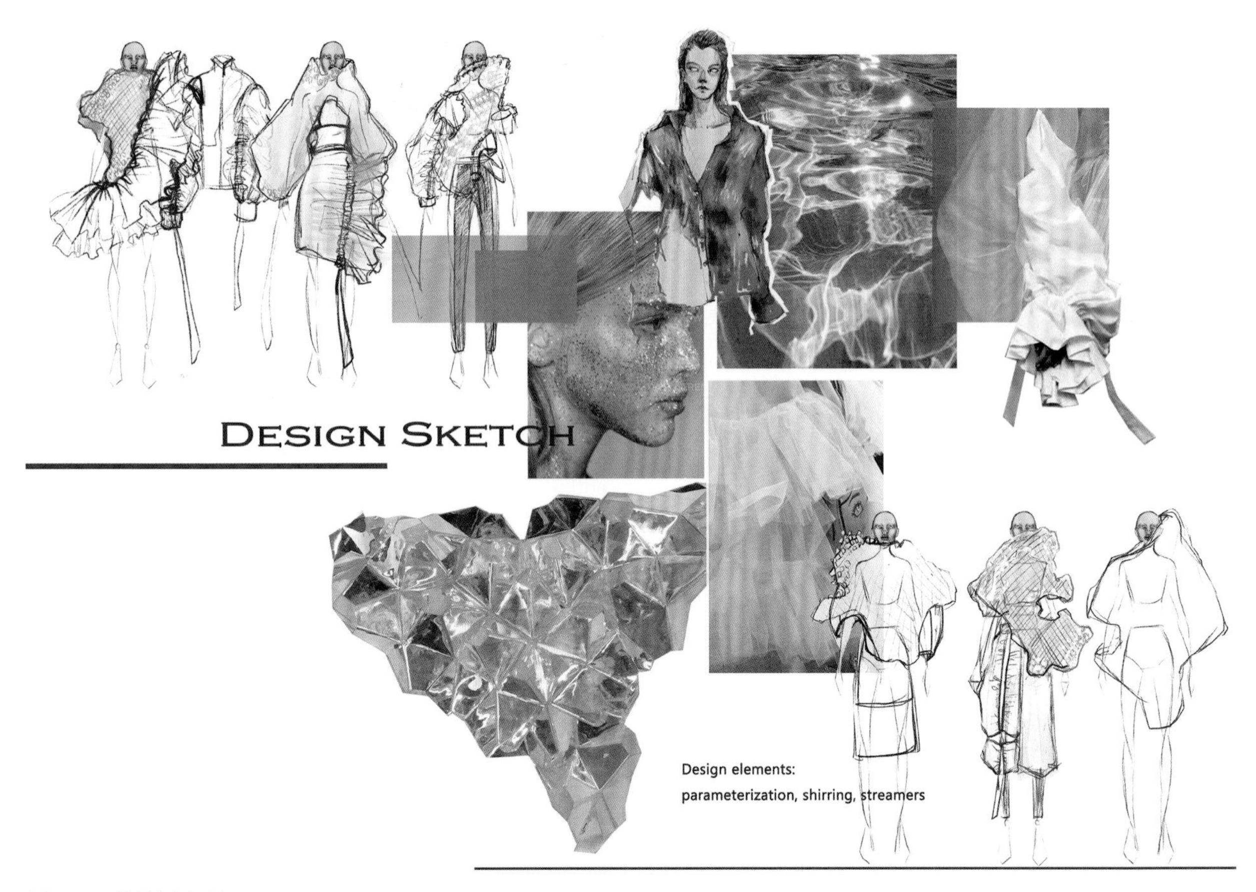

图5-52　设计图表现2

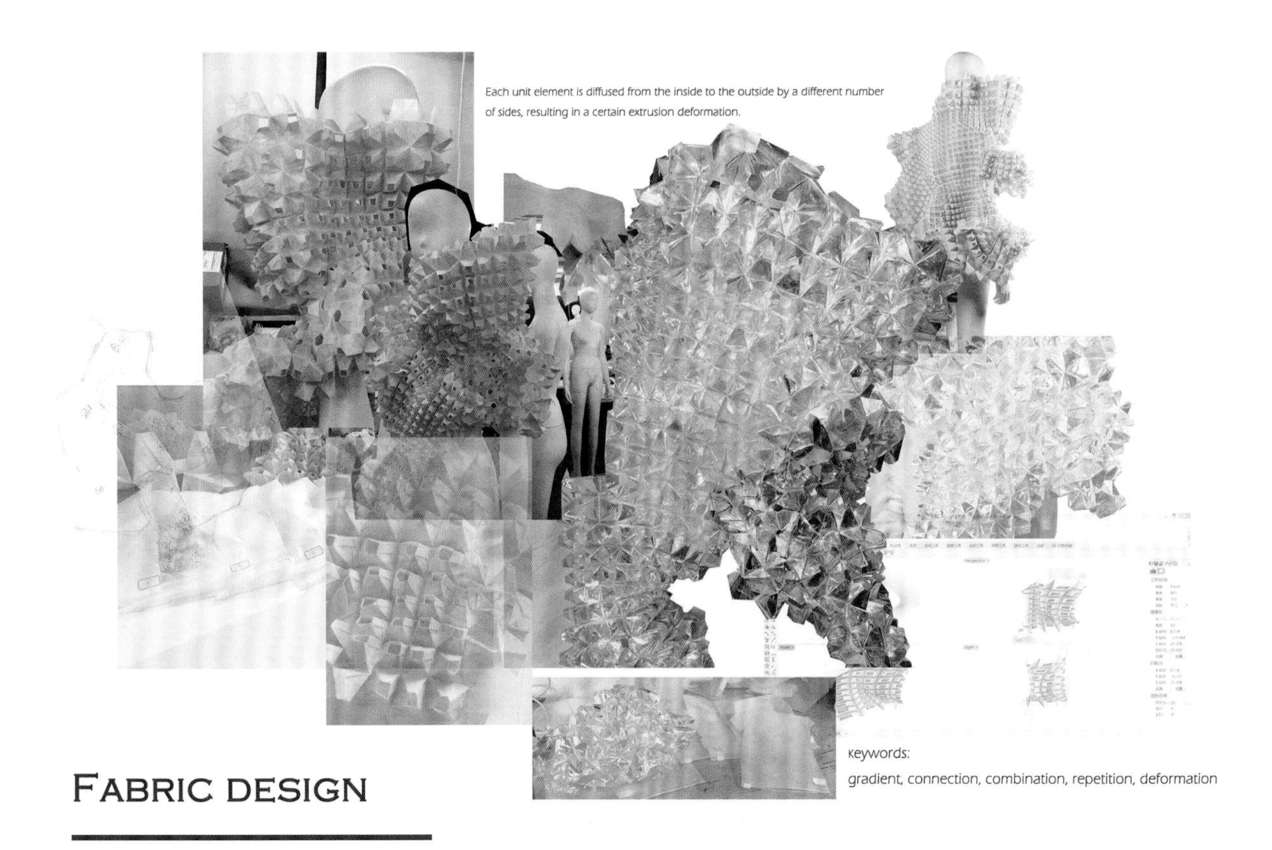

图5-53　设计图表现3

图5-54 成衣设计及制作的部分过程

图5-55 2019南京艺术学院520服装秀的部分海报用图

图5-56 成衣的大片拍摄（需要整体考虑，包括发型、服饰、环境以及道具等）（作品来源：徐晔）

三、以“参数化+传统文化”的纸衣服延伸实验

要求学生能够通过各种检索找到相关资料，并学习、了解中华传统文化，能够从中获取灵感，寻找感兴趣的点，进一步深入学习，梳理出具有代表性的、符号性的文化元素，能够运用参数化技术语言，使得传统与现代的文化符号及技术语言进行叠加、交融，从而催化出新的样式。同时，能够融入当下的一些时尚元素，使得服装不但有形式、内涵，也能满足人们对时尚的需求，制造出具有很高关注度的服饰作品。课题训练以自由命题的形式，教师只提供主题关键词“参数化+传统文化”，至于具体的研究方向、热点、技术等全部交给学生自由发挥，但创作过程必须严格管理，随时与教师沟通、交流。其目的是培养学生具有独立思考、独立开展设计工作的能力，也是培养学生综合素养的途径。

案例：墨韵

1. 创意构思

（1）对本主题相关要素的思考。

① 参数化+传统文化。参数化是一种技术手段，有着自身独有的魅力，可以算是现代社会科学技术进步的一种符号。然而，传统文化是在历史的河流中最终沉淀下来的精华，自然有着自身独特的语言和符号性，这两种相对极端元素的碰撞一定能够产生“火花”，进而创造出独特的魅力。

② 传统文化的视觉认同。中华传统文化是个非常大的概念，对此需要适当梳理，明确研究方向。说到传统文化，头脑里自然会浮现出一系列的“文化符号”，如唐诗宋词、书法、国画、篆刻、刺绣等。经过各种检

索和文献梳理，找寻那些比较经典的，最好能够具有代表性的、符号性的传统文化经典。当然，中国画、书法都是能够代表我国优秀传统文化的元素，但太具象又会显得太地方性、显得“小气”。因此，希望能够抽取、提炼中国画和书法中的元素特征，使之能够符号化，同时能够满足基本审美要求。经过反复思考，最后计划从中国画的材料和意境着手研究。

③ 设计师对国画的解读。我们通常所说的水墨，泛指中国画。因为，水墨是中国画特有的材料语言，墨加清水，根据清水的多少，把墨分为浓墨、淡墨、干墨、湿墨、焦墨等。当然，国画的层次就是靠墨的变化，其丰富的墨色变化产生美妙的意境，别有一番韵味，又称“墨韵”。水墨画有着自己独有的特征。传统的水墨画，讲究“气韵生动”“以形写神”，不拘泥于物体外表的相似，而多强调抒发作者的主观情趣。中国画追求一种“妙在似与不似之间”的感觉，讲究笔墨神韵。因此，“墨韵”可以作为本设计的主题名称。

（2）初步设计构思。由于对传统水墨画的兴趣，突然产生一种想法，如果有件服装远看像一张宣纸或是滴淌着水墨的宣纸，但近看是最具现代语言的参数化生成的服装造型或表皮，那一定很有意思。出于这样的思考，就想试着实现。当然材料肯定不是宣纸，如果直接运用宣纸作为材料，则很难使观众有更大的惊喜，因此考虑用反差较大的现代材料、非服用材料，即准备拿TPU材料进行尝试。创作过程中，把传统水墨进行高度提炼，没有具象的形象，只有水墨本体的变化，通过对TPU面料的染色、塑形，达到水墨晕染渐变的视觉效果，传达出设计师对水墨画艺术的新解读，以期可以将我国传统艺术文化带到世界的时尚舞台。

解决问题

① 水墨晕染的效果以及相关的参数化演算；

② 用什么材料来表现水墨的形态。

涉及的相关技术问题

① 各种材料的实验涉及的不同工具以及相关技术；

② 对泰森多边形（Thiessen polygon）概念及算法的了解与掌握，也可寻求外援帮忙生成部件。

2. 创作过程

（1）获取灵感、制作灵感板，提取关键词。水墨画的笔法基本上是平、圆、留、重、变五种。“墨”概括起来可分为原墨、淡墨、浓墨、极淡墨和焦墨五种。“留白”是“虚实相生，无画处皆成妙境”。水墨画便是以毛笔辅以墨色，通过对墨与水相互渗透程度的控制来改变墨的色彩。通过用笔的方式与力度，以及留白的表现手法，让整幅画面浓淡相宜、阴阳互补、虚实相生（图5-57）。

（2）关键词表达与形态研究。本作品的形态研究主要是用犀牛软件进行虚拟生成，并在虚拟空间里多了各种可能性尝试，

图5-57 水墨营造出来的意境

由于篇幅原因，只能截取主要步骤（图5-58、图5-59）。

（3）纸衣服的创作及作品展示（图5-60～图5-62）。选择单位元素，尝试运用某种参数的推理，使得服装整体产生不同的形态变化。从上一步骤得到一件相对满意的作品，然后按照同样的手法，设计一系列服装并制作纸衣服，纸衣服的成型研究主要考虑着装后效果。

（4）面料研究过程。

① 对面料选择的思考。依据对于水墨画的理解，水墨应该是流动的、晕染渐变的。所以在材质上，考虑

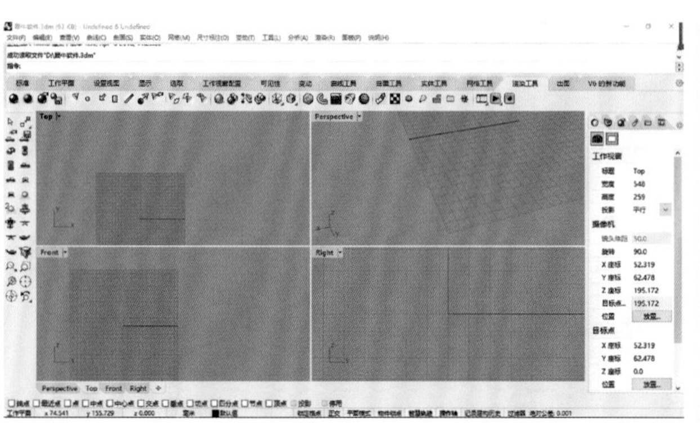

（a）建立坐标

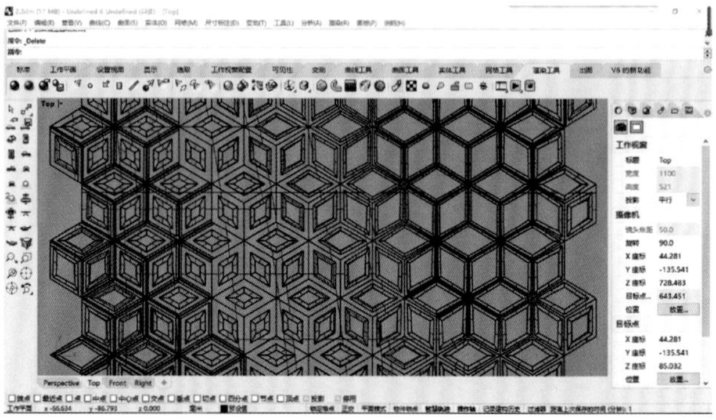

（b）演算出基本单位，并进行复制、排列

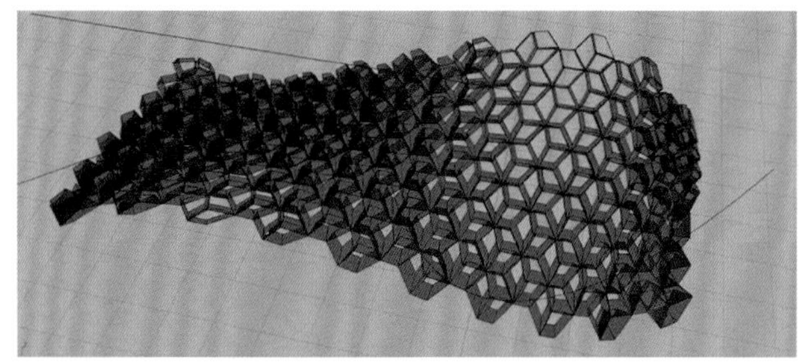

（c）Top视角

（d）Top视角

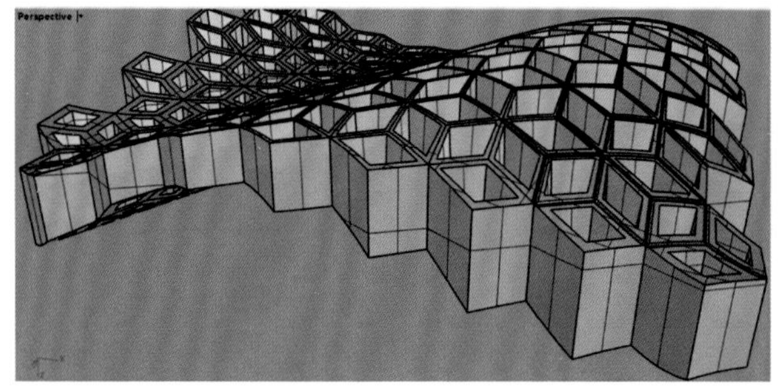

（e）Perspective视角

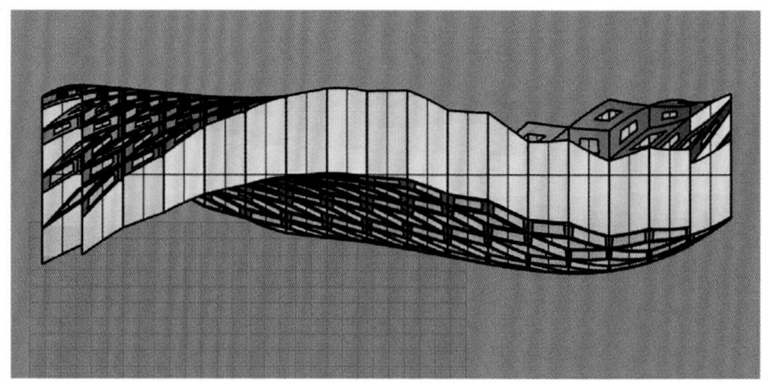

（f）Front视角

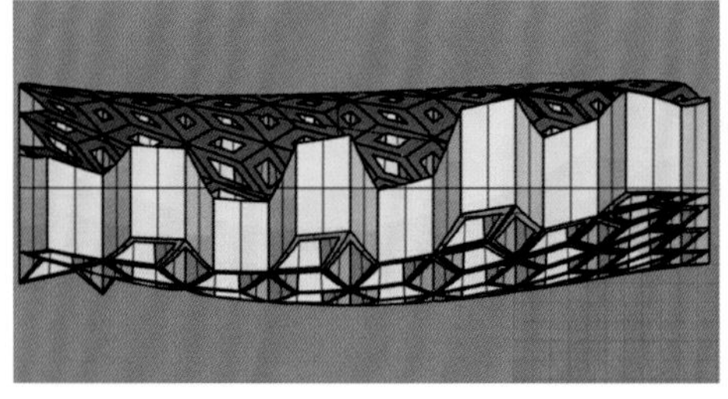

（g）Right视角

（h）Right视角

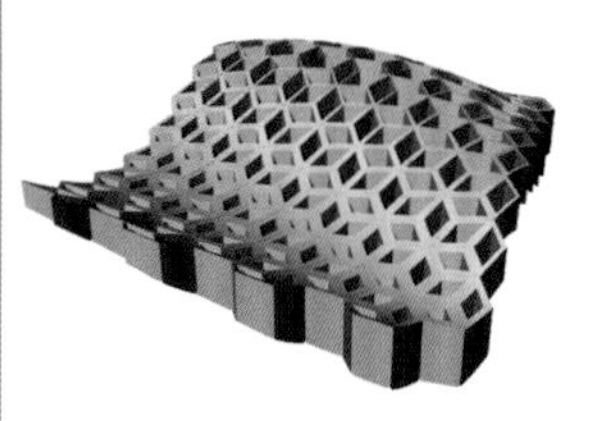

（i）Perspective视角

图5-58　水墨画元素的关键词表达与形态研究1

（a）单位模型研究以及相互连接实验

（b）尝试连接成片后的效果

（c）纸质材料的表现研究

图5-59　水墨画元素的关键词表达与形态研究2

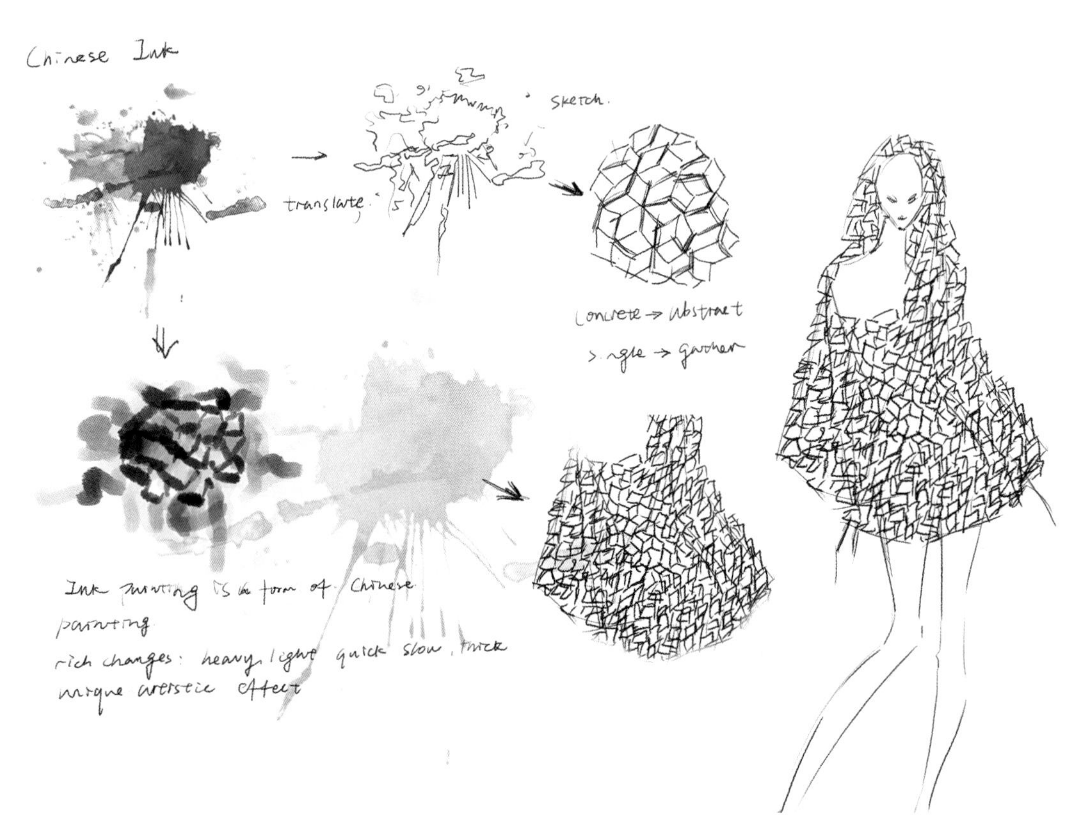

图5-60　水墨画元素纸衣服的设计效果图1

图5-61　水墨画元素纸衣服的设计效果图2

图5-62　水墨画元素纸衣服的成品效果展示

采用具有光泽的透明材质TPU来表现。在实验过程中，也尝试了与TPU面料相似的PVC面料，两种材质对比之后，发现PVC与TPU具有相同的透明度，但是TPU要明显柔软于PVC，PVC的硬度高于TPU且PVC的熔点要比TPU的熔点高，所以相对而言PVC不容易进行面料改造，很难达到预期效果。另外，TPU的染料附着力明显高于PVC，所以权衡之下，选择了TPU作为本主题设计的主要面料。除了TPU面料，另外还辅以薄纱与漆皮面料。薄纱可以表现水墨的轻盈灵动，而漆皮则可以呼应TPU面料的光泽感（图5-63）。

图5-63　TPU材质的表现

② 色彩的染色研究。为了呈现水墨晕染效果的完整性，设想将装置整体染色。在尝试染料过程中发现，有机染料可以很好地将TPU面料染色，且不会破坏它的光泽度和透明感。为了直接将设计师概念中的水墨晕染的效果直接呈现出来，在色彩上选择了黑白两色，在染色时通过改变染料浓度、染色时长来控制染色的程度，达到晕染渐变的效果。在纱上，则是将白纱与黑纱进行不规则的重叠，形成不同程度的灰度，以呼应装置渐变的色彩。

在制作过程中，为了将水墨装置作为主体呈现，首先对服装款式进行化繁为简，放弃了过多的装饰与繁复的结构。服装整体色彩主要以黑白灰为主，黑是层层黑纱堆叠的黑，白则是服装面料本身的白，灰是由装置染色晕染、黑纱与白纱不同程度重叠形成的灰。通过处理服装中纱的色彩来与水墨装置呼应，使服装与装置在造型、色彩上融为一体，达到水墨主题的飘逸灵动之感。在服装细节方面，主要是在装置上增加了TPU面料做成的流苏，染色过后，渐变的流苏零零散散地垂落，在光下像是水墨渐渐滴落（图5-64）。

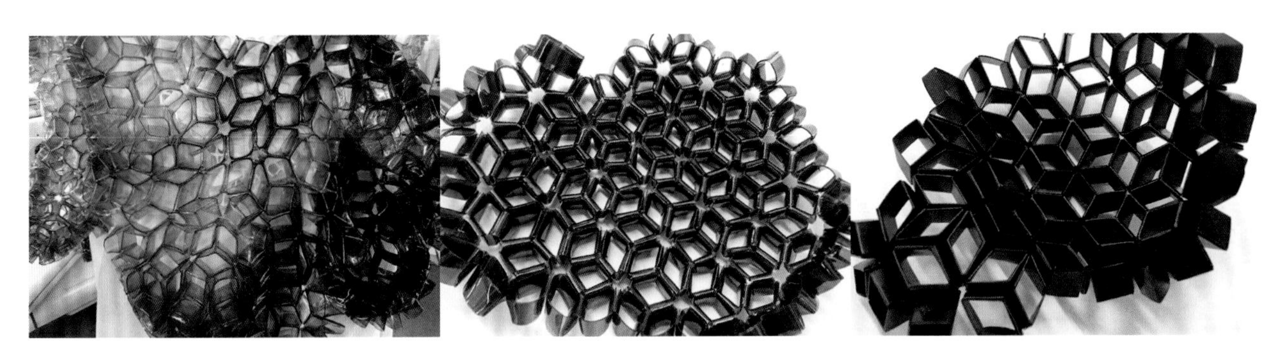

图5-64　TPU面料染色过程

③ 造型工艺研究。为了增加面料的肌理层次，采用折纸工艺做出立体的效果，形成具有菱形格纹理的立体装置。在TPU面料和PVC面料两种面料试验中发现，由于TPU面料高温下熔化的特点，在制作时可以直接通过高温熨烫来使面料黏合定型，PVC则需要通过强力胶水黏合。另外，TPU面料随意性较强，可以自由弯曲塑形，但是造型起伏较小；而PVC面料则定型能力强，做出来的装置效果更偏向于3D打印的效果，相应的问题是装置不够灵活流畅。

（5）制作过程中遇到的困难。在前期的构思阶段，整个设计方案是完整的、流畅的，但是在制作过程中，仍然会遇到很多意料之外的问题。由于选用的是TPU作为装置材料，具有的问题就是面料很软，所以当装置做大的时候，它不能像卡纸一样具有起伏感，整个装置趋于平面化。在与指导教师沟通后，尝试了用热风枪来给它塑形，但是这个方法失败了。因为热风枪吹过后，TPU材料就会熔化，虽然会粘在一起，但是很破坏装置的肌理感。在热风枪方案失败后，又考虑了用线来给它固定形状，但是考虑到非常繁琐且不现实，最终这个方案也被放弃了。

最后，通过减少装置上的小单元，使装置挤压出起伏感，从而达到最初设计的效果。

（6）主题服饰的创作、制作及展示。首先分析流行要素，再次完善灵感板及色彩系列研究（图5-65）。然后采用前面研究的面料小样，结合主题意境，综合创作成衣（图5-66）。最后完成效果图及成衣制作（图5-67）。

（7）大片拍摄。这一步骤需要考虑的问题涉及方方面面。例如，主题的意境、拍摄时需要多大的空间、需要营造什么样的环境、准备什么道具、做什么样的发型、化什么样的妆容等。本主题在拍摄时考虑《墨韵》这个主题，计划拍出水墨画的效果，或者延续东方的"风韵"，因此在拍摄时找了一个白色背景，这样能够突显服装本体。模特找了欧洲人的面孔，希望有点儿反差、有点儿国际范，当然妆容也和面部的轮廓相一致，相对粗犷，眉毛、口红都运用了深色，肤色也偏向于深色。发型上，为了与道具树枝相呼应，也做了类似于树枝的发型，最终使得整件服装表达出水墨画的视觉效果，整体风格一致，画面的大感觉基本达到预期效果（图5-68）。

图5-65　完善灵感板和色彩系列研究

图5-66　采用研制的面料小样结合主题意境综合创作成衣

图5-67　完成的效果图及成衣制作

图5-68　水墨画元素纸衣服的大片拍摄效果图（作品来源：张华昀）

附　录

附录一　“实验性设计”课程教学大纲

课程代码：32015。

课程名称：实验性设计。

英文名称：Experimental Design。

学分：4学分。

课时：72课时。

课程类别：专业必选课程/专业主干课程/专业实验课程。

前期课程：专业核心课程。

教学目的：

通过理论讲授、方法解读、案例分析与课题作业实践，使学生认识当代艺术与艺术设计的原理与方式，以及当代艺术所体现的思想、理念、心智对艺术设计创意路径与设计方法的启示，强调创意思维方法的突破，并通过对主题、资源、元素、切入点、媒介等方面的新的认识，探索实验性的建构方法，体验设计形态的极致化与无限可能性。

通过课题作业、作品分析及对“怪才”“天才”“全才”设计路径的理解，在概念设计的基础上，探索体验“跨界设计”“超设计”“交叉设计”“元设计”“边缘设计”的内涵意义与表现形态，研究设计的前卫性、未来性、虚拟性等方式。同时实验各种转换、拼贴、并置、重构等手法。

通过课程学习与设计过程的视域与切入方式，扩大设计的表现力。在方案中呈现设计的不确定性，体验设计问题的“可行解”与“唯一解”。掌握多元形式语法在设计中的体现方式，掌握形式表现的手法，体验设计的戏剧性效果，从而深化对艺术设计本体的认识。

教学内容：

一、理论讲授

（一）实验性设计的概念

1. 经典性、传统性设计与实验性设计。

2. 市场化、产品化设计与实验性设计。

3. 学院派、学理性设计与实验性设计。

（二）关于实验的启示与参照

1. 当代艺术与实验性设计。

2. 实验性建筑与实验性设计。

3. 当代文学、电影、戏剧、音乐、舞蹈与实验性设计。

4. 科学实验与实验的广义性。

（三）关于实验性的范畴与类型

1. 设计的概念与概念性设计。

2. 先锋设计与前卫设计。

3. 未来设计与虚拟设计。

4. “反”设计的设计。

二、方法解读

（一）实验性设计的基本特征

1. 原创性的变革生成。

2. 趣味性的游戏姿态。

3. 前瞻性的预想启示。

4. 思辨性的哲学解读。

5. 荒诞性的隐喻反讽。

6. 纯粹性的形式语法。

（二）实验性设计的创意及表现方法

1. 扩散性思维与边缘化构想。

2. 超现实联想与浪漫诗学句法。

3. 逆向性思维与非常态手法。

4. 无异味的形式与抽象性表现。

5. “反”的意味与非理性、偶发性呈现。

6. 不确定性与歧义性猜想。

（三）实验性设计的作业手法

1. 课题原由：原型、资源、名词、概念、猜想……

2. 切入角度：拼贴、解构、转换、意象、虚拟……

3. 解题路径：移植、变体、演绎、异化、游戏……

4. 作业手段：过程、文本、方案、编辑、展示……

三、案例分析

1. 日本服装设计师三宅一生将东方服装中的包裹缠绕与西方的立体剪裁相结合，结合独创的褶皱面料，解决了身体与空间的关系，开创了服装设计上的解构主义风格。

2. 英国籍服装设计师侯赛因·卡拉扬善于将现代建筑元素几何结构化，让服装与人体形成极富戏剧性的小型装置。

3. 荷兰服装设计师艾里斯·范·荷本善于利用3D打印技术，突破传统服装面料对形式感的束缚，作品视觉冲击力强。

4. 历届威尼斯双年展作品，如2010年克罗地亚的海市蜃楼、2016年以色列馆内部展陈列等。

5. 克里斯托（Christo）的包装艺术，生于保加利亚，后移居美国，首创包装艺术，作品从瓶子、油桶到整座纪念碑、山岩、岛屿等，包装德国国会大厦是他所有作品中吸引观众最多的作品。

6. 装置艺术家加布里埃尔・达维（Gabriel Dawe）将不同颜色的线固定在木条上，制作出了像是在光的世界生成的图像，其作品用15色缝纫用棉线拉出了整片室内"彩虹"。

四、课题作业实践

1. 以大师绘画或平面作品为灵感，尝试提取关键词并表达，以纸质材料为主，实现平面立体的转变，并以此元素在立体人台上探究服装与人体的包裹关系。

2. 以优秀的建筑或雕塑作品为创作灵感，学习其风格语言，分析其表现手法，尝试多种材料打造出的立体的空间或廓型，强调廓型与结构。

3. 以音乐、文学等作品为灵感，尝试提取关键，实现从无形到有形的转换，并探索其元素与材料的各种可能性，强调廓型感与肌理效果。

4. 硬质材料编织的探索，找寻任意一种硬质材料（丝、竹片、木棍、玻璃等）进行编织的尝试，抽象造型，手法不限。

5. 编织的经纬与模数尝试，以数理和几何概念进行严格控制产生的作品，配色与间隔交错具有严谨性，利用色彩的完全调和、不完全调和，创作一件抽象作品（平面作品、空间作品不限）。

6. 编织的多维度尝试，利用空间悖论（如莫比乌斯圈的编织尝试）或视错觉等，进行作品创作，尝试编织的不确定性、动态、光影编织、计算机程序编织、轨编织、人物关系网编织等。

授课方式：理论讲授、设计分析、案例分析、课堂讨论、作业辅导。

考核方式：考查。

作业与考核标准：

一、作业

课程作业以环境考察、读书笔记、调研报告为主要形式，考核标准为能够根据课题作业要求完成课题报告。

二、考核标准

1. 积极参与课题的讨论与研究，课堂发言、讨论不少于两次，思路清晰、论点明确。

2. 课程作业按照作业要求提交草图、模型、设计报告、汇报PPT。

3. 课程作业需提交A4文本与相应的电子文件，按"课题报告"的质量要求编辑，图文结合，精装打印装订。

4. 考核成绩采用百分制，85～100分为优秀，75～84分为良好，60～74分为合格，60分以下为不合格。

5. 考核分值比例为平时作业占40%，考试占60%。

教材与参考书：

[1] 柯林・罗，弗瑞德・科特. 拼贴城市［M］. 童明，译. 北京：中国建筑工业出版社，2003.

[2] 王向荣，林箐. 西方现代景观设计的理论与实践［M］. 北京：中国建筑工业出版社，2002.

[3] 肯尼斯・弗兰姆普敦. 现代建筑：一部批判的历史［M］. 张钦楠，等译. 上海：生活・读书・新知三联书店，2004.

[4] 柯林・罗，罗伯特・斯拉茨基. 透明性［M］. 金秋野，王又佳，译. 北京：中国建筑工业出版社，2008.

[5] 顾大庆，柏庭卫. 空间、建构与设计［M］. 北京：中国建筑工业出版社，2011.

[6] 纪志刚. 数学的历史［M］. 南京：江苏人民出版社，2009.

[7] 嘉木. 概念建筑专辑一、二［C］. 南京：东南大学建筑学院，2006.

[8] 张永和. 作文本［M］. 上海：生活・读书・新知三联书店，2005.

[9] 董虫草. 艺术与游戏［M］. 北京：人民出版社，2004.

[10] 维克多・泰勒，查尔斯・温奎斯特. 后现代主义百科全书［M］. 章燕，李自修，等译. 长春：吉林人民出版社，2007.

[11] 五十岚太郎. 关于现代建筑的16章：空间、时间以及世界［M］. 刘峰，刘金晓，译. 2版. 南京：江苏人民出版社，2015.

[12] 马修・波泰格，杰米・普灵顿. 景观叙事：讲故事的设计实践［M］. 张楠，等译. 北京：中国建筑工业出版社，2012.

[13] 史蒂夫・鲍克特. 建筑写意：建筑师的创意［M］. 谢天，译. 北京：中国建筑工业出版社，2015.

附录二　自然·仿生专题教案

课程名称：实验性设计。

课程类别：专业核心课程。

专题名称：自然·仿生。

学分：2学分。

课时：60课时。

编写：姬益波。

教学目的：

通过理论讲授、案例分析，使学生掌握如何获取灵感、捕捉灵感的方法。

通过简单的排列、数列等数字的变化及计算，获得与灵感相一致的造型或肌理，培养精确的计算和设计意识。

尝试不同方法的计算、推理，使得设计过程不断丰富，并在方案中呈现设计的不确定性，体验解决设计问题的无限可能性。

教学内容：

一、理论讲授

（一）关于自然

1. 自然的概念。

2. 自然的形态。

3. 观察自然的途径和方法。

（二）自然的类型

1. 宏观视角下的自然现象。

2. 微观视角下的自然现象。

（三）自然的形态

1. 空间廓型。

2. 表皮肌理。

3. 抽象与具象。

（四）关于仿生

1. 仿生的概念。

2. 仿生的类型。

3. 仿生的手法。

4. 仿生与服装设计。

（五）“自然·仿生”专题

1. 主题分析。

2. 灵感板制作。

3. 灵感板分析。

4. 头脑风暴。

5. 关键词分析及提炼。

6. 关键词表达与延展。

二、方法解读

（一）获取自然形态的方法

（二）表达自然形态的方法

（三）对自然形态仿生的方法

（四）对自然形态仿生的延展

三、案例分析

（一）仿生设计的直接应用

1953年法国著名时装设计师克里斯汀·迪奥推出郁金香造型的服装，其特征是胸部横向扩大，并与袖子直接连接，从而形成拱门一样的形状，同时，服装的腰部收紧，下半身呈长形，整个外轮廓的形成以郁金香而得名，这是把植物形态与服装廓型完美结合的典范。

（二）仿生的可能性实验

英国服装设计师亚历山大·麦昆致力于对鸟类的形态仿生。2001年春夏，他将鸟的标本和羽毛直接用在服装的装饰上，其视觉效果犹如步入丛林的感觉，表达了人与自然的和谐之美。2003年的春夏，他把鸟的羽毛形态和色彩用到透薄面料上展示轻盈的美感。2008年夏季，他将鸟的形态融入服装的造型、结构、图案、面料以及细节等不同设计环节，展示他对鸟类形态的多种仿生可能性的探索。

（三）仿生设计的参数化表达

荷兰女服装设计师艾里斯·范·赫本在2018秋冬的高级定制秀上，她与其他艺术家携手合作创作了空间动力装置“In 18 Steps”，此装置由18枚制作精良的玻璃翅膀构成，以抽象方式呈现鸟类飞翔的过程。

四、实践课题

1. 观察自然界的事物，从中寻找兴趣点。收集30张左右的灵感图片，并从中筛选提取10～15张最感兴趣的内容，并打印出图像作为灵感板的研究基础。

2. 进一步对灵感板图片进行筛选，获得3～5张比较理想的图片，并加以深入分析，考虑图片中元素的实验可行性，最终确定图片中的元素。

3. 对已确定的元素进行大量的实验，探索其中的造型与材料的关系，选择适合的材料，如：纸张、塑料、皮革、棉麻、玻璃等，最后确定比较适合的实验材料。

4. 以上述步骤的实验成果为基础进行服装款式设计，找到和服装相契合的设计元素，并用软件绘制立体效果、用数学演算进行排列组合，确定系列造型，最后采用激光切割等技术得到最终的作品。

作业与考核标准：

一、作业

课程作业以实验报告的形式，充分记录实验的过程，展示出实验、探寻各种可能性的真实过程，报告以文字和图片的格式呈现，考核标准依据课题作业要求完成各项评分标准。

二、考核标准

1. 积极参与课题的讨论与研究，每周参与讨论不少于两次，思路清晰、论点明确。

2. 课程作业按照作业要求提交草图、模型、设计报告、汇报PPT。

3. 课程作业需提交A4文本与相应的电子文件，按“课题报告”的质量要求编辑，图文并茂，打印装订。

4. 考核成绩采用百分制，85～100分为优秀，75～84分为良好，60～74分为合格，60分以下为不合格。

5. 考核分值比例为平时作业占40%，考试占60%。

教材与参考书：

[1] 于帆，陈嬿．仿生造型设计［M］．武汉：华中科技大学出版社，2005.
[2] 崔荣荣．服饰仿生设计艺术［M］．上海：东华大学出版社，2005.
[3] 蔡江宇，王金玲．仿生设计研究［M］．北京：中国建筑工业出版社，2012.
[4] 黄国松．色彩设计学［M］．北京：中国纺织出版社，2003.
[5] 邬烈炎．设计基础：来自自然的形式［M］．南京：江苏美术出版社，2003.
[6] 孙宁娜，张凯．仿生设计［M］．北京：电子工业出版社，2014.
[7] 王谷岩．视觉与仿生学［M］．北京：知识出版社，1985.
[8] 崔荣荣．现代服装设计文化学［M］．上海：中国纺织大学出版社，2001.
[9] 唐纳德·A．诺曼．设计心理学［M］．杨琼，译．北京：中信出版社，2003.
[10] 伊恩·伦诺克斯·麦克哈格．设计结合自然［M］．芮经纬，译．天津：天津大学出版社，2006.
[11] 鲁枢元．生态文艺学［M］．西安：陕西人民教育出版社，2000.
[12] 金剑平．数理·仿生造形设计方法［M］．武汉：湖北长江出版集团，湖北美术出版社，2009.
[13] 约翰·塔巴克．数：计算机、哲学家及对数的含义的探索［M］．王献芬，等译．北京：商务印书馆，2008.
[14] 内森·卡伯特·黑尔．艺术与自然中的抽象［M］．沈揆一，胡知凡，译．上海：上海人民美术出版社，1988.

附录三　交叉·融合专题教案

课程名称： 实验性设计。

课程类别： 专业核心课程。

专题名称： 交叉·融合。

学分： 2学分。

课时： 60课时。

编写： 姬益波。

教学目的：

第一，通过对“交叉·融合”概念的讲授与分析，使学生获取创新思路、拓展灵感获取的范围。

第二，通过对“交叉·融合”相关案例的分析，使得学生敢于突破本专业的专业壁垒，获得探索更大可能性的渠道。

第三，通过数字化、参数化的技术学习，体验理性与感性思维在创新、创意阶段的交叉与融合的可能性，使得设计的逻辑与手段不断丰富，并在设计与制作的过程中感受实验性的各种可能性和不确定性。

教学内容：

一、理论讲授

（一）关于交叉

1. 交叉的概念。

2. 交叉的形式与方法。

3. 交叉的可能性分析。

（二）学科交叉

1. 不同学科的知识、技术的交叉。

2. 不同专业的知识、技术的交叉。

3. 相关案例分析。

（三）融合

1. 融合的概念。

2. 融合的形式与方法。

（四）“交叉·融合”专题

1. 主题分析。

2. 灵感板制作。

3. 灵感板分析。

4. 头脑风暴。

5. 关键词分析及提炼。

6. 关键词表达与延展。

二、方法解读

（一）交叉的特性与需求分析

1. 特性分析。

2. 需求分析。

（二）交叉与融合的形式

1. 时间维度。

2. 文化维度。

3. 功能维度。

4. 学科纬度。

5. 技术纬度。

（三）学科交叉的可能性研究

1. 服装设计与建筑设计。

2. 服装设计与音乐表演。

3. 服装设计与平面设计。

4. 服装设计与雕塑设计。

（四）创意思维和跨界意识在设计中的应用

1. 本土文化的传承与发展。

2. 加强多文化在服装设计中的运用。

3. 创意思维和跨界意识的结合。

三、案例分析

（一）建筑设计与服装设计

在建筑设计领域，国际上有扎哈·哈迪德设计事务所，其团队对参数化设计颇有成就，其代表作有广州大剧院、北京大兴国际机场、银河SOHO等。国内有MAD设计事务所在参数化设计领域也有较大的成就，其代表作有梦露大厦、鄂尔多斯博物馆等。

除此之外，2013年，建筑设计师弗朗西斯·比托蒂和服装设计师迈克尔·施密特联手合作，为演员蒂塔·万提斯设计了第一件全铰链式3D打印礼服。这款礼服具有17个独立构件以及近3000个独特的铰链接头拼接而成，整体骨架是利用粉末状尼龙材料由EOSP350激光3D打印技术制作出来的，最后在其表面涂满黑漆。这款3D打印服装将原本过硬的塑料材质变得流畅并贴合身材曲线，并且这3000个铰链接头为独立运动的个体，裙子的造型曲线可以随走动而产生相应变化，它们之间相互独立、相互作用，具有系统的关联性特征。

（二）平面设计与服装设计

法国服装设计师让·保罗·高缇耶在2018春夏高级定制秀中，采用了螺旋状的欧普艺术几何平面图形，图形的大小随剪裁和身形的变化增大，使得二维图形在模特走动的过程中出现了三维的效果，形成强大的视觉冲击力。

（三）音乐与服装设计

20世纪70年代，朋克音乐在思想解放的环境下应运而生，对事物的态度及反美学的风格在服装领域引发了一场反时尚的革命，其中朋克音乐对服装设计产生了一定的影响。朋克风格的服装多金属类装饰，它与重金属摇滚音乐风格不谋而合，实现从无形到有形的转换。作为朋克运动的先驱者，英国设计师维维安·韦斯特伍德便通过扭曲的缝线、不对称的剪裁、不和谐的色彩、尚未完工的制作工艺，向时装界的传统服饰发起挑战。

四、课题作业实践

1. 搜集绘画、平面、建筑、雕塑等作品30张左右，选出最感兴趣的作品图片并制成灵感板。

2. 观察作品的特点，分析其中的元素和表现手法，尝试提取关键词。

3. 分析构成作品的基本组成元素，进行头脑风暴，提炼出基本元素。

4. 对基本元素进行各种材料的实验，如运用塑料、毛线、硅胶、树脂、金属等材料进行排列、堆叠、拆解、变体等手法，进行排列组合，完成10个以上的造型小样，并与老师交流从中选出要深入发展的造型。

5. 对确定后的造型进行由1到n的数列研究，体验其中的排列规律，如按照一定规律递推的数列：$F(0)=0$, $F(1)=1$, $F(n)=F(n-1)+F(n-2)$（$n≥2$，$n∈N^*$），注重其结构大小、排列疏密的变化，使每一个单元造型都相互作用、相互关联，从细节到整体廓型上体现形式美与韵律美。

作业与考核标准：

一、作业

课程作业以实验报告形式，充分记录实验的过程，展示出实验、探寻各种可能性的真实过程，报告以文字和图片的格式呈现，考核标准依据课题作业要求完成各项评分标准。

二、考核标准

1. 积极参与课题的讨论与研究，每周参与讨论不少于两次，思路清晰、论点明确。

2. 课程作业按照作业要求提交草图、模型、设计报告、汇报PPT。

3. 课程作业需提交A4文本与相应的电子文件，按“课题报告”的质量要求编辑，图文结合并打印装订。

4. 考核成绩采用百分制，85～100分为优秀，75～84分为良好，60～74分为合格，60分以下为不合格。

5. 考核分值比例为平时作业占40%，考试占60%。

教材与参考书：

［1］维克多·泰勒，查尔斯·温奎斯特．后现代主义百科全书［M］．章燕，李自修，等译．长春：吉林人民出版社，2007.

［2］嘉木．概念建筑专辑一、二［C］．南京：东南大学建筑学院，2006.

［3］亨利·贝阿尔，米歇尔·卡拉苏．达达：一部反叛的历史［M］．陈圣生，译．桂林：广西师范大学出版社，2003.

［4］王续琨，宋刚，等．交叉科学结构论［M］．北京：人民出版社，2014.

［5］李喜先．知识系统论［M］．北京：科学出版社，2011.

［6］沈克宁．当代建筑设计理论：有关意义的探索［M］．北京：中国水利水电出版社，2009.

［7］维特鲁威．建筑十书［M］．陈平，译．北京：北京大学出版社，2017.

［8］莫里斯·德·索斯马兹．视觉形态设计基础［M］．莫天伟，译．上海：上海人民美术出版社，2003.

［9］布朗·科赞尼克．艺术创造与艺术教育［M］．马壮寰，译．成都：四川人民出版社，2000.

［10］肯尼斯·弗兰姆普敦．现代建筑：一部批判的历史［M］．张钦楠，等译．上海：生活·读书·新知三联书店，2011.

［11］龙全．融合与拓展：与时俱进的新媒体艺术学科［M］．长沙：湖南美术出版社，2010.

［12］尹国均，邱敏．人与建筑的解构［M］．长沙：湖南美术出版社，2003.

［13］温丽华，朱磊．平面构成与应用［M］．北京：清华大学出版社，2014.

［14］班丽霞．碰撞与交融：勋伯格表现主义音乐与视觉艺术之关系研究［M］．北京：中央音乐学院出版社，2008.

附录四　风格·延续专题教案

课程名称： 实验性设计。
课程类别： 专业核心课程。
专题名称： 风格·延续。
学分： 2学分。
课时： 60课时。
编写： 姬益波。
教学目的：

通过对“风格·延续”概念的理论讲授、案例分析，使学生了解不同的设计风格以及对其进行风格延续的途径与手段。

通过对数字化技术的学习，掌握如何使用数字化技术，延续自己喜欢的风格，培养学生的创新意识与能力。

通过对“风格·延续”的学习与理解，使得学生能够运用数字化技术巧妙地借鉴和延续喜欢的风格，并且在延续过程中得以创新和升华，让学生体验如何利用新技术达到创新的可能性。

教学内容：

一、理论讲授

（一）关于风格

1. 风格的概念。
2. 风格形成的原因。
3. 风格形成的要素。

（二）风格与作品

1. 风格种类。
2. 风格及其代表作。
3. 服装设计的风格。
4. 服装设计的风格与元素。

（三）设计师与风格

1. 山本耀司。
2. 加布里埃·香奈儿。
3. 克里斯汀·迪奥。
4. 亚历山大·麦昆。
5. 川久保玲。

（四）关于风格的延续

1. 延续的概念。
2. 延续的形式。
3. 延续的方法。
4. 延续的特征。

二、方法解读

（一）风格形成及其特点分析

1. 风格形成的要素和风格形成的特点。
2. 风格在创新过程中其设计密码的延续性。

（二）风格的影响因素分析

1. 风格语言与服装造型语言的关系。
2. 风格语言与服装内、外空间的变化。
3. 风格构成理念与服装形态的转换。

（三）风格传承与创新

1. 分析风格的形成要素并加以拓展。
2. 保持风格的基本构成方式，在不同的概念下进行拓展。

三、案例分析

（一）山本耀司

“在我的哲学里，雌雄同体这个词没有任何的意义，我觉得男人和女人没有什么区别。我们在身体上是不同的，但是拥有同样的感觉、精神和灵魂”——山本耀司。

山本耀司品牌风格特征鲜明：色彩以无彩系为主，大多以黑色为主流色；形制以非对称的外观造型为特色；设计以层叠、悬垂、包缠等手段形成一种非固定结构的着装概念；形态简洁富有韵味，线条流畅随体态动作呈现随性的风貌；沿袭高级时装工艺在高级成衣中的应用，衣服的细节意韵无懈可击。

（二）巴伦夏加

巴伦夏加品牌对女性形体的姿态研究有独到之处，其主要代表风格是“法式优雅”。用“优雅”一词对女性的赞美显然是非常贴切的，然而对于“法式优雅”的理解，不是人人都能够体会到的，巴伦夏加所表现的女性的站立姿态多呈现上半身往后仰、髋部前倾的特点，借此加大对女性特征的表现，突破了服装造型的优雅气质，设计出前面合体而夸大后背空间的服装造型，其服装“廓型”形成自己的风格和语言。

（三）薇欧奈（Vionnet）

薇欧奈是一位纯实践性的裁剪大师，在其毕生创作生涯中，创建了许多的服装建构方法。特别是运用人台来进行裁剪的方法，使时装设计开辟了另一种创新的手段。她总结了许多的裁剪经验，给后来的学习者带来了新的启示，是一位在实践中寻觅创新设计构想的高级女装大师。她巧夺天工地将“布料、人体、引力、装饰”融会贯通，形成自己的时尚语言。其设计多以正方形、缠绕式、线式装饰等特点为主，其裁剪以斜裁法、人体螺旋裁剪法、圆筒裁剪法等最具代表性，并呈现出建筑及雕塑之感。

四、实践课题

1. 以法国著名服装设计师伊夫·圣罗兰的作品为灵感，关注其设计风格，挑选三个具有代表性的作品，分析其风格，总结其特征并运用到设计中。

2. 以西班牙服装设计师巴伦夏加及其品牌风格为灵感，首先了解该品牌时装的历史和特征，在掌握整个品牌风格基础上展开重点研究；其次，分析该品牌设计师在不同时期创造的服装廓型及其造型风格，运用图形高度概括该品牌中出现频率较高的时装廓型。

3. 以跨界的思维和角度，分析不同时期的国画、油画或者雕塑作品，将其风格语言、表现手法运用到自己的设计中。

作业与考核标准：

一、作业

课程作业以实验报告的形式为主，其报告需充分记录实验的过程，展示出实验、探寻的各种可能性、真实性。报告以文字和图片的格式呈现，考核标准依据课题作业要求完成各项评分标准。

二、考核标准

1. 积极参与课题的研究与讨论，课堂发言、每周参与讨论不少于两次，思路清晰、论点明确。

2. 课程作业按照作业要求提交草图、模型、设计报告、汇报PPT。

3. 课程作业需提交A4文本与相应的电子文件，按“课题报告”的质量要求编辑，图文结合，精装打印装订。

4. 考核成绩采用百分制，85～100分为优秀，75～84分为良好，60～74分为合格，60分以下为不合格。

5. 考核分值比例为平时作业占40%，考试占60%。

教材与参考书：

［1］王受之．世界时装史［M］．北京：中国青年出版社，2002.
［2］陈彬．时装设计风格［M］．上海：东华大学出版社，2009.
［3］卞向阳．服装艺术判断［M］．上海：东华大学出版社，2005.
［4］华梅．中国近现代服装史［M］．北京：中国纺织出版社，2008.
［5］董虫草．艺术与游戏［M］．北京：人民出版社，2004.
［6］肖恩·库比特．数字美学［M］．赵文书，王玉括，译．北京：商务印书馆，2006.
［7］安吉拉·默克罗比．后现代主义与大众文化［M］．田晓菲，译．北京：中央编译出版社，2001.
［8］朱世达．当代美国文化［M］．北京：社会科学文献出版社，2011.
［9］何政广．波普艺术大师：安迪·沃霍尔［M］．石家庄：河北教育出版社，2005.
［10］迈克·费瑟斯通．北京：消费文化与后现代主义［M］．刘精明，译．南京：译林出版社，2000.
［11］詹姆斯·哈金．小众行为学［M］．张家卫，译．北京：北京时代华文书局，2015.
［12］约达尼斯．哥特史［M］．北京：商务印书馆，2011.
［13］尼古拉斯·佩夫斯纳．欧洲建筑纲要［M］．殷凌云，张渝杰，译．济南：山东画报出版社，2010.

附录五　形态专题教案

课程名称：实验性设计。

课程类别：专业核心课程。

专题名称：形态。

学分：2学分。

课时：60课时。

编写：姬益波。

教学目的：

第一，通过对形态的理论讲授以及案例分析，使学生注重观察、发现身边事物的重要性，能够善于发现生活中的自然形态之美，并能够分析其中的形态特征，理解形态与肌理的相互依存关系，为造型表达的创新突破打下基础。

第二，通过简单的排列、数列等数字的变化与计算，获得与灵感相一致的造型及肌理，发现数列带来的形态美感，培养学生用“数”来造型的能力，使得艺术与科技、理想与感性更好地融合。

第三，通过多种计算、推理演绎，使得设计过程不断理性化，且更具有逻辑性，并在设计演绎过程中呈现出设计的不确定性和多种可能性，体验实验性设计的“探索无限可能性”的魅力。

教学内容：

一、理论讲授

（一）关于形态

1. 形态的概念。

2. 形态的类型。

（二）形态的分类

1. 自然形态。

2. 几何形态。

3. 人工形态。

4. 具象形态。

5. 抽象形态。

（三）形态的构成

1. 形态构成原理。

2. 数字与形态。

3. 跨界构成。

二、方法解读

（一）形态的元素提取

1. 植物仿生形态。

2. 建筑形态。

3. 参数化形态。

（二）形态的一般生成方法

（三）形态的造型语言与方法

1. 点、线、面的立体构成。

2. 数列与几何造型。

3. 黄金分割比例与造型。

（四）用Grasshopper软件生成参数化服装形态

1. Grasshopper软件生成单独形态。

2. Grasshopper软件生成复合形态。

三、案例分析

1. 2011年，高级服装定制作品“水花”，是荷兰设计师艾里斯·范·荷本的设计作品。其水花四溅的立体效果形式感强且具有非常震撼的视觉效果，动态效果的“水花”是运用3D打印的方法定格其美妙瞬间，自然的水花外观形态展现出随意、浪漫的氛围，其形式新颖，具有很高的艺术价值和审美趣味。

2. 2016年，“可能的互置——参数化服装作品展”是由清华美术学院染织服装艺术设计系副教授李迎军与英国皇家艺术学院博士生蔺明净合作研究的阶段性成果。服装设计的整体布局上，是从六边形单元出发，其结构有大有小，排列有紧有疏，形成现代服装的形式美与韵律美的审美特征，整套服装最终是通过3D打印技术得以实现。

3. 2017年，“3D打印蜂巢环保服装作品”，是由简需智造（SimpNeed）的3D打印团队帮助设计师贾梅拉·勒瓦打印了一系列环保服装，此系列服装以蜂巢的形式和结构为形态设计元素，并进行局部变化构成参数化设计，进而探索更多、更复杂的形式和廓型。

四、课题作业实践

1. 观察搜集自然形态、几何形态、人工形态等形态元素并制成灵感板。

2. 提取单体形态元素和整体形态元素，进行由局部细节到整体的参数化形态构建实验，由平面图形的排列组合到三维立体的设计实践。

3. 形态的构建过程要与形态设计、结构设计以及参数化设计相结合起来，单体元素和局部元素要通过叠加、连续、旋转等方式构建成参数化形态设计。

4. 将单元元素结合不同的材料进行形态设计实验，选取合适的形态效果进行服装款式设计，并结合色彩、图案，结构、肌理等要素进行3～5件的礼服设计并制作成衣。

作业与考核标准：

一、作业

课程作业以实验报告的形式，报告需充分记录实验的过程，确保实验过程的真实性。报告以文字和图片的形式呈现，考核标准依据下列各项评分标准。

二、考核标准

1. 积极参与课题讨论与实践，每周参与讨论不少于两次，思路清晰、论点明确。

2. 课程作业按照作业要求提交草图、模型、设计报告、汇报PPT。

3. 课程作业需提交A4文本与相应的电子文件，按“课题报告”的质量要求编辑，图文结合并打印装订。

4. 考核成绩采用百分制，85～100分为优秀，75～84分为良好，60～74分为合格，60分以下为不合格。

5. 考核分值比例为平时作业占40%，考试占60%。

教材与参考书：

［1］原研哉．设计中的设计［M］．朱锷，译．济南：山东人民出版社，2006.

［2］江明．创意图形［M］．南昌：江西美术出版社，2006.

［3］余永海，周旭．视觉传达设计［M］．北京：高等教育出版社，2006.

［4］王令中．视觉艺术心理［M］．北京：人民美术出版社，2005.

［5］武星宽．设计美学导论［M］．武汉：武汉理工大学出版社，2006.

［6］伊恩・伦诺克斯・麦克哈格．设计结合自然［M］．芮经纬，译．天津：天津大学出版社，2006.

［7］鲁道夫・阿恩海姆．艺术与视知觉［M］．滕守光，译．成都：四川人民出版社，1998.

［8］尹定邦．图形与意义［M］．长沙：湖南科学技术出版社，2001.

［9］杉浦康平．造型的诞生［M］．李建华，杨晶，译．北京：中国青年出版社，1999.

［10］库尔特・考夫卡．格式塔心理学原理［M］．黎炜，译．杭州：浙江教育出版社，1997.

［11］陈正雄．抽象艺术论［M］．北京：清华大学出版社，2005.

［12］金剑平．数理・仿生造形设计方法［M］．武汉：湖北长江出版集团，湖北美术出版社，2009.

［13］约翰・塔巴克．数：计算机、哲学家及对数的含义的探索［M］．王献芬，等译．北京：商务印书馆，2008.

［14］内森・卡伯特・黑尔．艺术与自然中的抽象［M］．沈揆一，胡知凡，译．上海：上海人民美术出版社，1988.

附录六 肌理专题教案

课程名称： 实验性设计。

课程类别： 专业核心课程。

专题名称： 肌理。

学分： 2学分。

课时： 60课时。

编写： 姬益波。

教学目的：

第一，通过理论讲授、案例分析，使学生掌握如何用纸张来表现事物的肌理，进行纸衣服的创作。

第二，通过简单的数列排列或参数化计算，获得与灵感相一致的造型或肌理，培养学生用数来解决形的问题。

第三，通过计算和排列，使得设计形态不断丰富，并在方案中呈现设计的不确定性，体验解决设计问题的无限可能性。

教学内容：

一、理论讲授

（一）关于肌理

1. 肌理的概念。

2. 肌理的形式。

（二）常见的肌理形式

1. 自然肌理：树皮、石头的纹理，以及开裂的地面等。

2. 人工肌理：豆腐表面被纱布压出的纹理、墙面喷砂效果、布纹等。

（三）面料的肌理

1. 粗犷感肌理：粗棉、粗麻、皮革等。

2. 细腻感肌理：丝绸、欧根纱、乔其纱等。

（四）肌理的重构

二、方法解读

（一）常规肌理重构方法

1. 重构组合。

2. 立体增型。

3. 解构破坏。

4. 钩编和统合。

（二）肌理重构实验

1. 同一肌理的组合。

2. 不同肌理的组合。

三、案例分析

（一）材料肌理在服装中的创意表现

1. 维克多·果夫2017春季系列，利用编织处理手法和不同材质面料拼接实现面料以及整体服装的跳跃感，同时采用撞色拼接形成色彩鲜明的分割效果，直接提升服装整体的层次感与节奏感。

2. 2021年4月20日，博鳌亚洲论坛主题公园上演《锦绣天成》博鳌光影诗画文艺展演，其服装造型设计，以黎族传统服饰为基础，结合文化背景与现代审美，通过肌理改造等方面使黎锦技艺充分展现。

（二）材质肌理在建筑中的创意表现

1. 奥顿帕扎里现代艺术博物馆：其建筑外立面、屋顶和部分建筑内部结构运用的是同种木材，保留了木材最原始的肌理形态，同时呼应了周边木材市场的环境特点。

2. 亚美尼亚当代实验艺术中心改造项目：设计师的设计理念是保留以前的建筑结构，并且根据使用需求增加了地下空间与上层空间，将原建筑的外立面与新的透明轻质材料相结合。

3. 日本东京晴海公园临时展亭：该展亭的建筑外立面是由木制板材与钢架相结合，空隙以薄膜封闭组成的形态。木材与钢铁材料结合，通过大理石和玻璃拼接等手法为建筑传达出更多艺术效果。

四、实践课题

1. 观察大自然并收集不同质地、纹路的物品，可采用拓印的方式保留，利用肌理的重构表现，完成10个左右肌理小样。

2. 选择一两个肌理小样，分析并提取关键词，对关键词进行形态表达，完成10~20个形态小样。

3. 利用前期作业现有的肌理形态，以小组形式实现多种肌理的组合，形成新的肌理效果，并用新的肌理探索其运用在服装面料上的可能性，完成5~10个服装实物小样。

4. 以小组为单位，利用前期的实物小样，完成一系列的参数化服装设计，3~5套为一系列，并提交课程报告（内容包括前期肌理收集、同一肌理组合、不同肌理组合下的新肌理构成、草图绘制、实物制作，以及设计成果图片、课程总结等）。

作业与考核标准：

一、作业

课程作业以实验报告的形式，其报告需充分记录实验的过程，展示出实验、探寻的各种可能性、真实性。报告以文字和图片的格式呈现，考核标准依据课题作业要求完成各项评分标准。

二、考核标准

1. 积极参与课题的讨论与研究，每周参与讨论不少于两次，思路清晰、论点明确。

2. 课程作业按照作业要求提交草图、模型、设计报告、汇报PPT。

3. 课程作业需提交A4文本与相应的电子文件，按“课题报告”的质量要求编辑，图文结合并打印装订。

4. 考核成绩采用百分制，85~100分为优秀，75~84分为良好，60~74分为合格，60分以下为不合格。

5. 考核分值比例为平时作业占40%，考试占60%。

教材与参考书：

[1] 李砚祖．设计之维［M］．重庆：重庆大学出版社，2007.

[2] 郑彤，罗锦婷．服装设计创意方法与实践［M］．上海：东华大学出版社，2010.

[3] 邱蔚丽，胡俊敏．装饰面料设计［M］．上海：上海人民美术出版社，2006.

[4] 邓玉萍．服装设计中的面料再造［M］．南宁：广西美术出版社，2006.

[5] 刘元风，胡月．服装艺术设计［M］．北京：中国纺织出版社，2006.

[6] 郭冬梅，李荣．设计装饰肌理表现［M］．沈阳：辽宁美术出版社，2002.

[7] 宫六朝．服装・染织艺术设计［M］．石家庄：花山文艺出版社，2002.

[8] 梁军．服装设计创意［M］．北京：化学工业出版社，2015.

[9] 马大力，冯科伟，崔善子．新型服装材料［M］．北京：化学工业出版社，2006.

[10] 杨辛，甘霖．美学原理［M］．北京：北京大学出版社，2001.

[11] 罗杰・弗莱．塞尚及其画风的发展［M］．沈语冰，译．桂林：广西师范大学出版社，2009.

[12] 加斯东・巴什拉．水与梦：论物质的想象［M］．顾嘉琛，译．长沙：岳麓书社，2005.

[13] 亨利・贝阿尔，米歇尔・卡拉苏．达达：一部反叛的历史［M］．陈圣生，译．桂林：广西师范大学出版社，2003.

[14] 维克多・泰勒，查尔斯・温奎斯特．后现代主义百科全书［M］．章燕，李自修，等译．长春：吉林人民出版社，2007.

附录七 材料专题教案

课程名称：实验性设计。

课程类别：专业核心课程。

专题名称：材料。

学分：2学分。

课时：60课时。

编写：姬益波。

教学目的：

第一，通过理论讲授、案例分析，使学生认识材料、熟悉材料，并能够掌握各种材料的特性，为运用材料做好理论基础。

第二，通过专项训练，使学生在实践创作过程中深入掌握材料并逐渐达到驾驭各种材料的能力。

第三，通过“跨越”主题的专项训练，使得学生掌握更多运用材料的能力，体验在解决实际问题的过程中探索材料的无限可能性。

教学内容：

一、理论讲授

（一）关于材料

1. 材料的概念。

2. 材料的分类。

（二）材料介绍

1. 天然材料。

2. 人工材料。

3. 复合材料。

（三）纺织品材料

1. 服用材料。

2. 非服用材料。

3. 新材料等。

（四）服装材料的重要性

1. 同一款式的不同材质效果分析。

2. 面料的二次创作。

二、方法介绍

（一）材料创新的要素

1. 艺术性。

2. 生态性。

（二）服装材料的创新性方法

1. 新型服装材料。

2. 服装材料改造。

3. 非服用材料的改良。

三、案例分析

1. 非服用材料在服装中的运用。甲胄是最好的案例，战国时期出现以铁制成鱼鳞或柳叶形状的铁质铠甲，到西汉时期与魏晋南北朝时期，甲胄经历了粗糙向精细发展的历程，随着钢铁制造工艺技术的提升，铁质铠甲的精细程度提高，类型也逐渐增多，铠甲头盔日趋坚固。纵观中国古代甲胄的发展不难看出非服用材料在服装造型艺术中的使用早已融入人们的生活中，成为将士们的护身服饰，也成就了中国古代甲胄的辉煌历史。

2. 利用非服用材料进行艺术造型创作。亚历山大·麦昆喜欢在作品上运用蝴蝶翅膀、珊瑚、鸟羽、木纹、石纹等天然材料，以“鸟”为主题的系列作品就是用人工穿孔上色的羽毛代替常规服用材料，更易塑造夸张的廓型，呈现出更强的戏剧效果。

3. 西班牙建筑大师安东尼奥·高迪，其设计作品巴特罗公寓，是将屋顶设计成龙的峭背造型，将陶瓷、玻璃以及贝壳的碎片材料进行随意镶嵌，加之自然存在的不规则形状，产生了凹凸不平的肌理效果，突破以往对整齐效果的追求。

4. 日本设计师田中敦子利用各种闪亮的彩色灯泡及电线之类的非纺织材料，设计制作出带电的服装，表现了非服用材料的创意功效，凸显现代工业技术对服装所产生的影响，是具有先锋意义的服装造型作品。

四、课题作业实践

1. 对不同种类的材料进行研究，选择某一种方向，如金属材料、木质材料、纸类材料等深入研究材料特性，并以PPT的形式进行成果汇报。

2. 对上一步骤中的某一种材料进行深入处理，或进行改造重构，改变其原有特性，做出5～10个材料小样。

3. 利用材料小样进行组合排列，完成一件参数化服装或服饰作品。

作业与考核标准：

一、作业

课程作业以实验报告为主，充分记录实践的过程并能够真实地展示出来，报告以文字和图片的格式呈现，考核标准依据课题作业要求完成各项评分标准。

二、考核标准

1. 积极参与课题的讨论，每周参与讨论不少于两次，思路清晰、论点明确。

2. 课程作业按照作业要求提交草图、模型、设计报告、汇报PPT。

3. 课程作业需提交A4文本与相应的电子文件，按“课题报告”的质量要求编辑，图文结合并打印装订。

4. 考核成绩采用百分制，85～100分为优秀，75～84分为良好，60～74分为合格，60分以下为不合格。

5. 考核分值比例为平时作业占40%，考试占60%。

教材与参考书：

［1］史永高．材料呈现［M］．南京：东南大学出版社，2009.

［2］加斯东·巴什拉．水与梦：论物质的想象［M］．顾嘉琛，译．长沙：岳麓书社，2005.

［3］徐青青．服装设计构成［M］．北京：中国轻工业出版社，2000.

［4］刘艳梅，等．现代服装材料与应用［M］．北京：中国纺织出版社，2013.

［5］邓美珍，等．现代服装面料再造设计［M］．长沙：湖南人民出版社，2008.

［6］奥斯卡·R．奥赫达．饰面材料［M］．楚先锋，译．北京：中国建筑工业出版社，2005.

［7］吴怀宇．3D打印：三维智能数字化创造［M］．北京：电子工业出版社，2017.

［8］朱远胜．面料与服装设计［M］．北京：中国纺织出版社，2008.

［9］陈新颖．材质新表现［M］．福州：福建美术出版社，2003.

［10］柯林·罗，等．拼贴城市［M］．童明，译．北京：中国建筑工业出版社，2003.

附录八 技术专题教案

课程名称：实验性设计。

课程类别：专业核心课程。

专题名称：技术。

学分：2学分。

课时：60课时。

编写：姬益波。

教学目的：

第一，通过理论讲授、案例分析，使学生掌握参数化设计的方法，学会使用Rhino软件。

第二，通过在Rhino的Grasshopper软件中调整参数从而获得相应的形态特征，体验其中的规律、技巧，感受数字与形态的关系，为学生建立理性的造型逻辑与技能。

第三，探索实践如何把计算虚拟生成的造型实物化，并在各种实验过程中，丰富学生实现实物的能力，体验除3D打印技术之外的实现虚拟实物的可能性，并让学生熟悉材料，掌握各种制作技巧，从而达到培养学生动手实践、研究问题的综合能力的目的。

教学内容：

一、理论讲授

（一）参数化设计概述

1. 参数化设计的概念。

2. 参数化在设计中的应用。

3. 参数化的表现形式。

4. 参数化的技术介绍。

（二）Rhino犀牛软件的概述

1. Rhino犀牛软件。

2. Rhino软件的建模思想和发展历史。

3. Rhino与其他建模软件的区别与联系。

4. Rhino工作界面全面讲解。

（三）Grasshopper软件概述

1. Grasshopper软件。

2. Grasshopper参数化设计原理。

3. Grasshopper的基本操作。

二、方法解读

（一）分析自然界各种具有参数化感觉的形态并获取其数据

1. 自然数列。

2. 等差数列。

3. 斐波那契数列。

（二）通过Grasshopper软件生成参数化形态的方法

1. 泰森多边形。

2. 极小曲面。

3. 拓扑优化。

三、案例分析

1. 北京银河SOHO：该建筑是由英国建筑设计师扎哈·哈迪德设计，该建筑通过Grasshopper和Bim等参数化软件组合使用，是对建筑外立面的效果和形态结构的设计。

2. 北京林业大学学研中心数字化景观设计项目：该项目运用Rhino与Grasshopper两个软件的组合使用，主要对栏杆进行编程设计，最终形成合适的参数化形态设计。

3. 参数化家居设计作品——“猎鹰”长凳：这款长凳是由俄罗斯设计师Oleg Soroko设计完成，作品由大量的胶合板串连在一起，其形状可以有多种变化，可以很好地适应不同的场景，操作简单。

4. 数字艺术作品“无机花”：日本艺术家村山诚（Macoto Murayama）。

5. 国家游泳中心（水立方）、国家体育场（鸟巢）。

6. 参数化创意摇椅设计：设计师Eduardo Baroni。

7. 宝马公司概念汽车BMW VISION NEXT 100。

四、实践课题

1. 运用Rhino、Grasshopper软件完成综合实例戴尔显示器、花与花苞、数字体温计的练习。通过简单的实践熟悉软件的功能。

2. 运用Rhino、Grasshopper软件完成拓展练习，完成人物上身的初步设计与建模。通过拓展练习，增强软件操作的熟练程度。

3. 运用Rhino、Grasshopper以及其他辅助设计软件，选择一个感兴趣的设计领域，完成一件艺术作品。要求展现从初步设计建模到后期的效果图处理以及效果展示等全部过程。

作业与考核标准：

一、作业

课程作业以实验报告的形式，其报告需充分记录实践的过程，展示出实践的各种可能性。报告以文字和图片的格式呈现，考核标准依据课题作业要求完成各项评分标准。

二、考核标准

1. 积极参与课题的讨论，课堂主动发言、每周参与讨论不少于两次，思路清晰、论点明确。

2. 课程作业按照作业要求提交草图、模型、设计报告、汇报PPT。

3. 课程作业需提交A4文本与相应的电子文件，按“课题报告”的质量要求编辑图文，并打印装订。

4. 考核成绩采用百分制，85～100分为优秀，75～84分为良好，60～74分为合格，60分以下为不合格。

5. 考核分值比例为平时作业占40%，考试占60%。

教材与参考书：

［1］程罡. Grasshopper参数化建模技术［M］. 北京：清华大学出版社，2017.
［2］罗伯特·伍德伯里. 参数化设计元素［M］. 孙澄，姜宏国，殷青，译. 北京：中国建筑工业出版社，2013.
［3］祁鹏远. Grasshopper参数化设计教程［M］. 北京：中国建筑工业出版社，2017.
［4］王坤茜. 产品符号语意［M］. 长沙：湖南大学出版社，2014.
［5］徐卫国. 参数化非线性建筑设计［M］. 北京：清华大学出版社，2016.
［6］孙澄宇. 数字化建筑设计方法入门［M］. 上海：同济大学出版社，2012.
［7］尼尔·里奇，袁烽. 建筑数字化编程［M］. 上海：同济大学出版社，2012.
［8］曾旭东，等. RHINOCEROS & GRASSHOPPER参数化建模［M］. 武汉：华中科技大学出版社，2011.
［9］艾伦·库伯，等. About Face 3交互设计精髓［M］. 刘松涛，等译. 北京：电子工业出版社，2012.
［10］阎楚良，等. 机械数字化设计新技术［M］. 北京：机械工业出版社，2007.
［11］尚风武. 参数化计算机绘图与设计［M］. 北京：清华大学出版社，1997.

附录九　以歌剧《阿依达》为主题的纸衣服创作

课程名称：实验性设计。

课程类别：专业核心课程。

专题名称：以歌剧《阿依达》为主题的纸衣服创作。

学分：2学分。

课时：60课时。

编写：姬益波。

教学目的：

第一，通过理论讲授、案例分析，使学生了解跨界主题的目的和意义，掌握跨界工作坊的研究流程。

第二，通过简单地排列、数列等数字的变化与计算，获得与灵感相一致的造型或肌理，培养学生设计的理性思维与逻辑意识。

第三，通过主题训练，让学生参与到跨界实验的过程中，丰富学生的知识结构，并在实践中理解设计方案的多样性，体验解决设计问题的无限可能性。

课题来源：

随着科技的快速发展，各行各业都发生了变化。服装行业遭受到前所未有的挑战，不但需要创新，还得引领时尚。因此，服装设计师必须具有创新的基因，要敢于突破，敢于“反”传统，敢于跨界，并且要付之行动不断实验。本课题就是立足跨界创新的理念，用“服装设计+”的概念，让服装设计与歌剧产生碰撞，引导学生做出创新、前卫的概念设计。

教学内容：

一、理论讲授

（一）歌剧《阿依达》概况

1. 创作背景。

2. 剧情介绍。

3. 演出情况。

（二）歌剧《阿依达》中的人物简介

1. 拉达梅斯。

2. 阿依达。

3. 祭司。

（三）灵感板制作

1. 灵感板。

2. 灵感板排版要求。

（四）分析图片

1. 头脑风暴。

2. 关键词分析与获取。

3. 造型表达。

（五）设计与效果表现

1. 设计构思。

2. 设计草图。

3. 效果表现。

（六）纸衣服制作

1. 造型组合。

2. 整体布局。

3. 制作与调整完善。

二、教学重点

《阿依达》歌剧中的很多场景及服装带有神秘的东方文化色彩，其中古埃及风格的诸多元素也值得去探索和实践。能够对歌剧《阿依达》的历史背景、故事情节及人物性格进行分析，从古埃及服饰中进行形式和符号的提炼，了解数字化纸衣服的设计理念和方法，掌握用多种材料表达设计意图的能力。

三、教学难点

如何调动学生参与实验的热情并成为实验的主体；敢于跨界、敢于学习与运用专业以外的技术。

作业与考核标准：

一、作业

课程作业以实验报告的形式为主，其报告需充分记录实验的过程，展示出实验、探寻的各种可能性、真实性。报告以文字和图片的格式呈现，考核标准依据课题作业要求完成各项评分标准。

二、考核标准

1. 积极参与课题的讨论与研究，每周参与讨论不少于两次，思路清晰、论点明确。

2. 课程作业按照作业要求提交草图、模型、设计报告、汇报PPT。

3. 课程作业需提交A4文本与相应的电子文件，按“课题报告”的质量要求编辑，图文结合并且打印装订。

4. 考核成绩采用百分制，85～100分为优秀，75～84分为良好，60～74分为合格，60分以下为不合格。

5. 考核分值比例为平时作业占40%，考试占60%。

教材与参考书：

[1] 尼古拉·尼葛洛庞帝. 数字化生存［M］. 胡泳，范海燕，译. 北京：电子工业出版社，2017.

[2] 李当岐. 西洋服装史［M］. 北京：高等教育出版社，1995.

[3] 李四达. 数字媒体艺术概论［M］. 北京：清华大学出版社，2012.

[4] 包铭新. 服装设计概论［M］. 上海：上海科学技术出版社，2000.

[5] 范文霈. 图像传播引论［M］. 南京：南京大学出版

社，2017.
[6] 保罗·M. 莱斯特. 视觉传播：形象载动信息［M］. 霍文利，等译. 北京：北京广播学院出版，2003.
[7] 郑彤，罗锦婷. 服装设计创意方法与实践［M］. 上海：东华大学出版社，2010.
[8] 钱苑，林华. 歌剧概论［M］. 上海：上海音乐出版社，2003.
[9] 世元. 威尔第：歌剧艺术大师［M］. 北京：人民音乐出版社，1999.
[10] 芭芭拉·麦耶. 威尔第［M］. 张晓静，译. 北京：人民音乐出版社，2004.
[11] 人民音乐出版社编辑部. 阿依达［M］. 北京：人民音乐出版社，1984.
[12] 包瑞清. 参数模型构建［M］. 南京：江苏凤凰科学技术出版社，2015.
[13] 李飚. 建筑数字化建造［M］. 南京：东南大学出版社，2012.

附录十　主题性延伸实验专题教案

课程名称： 主题性设计。

课程类别： 专业核心课程。

专题名称： 主题性延伸实验。

学分： 3学分。

课时： 80课时。

编写： 姬益波。

教学目的：

第一，通过理论讲授、案例分析，使学生学会在特定主题的引导下，探寻多种设计方式，完成对设计线索的深化。

第二，掌握对设计理论、方法、技术、媒介的整合，能够综合性地运用各门类课程知识，同时扩大知识范畴，具备跨学科的视野。

第三，培养对"问题"的思考能力、综合分析能力、系统处理能力，认识到设计问题具有多解性。

第四，对数字化纸衣服进行延伸设计，使得学生能够具备对纸衣服风格的延续，尝试不同材料实现纸衣服的整体特征，从而使学生具备深入研究主题的能力。

教学内容：

一、理论讲授

（一）主题性设计相关概念

1. 主题的解释。

2. 主题性设计。

（二）主题性设计案例解读

1. 2018南艺520毕业作品解读。

2. 2019南艺520毕业作品解读。

（三）纸衣服——主题性延伸实验的作业要求

二、教学重点

能够分析主题思想、组织灵感板的信息，掌握从灵感板中获取关键信息的方法，提炼关键词并能够准确表达。掌握基础的数列关系，了解数字化纸衣服的设计理念以及基本方法，熟悉各种材料和工艺，具备深化纸衣服的能力。

三、教学难点

对灵感板中信息的获取以及对关键词的准确表达；深化纸衣服所涉及的思路、方法、材料、工艺等综合素养的提升。

作业与考核标准：

一、作业

课程作业以实验报告的形式为主，其报告需充分记录实验的过程，真实展示出实验、探寻过程中的可能性。报告以文字和图片形式呈现，考核标准依据课题作业要求完成各项评分标准。

二、考核标准

1. 积极参与课题的讨论与研究，每周参与讨论不少于两次，思路清晰、论点明确。

2. 课程作业按照作业要求提交草图、模型、设计报告、汇报PPT。

3. 课程作业需提交A4文本与相应的电子文件，按"课题报告"的质量要求编辑，图文结合，精装打印装订。

4. 考核成绩采用百分制，85～100分为优秀，75～84分为良好，60～74分为合格，60分以下为不合格。

5. 考核分值比例为平时作业占40%，考试占60%。

教材与参考书：

[1] 赵敦华. 现代西方哲学新编［M］. 北京：北京大学出版社，2001.

[2] D.简・克兰迪宁，F.迈克尔・康纳利. 叙事探究：质的研究中的经验和故事［M］. 张园，译. 北京：北京大学出版社，2008.

[3] 孙惠柱. 第四堵墙：戏剧的结构与解构［M］. 上海：上海书店出版社，2006.

[4] 胡一凡. 最优结构图：从复杂关系中发现规律［M］. 上海：上海科学技术出版社，2007.

[5] 徐恒醇. 设计符号学［M］. 北京：清华大学出版社，2008.

[6] 徐恒醇. 设计美学［M］. 北京：清华大学出版社，2006.

[7] 李砚祖. 外国设计艺术经典论著选读［M］. 北京：清华大学出版社，2006.

[8] 徐雪漫，姬益波. 中国餐饮［M］. 南京：江苏美术出版社，2007.

[9] 时尚潮流网. http：//www.fashionbased.com.

[10] 第一时尚直播网. http：//www.firstcomesfashion.com.

[11] 意大利服装杂志网. http：//www.urbanmagazine.it.

[12] 凯瑟琳・麦凯维，詹莱茵・玛斯罗. 时装设计：过程、创新与实践［M］. 杜冰冰，译. 北京：中国纺织出版社，2014.

[13] 斯蒂芬・贝利，菲利普・加纳. 20世纪风格与设计［M］. 罗筠筠，译. 成都：四川人民出版社，2000.

后　记

南京艺术学院服装设计专业的“实验性设计”课程，经过近十年的服装设计参数化教学实践，探索出一套用数学计算获得服装形态的方法，积累了不少教学经验和教学成果，学生的创新与实践能力得以提升，其作品“纸衣服”形式感强，受到了业界同人的关注。但近些年作品样式趋于稳定，同时也暴露出不少问题，笔者希望对其进行梳理，以便在今后的教学中得以克服和改善。

本书主要面向设计院校的师生，由于实验性的特征导致很多方面不是太完善，希望能够起到抛砖引玉的作用，也希望有更多的设计院校的师生能够对本书的不足之处给予指正。本书在编写过程中，得到了詹和平教授的大力支持与鼓励，同时也感谢在撰写过程中给予建议的邬烈炎教授、熊嫕教授，感谢南京艺术学院设计学院LCD设计实验室、南京艺术学院实验艺术中心，感谢“身体空间”跨界设计工作坊的参数化教学团队及相关组员：徐丰、赵力群、王立春、Miguel Esteban、徐炯、赵阳臣、张颖。另外，本书案例均为笔者和陈飞老师近十年的教学案例，感谢陈飞老师多年来对我工作上的帮助，感谢参与本教材案例整理的研究生们，她们是王丹琪、宋吉娜、杨柳、朱佳瑜、丁爱玲、魏叶、尹凡凡、屠晴园、吴双、薛子琪、王曼、吴路路、唐天乐等同学，感谢她们的大力协助，使本书得以顺利完成。

2021 年 5 月